W0016994

Größenwahn

Michael Hermanussen • Christiane Scheffler

Größenwahn

Zur Evolution biologischer Signale
im sozialen Miteinander: ein Tuch aus
36 Fäden

 Springer

Michael Hermanussen (iD)
Eckernförde
Eckernförde - Altenhof, Deutschland

Christiane Scheffler (iD)
Potsdam
Potsdam, Deutschland

ISBN 978-3-662-69579-1   ISBN 978-3-662-69580-7   (eBook)
https://doi.org/10.1007/978-3-662-69580-7

Die Deutsche Nationalbibliothek verzeichnet diese Publikation in der Deutschen Nationalbibliografie; detaillierte bibliografische Daten sind im Internet über https://portal.dnb.de abrufbar.

© Der/die Herausgeber bzw. der/die Autor(en), exklusiv lizenziert an Springer-Verlag GmbH, DE, ein Teil von Springer Nature 2024
Das Werk einschließlich aller seiner Teile ist urheberrechtlich geschützt. Jede Verwertung, die nicht ausdrücklich vom Urheberrechtsgesetz zugelassen ist, bedarf der vorherigen Zustimmung des Verlags. Das gilt insbesondere für Vervielfältigungen, Bearbeitungen, Übersetzungen, Mikroverfilmungen und die Einspeicherung und Verarbeitung in elektronischen Systemen.
Die Wiedergabe von allgemein beschreibenden Bezeichnungen, Marken, Unternehmensnamen etc. in diesem Werk bedeutet nicht, dass diese frei durch jede Person benutzt werden dürfen. Die Berechtigung zur Benutzung unterliegt, auch ohne gesonderten Hinweis hierzu, den Regeln des Markenrechts. Die Rechte des/der jeweiligen Zeicheninhaber*in sind zu beachten.
Der Verlag, die Autor*innen und die Herausgeber*innen gehen davon aus, dass die Angaben und Informationen in diesem Werk zum Zeitpunkt der Veröffentlichung vollständig und korrekt sind. Weder der Verlag noch die Autor*innen oder die Herausgeber*innen übernehmen, ausdrücklich oder implizit, Gewähr für den Inhalt des Werkes, etwaige Fehler oder Äußerungen. Der Verlag bleibt im Hinblick auf geografische Zuordnungen und Gebietsbezeichnungen in veröffentlichten Karten und Institutionsadressen neutral.

Grafiken: Dipl.-Designerin Franziska Cobet

Planung/Lektorat: Stefanie Wolf
Springer ist ein Imprint der eingetragenen Gesellschaft Springer-Verlag GmbH, DE und ist ein Teil von Springer Nature.
Die Anschrift der Gesellschaft ist: Heidelberger Platz 3, 14197 Berlin, Germany

Wenn Sie dieses Produkt entsorgen, geben Sie das Papier bitte zum Recycling.

Über das Buch

Großsein ist großartig. Körpergröße ist ungeheuer wichtig. Wer groß ist, erscheint kompetent, verdient mehr Geld, nimmt bevorzugte Positionen in der Gesellschaft ein. Wer auf andere herabschauen kann, wirkt nicht nur auf seine Mitmenschen dominant, sondern ist zu allem Überfluss auch noch selbst von der eigenen Großartigkeit überzeugt. Diese und ähnliche Vorurteile bestehen nicht von ungefähr: sie haben evolutionsbiologische Hintergründe. Körpergröße ist ein Signal. Seine Regulation ist in der Wirbeltierreihe seit mindestens 400 Mio. Jahren konserviert – und weil dieses Signal auch von Menschen ganz selbstverständlich und strategisch genutzt wird, entzieht es sich fast vollständig unserer bewussten Wahrnehmung. Zwei international renommierte Wissenschaftler, ein Pädiater und eine Humanbiologin, Spezialisten für Wachstum und Kindesentwicklung und Autoren zahlreicher wissenschaftlicher Publikationen, zeigen erstmals in allgemeinverständlicher Sprache – auch für Nichtbiologen – auf welche Weise sich diese Signale auf unseren Alltag und unsere sozialen Netzwerke auswirken und wie sie unser politisches und wirtschaftliches Leben beeinflussen. Ein buntes Tuch aus Detailkenntnis, die in der Wissenschaft gewonnen und hier zu einem hochbrisanten Gewebe aus Biologie, Soziologie, Evolution und Netzwerkmathematik gesponnen wurde. Die Autoren Michael Hermanussen ist Professor für Kinderheilkunde an der Universität Kiel. Er lebt in Altenhof bei Eckernförde und verfügt über mehr als 40 Jahre Berufserfahrung als Kinderarzt und Endokrinologe. Schwerpunkte seiner Tätigkeit sind Wachstum, Kindesentwicklung und Ernährung. Christiane Scheffler ist Privatdozentin für Humanbiologie an der Universität Potsdam mit mehr als 30-jähriger Berufserfahrung. Schwerpunkt ihrer Arbeit ist die phänotypische Plastizität des menschlichen Wachstums in Verbindung mit veränderten Umwelt- und Lebensbedingungen.

Danksagung

Der größte Dank geht an Detlef, den Spieler. Detlef Groth ist Biostatistiker, lang-jähriger Freund und ein Virtuose in Computersimulationen. Ohne Detlef wären wir niemals auf die Idee gekommen, in welchem Umfang Netzwerktheorie zur Wachstumsregulation beiträgt und die eigentliche Ursache dafür ist, dass diese Regulation so außerordentlich strikt in der Evolution konserviert wurde. Ohne ihn hätten wir dieses neue Verständnis nie entwickeln können, und es wäre dieses Buch nie geschrieben worden.

Unser Dank geht auch an die nette Gärtnerin für das Interview, das sie uns gegeben hat, und außerdem an alle, die in den ersten Leserunden mit Frühformen unseres Manuskripts konfrontiert und aufgerufen waren, es für ein Publikum aus Nichtbiologen verständlich zu machen. Bei dieser Gelegenheit gilt unser besonderer Dank Bea Hermanussen als einer geduldigen Zuhörerin noch nicht vortragbarer Manuskriptschnipsel und -versionen und Gastgeberin der späteren Leseabende mit Elke Holzrichter und Hans-Peter, mit Holle Greil, mit Heiner Elighofer von gegen-über, mit Ursel und Wolfgang Kohbrok, Liliana Dispert, Martin Weber, Petra und Wolfgang Bahr, Felix Rhades und Masiar Novine, dem Studenten von Detlef, der in diesen Tagen hier an seiner Masterarbeit gearbeitet hat. Sie alle haben dazu bei-getragen, das Manuskript überhaupt erst einmal in eine Form zu bringen, die es auch für einen größeren Kreis lesbar macht. Und in diesem größeren Kreis gilt wie-der ganz besonderer Dank unserer Kollegin Gisela Grupe, ohne die wir nicht nur den frühen Gesellschaftsformen in Vorderasien etwas hilflos gegenübergestanden wären, sondern ohne die wir auch nicht bei Springer publiziert hätten. Sie hat uns den entscheidenden Hinweis gegeben, Kontakt mit Stefanie Wolf aufzunehmen.

Unser Dank gilt auch dem Journalisten Stephan Clauss, der dem Manuskript einen deutlich griffigeren Titel verpasst hat – und uns vor bösen Überraschungen warnt, wenn wir zu politisch werden. Aber gerade das wollen wir ja. Dank geht auch an Erika Burkhardt für ihre Gedanken zum Coverbild.

Und unser Dank geht auch an Ingo Scheffler und Ulrike Gonder, die als Letzte ihre Blicke in die – nahezu – Endfassung geworfen und all das entdeckt haben, was uns bisher entgangen war: die kleinen logischen Brüche, die kleinen Unrichtigkeiten, das, was man als Schreibender nur zu leicht übersieht. Und an Martina Mechler, die uns in mühevollen Stunden durch die Wirren der Korrekturen begleitet hat.

Und zuletzt gilt unser besonderer Dank Franziska Cobet, die unser Bildmaterial in eine professionelle, druckfähige und – wie wir finden – großartige Form gebracht hat.

Inhaltsverzeichnis

Die einzelnen Fäden

Wie es ganz harmlos anfängt und mit dem Wahn endet

Dies ist ein Buch, das nicht allen gefällt. Es beginnt als ein biologisches Buch, und es ist doch ein politisches Buch, das ganz harmlos mit allgemein Bekanntem und allerlei weniger Bekanntem aus der Forschung der Humanbiologie bzw. der biologischen Anthropologie anfängt und mit einer der erbärmlichsten Eigenschaften des Menschen endet: dem Größenwahn und seinen Folgen. In diesem Buch geht es um Größe, um das sinnliche Erfassen von Größe und um das vielfältige Miteinander von Impressionen und Empfindungen, die das Größer- oder Kleinersein mit uns macht. Wir beginnen mit der Körpergröße, genau genommen mit der Körperhöhe. Und von der Körperhöhe kommen wir zu Computerspielen, zu Netzwerken und zum Schluss zu dem, was wir in unseren Tageszeitungen an Politischem lesen. Es ist ein Buch, das unser Weltbild stört.

Körpergröße
Der Begriff „Körpergröße" ist ambivalent. „Größe" kann sowohl im Sinne von „Körperhöhe" als auch im Sinne von „Gewicht" oder „Höhe und Gewicht" verstanden werden. Wir verwenden diesen Begriff im Sinne von „Körperhöhe und Gewicht", weil beide Dimensionen für den Eindruck wichtig sind, den ein Individuum auf sein Gegenüber hinterlässt. Wichtig erscheint, wer Gewicht hat – sei es durch Körperhöhe, Körperfülle oder beides.

Wir werden Fäden aufnehmen, Fäden des Wissens, Faden für Faden, die die Wissenschaft gesponnen hat und die wir zu einem neuen Stück Tuch zusammenweben. Das Tuch ist ein Gewebe aus Informationen. Manche dieser Informationen sind ohne spezielle Vorkenntnisse nicht verständlich. Zumal die meisten dieser Texte sehr dünne Fäden sind, streng fokussiert nur auf ihre eigentliche und damit meist nur biologische Fragestellung. Wir stellen diese Texte vor, aber nicht in wörtlichen Übersetzungen, sondern textnah, so dass sie auch für Nichtbiologen

© Der/die Autor(en), exklusiv lizenziert an Springer-Verlag GmbH, DE, ein Teil von Springer Nature 2024
M. Hermanussen, C. Scheffler, *Größenwahn*,
https://doi.org/10.1007/978-3-662-69580-7_1

verständlich sind. Und um den Lesefluss nicht zu stören, fließen diese Textstellen auch nicht direkt in den laufenden Text, sondern sind eingerückt. Wer Originaltexte nachlesen möchte, findet ein ausführliches Literaturverzeichnis am Ende.

Zu Beginn beschäftigen wir uns mit der Regulation des menschlichen Wachstums und wie diese Regulation eingebunden ist in das Gewebe unserer sozialen Netzwerke. Wir erkennen, dass die Körpergröße eines Menschen ein Signal ist, das wir verstehen müssen, wenn wir unser menschliches Miteinander besser verstehen möchten. Entgegen allgemeiner Auffassung ist die Körpergröße, das sind Körperhöhe und Körpergewicht, nicht einfach nur das Ergebnis von *gutem Essen* und *guten Genen*, sondern ein Signal, über das wir kommunizieren, über das wir erklären, wer wir sind, über das wir unsere Sozialstruktur formen und das wir trotzdem meistens nicht als Signal wahrnehmen.

Körpergröße spielt eine Rolle im Miteinander. Sie spiegelt unser Gerangel um die besten Plätze in der Gesellschaft wider. Es wird versucht, sie in den hoch industrialisierten Ländern mit Hormonbehandlungen und in Ländern des Globalen Südens mit Milliardenbeträgen und einer Vielzahl von fast wirkungslosen Ernährungsprogrammen nach politisch westlichen Gesichtspunkten zu optimieren. Und all dies wird uns mit Begriffen wie „Aufgeklärtsein", „Selbstbestimmung", „Nachhaltigkeit" und vielen anderen modernen Floskeln glaubhaft gemacht.

Das ist unser Anliegen: *Wir wollen die biologischen Hintergründe verstehen und die Verbindung, die zwischen unseren vielfältigen sozialen Problemen besteht und dem, was wir in den Zeitungen an Politischem lesen.* Und wir möchten, dass nicht nur einige wenige Wissenschaftler in ihren elfenbeinernen Türmen, sondern jeder Mann und jede Frau versteht, was es mit der Körpergröße auf sich hat. Für Sie möchten wir schreiben.

In diesem Buch entsteht ein neues Bild, das Sie überraschen wird. Es stellt unbequeme Fragen und rüttelt an lieb gewordenen Vorstellungen. Es rückt eine Reihe von Umständen, die in unserer Kultur als selbstverständlich gelten, in ein unerwartetes und geradezu primitives, animalisches Licht. Vor allem: Dieses Buch weckt Zweifel daran, dass wir so individuell und so aufgeklärt sind, wie wir uns gerne sehen möchten. Denn unser Miteinander wird von zahlreichen Regeln geprägt, die alles andere als „typisch menschlich" sind. Sie kommen aus den Tiefen unserer Evolution. Es sind Regeln, die wir bei allen Wirbeltieren finden, also auch bei den Karpfen im Teich.

Und während wir die einzelnen Informationsfäden aufnehmen und zu einem Tuch weben, wollen wir auf einige Fäden ganz besonders achten: die roten Fäden des Zweifels. Natürlich haben wir zu ganz vielem, was wir tagein tagaus treiben, sehr plausible Erklärungen. Aber wir werden immer wieder beobachten, wie diese roten Fäden des Zweifels die sorgfältig vorgespannten Fäden unserer kulturellen Erwartungen ziemlich rechtwinklig durchkreuzen.

Wir fangen mal ganz vorsichtig an: Es geht um Wachstum, natürlich geht es um Wachstum. Wir haben uns seit mehreren Jahrzehnten mit dem Wachstum von Kindern beschäftigt. Das ist unser Arbeitsgebiet. Und darum fangen wir bei den Kindern an. Kommentare von erst Dreijährigen wie „Ich möchte groß werden, größer als meine Mama" und von Eltern wie „Meine Tochter hat schon Größe 128 und ist erst sieben Jahre" sind nicht ungewöhnlich. Eltern freuen sich, wenn ihre Kinder gut wachsen. „Ihr müsst tüchtig essen, damit ihr groß und stark werdet" ist einer der Standardsprüche, die wir wohl alle aus unserer Kindheit kennen.

1. Faden: Oh, wie schön ist Großsein

Warum größere Menschen mehr Geld verdienen und warum sie von sich und ihrer Kompetenz so überzeugt sind

Groß und stark zu sein, ist schön, und es ist wichtig. Zumindest wird das geglaubt. In den 1970er-Jahren beschäftigte sich der amerikanische Soziologe Saul Feldman [1] mit der Wahrnehmung von Körpergröße in der amerikanischen Gesellschaft, sprach von „heightism" – Größenwahn – und der Bedeutung für die Partnerwahl, aber auch in der Populärkultur und im wirtschaftlichen und politischen Leben [2].

Und das gilt offenbar besonders für die Jungen. Mehr als doppelt so viele Jungen wie Mädchen werden den Kinderärzten wegen „Wachstumsstörung" vorgestellt, und es werden auch gut doppelt so viele Jungen wie Mädchen mit Wachstumshormon behandelt. Adda Grimberg [3] veröffentlichte dazu 2008 eine Studie mit über 10.000 Kindern:

> In den letzten 20 Jahren war das Zahlenverhältnis zwischen Jungen und Mädchen in den Vereinigten Staaten insgesamt fast 2:1. Das Geschlechterverhältnis hing vom Alter und von der jeweiligen Indikation, d. h. dem Grund, warum behandelt wird, ab. Es gab keinen einheitlichen Zusammenhang mit der geografischen Region, der Anzahl der pädiatrischen Patienten oder der Zahl von pädiatrischen Endokrinologen[1] bezogen auf die Bevölkerung. In Asien (vor allem Japan), den Vereinigten Staaten und Europa/Australien/Neuseeland überwogen die Jungen, nicht aber in den übrigen Ländern der Welt, wo Wachstumshormon nicht so häufig verschrieben wird.

Sie kommt zu dem Schluss, dass „insbesondere bei Indikationen ohne eindeutige organische Ursache" die Jungen häufiger als die Mädchen behandelt werden. Sie vermutet, „dass sozialer und kultureller Druck und die Bereitschaft der Gesundheitssysteme, die Kosten für eine Wachstumshormon-Therapie zu übernehmen, zu diesen Unterschieden beitragen".

Das kennt man seit Langem. Bei der wachstumsbegrenzenden Therapie hochwüchsiger Jugendlicher findet man das gegenteilige Geschlechterverhältnis. Dort übersteigt die Zahl der behandelten Mädchen bei Weitem die der behandelten Jun-

---

[1] Pädiatrie: Kinderheilkunde; Endokrinologe: Spezialist für Hormone.

© Der/die Autor(en), exklusiv lizenziert an Springer-Verlag GmbH, DE, ein Teil von Springer Nature 2024
M. Hermanussen, C. Scheffler, *Größenwahn*,
https://doi.org/10.1007/978-3-662-69580-7_2

gen. Klein ist offenbar „ganz niedlich" für die Mädchen, aber gar nicht niedlich für die Jungen.

Und damit sind wir mittendrin in der Wahrnehmung von Körpergröße, in Glaubensvorstellungen und in den Erwartungen, die aus der Körpergröße abgeleitet werden.

„Size matters!" – auf die Größe kommt es an – schreiben Francesco Cinnirella und Joachim Winter [4] in einer Arbeitsmarktstudie. Größere Arbeitnehmer verdienen mehr, 2,5 cm mehr an Körperhöhe gehen mit einem Lohnanstieg von etwa 1–2 % einher. Wer größer ist, erscheint kompetenter, darf mehr Geld verdienen – unabhängig von seinen tatsächlichen Qualitäten. Die beiden Autoren hatten 13 europäische Länder untersucht und fanden diese „Lohnprämie" in allen Ländern:

> Die Körperhöhe hat eine signifikante Auswirkung auf die berufliche Sortierung (occupational sorting) von Arbeitnehmern, allerdings nicht von Selbstständigen. Wir interpretieren dieses Ergebnis als Beleg für eine Diskriminierung durch den Arbeitgeber zugunsten größerer Arbeitnehmer.

Wer klein ist, hat weniger zu melden und verdient weniger Geld. Anne Case und Christina Paxson [5] schreiben:

> Es ist seit Langem bekannt, dass größere Erwachsene einen höherwertigen Job haben und im Durchschnitt mehr verdienen als andere Arbeitnehmer. Empirische Untersuchungen zu Körperhöhe und Erfolg auf dem US-Arbeitsmarkt reichen mindestens ein Jahrhundert zurück. 1915 legte beispielsweise Gowin Erhebungsergebnisse vor, die den Unterschied in der Größenverteilung von Führungskräften und „Durchschnittsmenschen" dokumentieren. Gowin verglich auch die Körperhöhe von Personen mit unterschiedlichem Status im selben Beruf und stellte fest, dass Bischöfe im Durchschnitt größer sind als Prediger in Kleinstädten und Verkaufsleiter größer sind als Verkäufer, mit ähnlichen Ergebnissen für Anwälte, Lehrer und Bahnangestellte.

Dass es bei dieser Sortierung nach Größe allein um den Anschein, d. h. um ein Problem der Sinneswahrnehmung geht, zeigt eine besonders skurrile Untersuchung von Wei Huang sowie Judith und Gary Olson [6]. Die drei Autoren beschäftigen sich mit Proxemik. Proxemik benennt ein Forschungsgebiet, in dem untersucht wird, wie sich das räumliche Miteinander von Menschen auf ihr Verhalten auswirkt. So gestalten sich Gespräche anders, wenn die Teilnehmer sich einander nicht mehr unmittelbar gegenübersitzen. Entferntere Personen sprechen im Allgemeinen in förmlicheren, längeren Sätzen, so, als ob sie sich in einer öffentlichen Rede an eine Gruppe wenden würden. Wenn Leute dichter beieinander sind, unterhalten sie sich zwangloser und finden schneller zu einer gemeinsamen Gesprächsgrundlage.

So etwas lässt sich gut im Rahmen von Online-Videokonferenzen beobachten. Monitore und Kamerazooms lassen Menschen nah oder fern erscheinen. Wenn sich Personen über Video unterhalten, ändert sich die Größe des Gesichts auf dem Bildschirm je nachdem, wie stark die Kamera in das Gesicht hineinzoomt. Wahrgenommen wird also die relative Größe des Gesichts auf dem Bildschirm. Ein großes Gesicht auf dem Bildschirm wird als physisch näher interpretiert als ein kleines Bild. Ferner können Monitore und Kamerawinkel hoch oder niedrig sein, sodass die Personen groß oder klein erscheinen, unabhängig davon, ob sie wirklich groß oder klein sind. In einer Videokonferenz über die gesamte Konferenzdauer nach oben zu schauen, während die entferntere Person scheinbar nach unten schaut, erweckt ein Gefühl von Unterwürfigkeit, während sich der künstlich höher aufgestellte Teilnehmer eher dominant, leistungsfähiger und erfolgreicher fühlt. Hollywood lässt grüßen.

Wer sich also aus einem perspektivisch niedrigen Kamerawinkel, d. h. von unten, darstellen lässt, erscheint überlegen, wer in die Kamera hochschauen muss, sieht geschrumpft aus, klein, schwächlich und unwichtig. Huang und die Olsons schreiben zusammenfassend, „dass künstlich groß erscheinende Menschen mehr Einfluss auf Gruppenentscheidungen haben als künstlich klein erscheinende Menschen".

Dasselbe gilt für das Auftreten, für die Selbstdarstellung, das Sich-ins-rechte-Licht-Rücken, für die Lautstärke in der Unterhaltung. All das ist unabhängig von den tatsächlichen körperlichen Merkmalen einer Person oder ihren Absichten. Dominant ist, wer beim Gegenüber dominant erscheint. Und wer körperlich groß ist, glaubt an seine eigene Kompetenz eher als jemand, der sich als körperlich klein wahrnimmt. Insbesondere größere Männer haben ein höheres Selbstwertgefühl, mehr Selbstvertrauen, sie finden sich besser als die Kleinen. Und das Ganze geht von Kindesbeinen an los, wie Gert Stulp und seine Kollegen [7] schreiben:

> Die Körperhöhe kann sich auch darauf auswirken, wie Menschen sich selbst wahrnehmen. Größere Personen, insbesondere größere Männer, haben ein höheres Selbstwertgefühl als Kleinere und sehen sich eher in einer Rolle als Anführer. Das kann dazu führen, dass größere Personen im sozialen Miteinander mehr Selbstvertrauen zeigen. Ein höheres Selbstwertgefühl kann auch eine Folge davon sein, dass man im sozialen Miteinander schon im jungen Alter „erfolgreicher" war als andere. Bereits im Alter von zehn Monaten erkennen Kinder, dass die Körperhöhe im Wettbewerb um Dominanz eine Rolle spielt. Es gibt Hinweise, dass größere Personen schon in der Kindheit und im jungen Erwachsenenalter bei Wettbewerben und bei Auseinandersetzungen erfolgreicher waren als kleinere: Größere Kinder sind bei aggressiven Konfrontationen auf dem Spielplatz häufiger überlegen und werden seltener Opfer von Mobbing.

Lotte Thomsen und ihre Kollegen [8] finden dasselbe bereits im Säuglingsalter. Sie zeigten den Kleinen Animationen mit zwei virtuellen Kerlen, nennen wir sie einfach „Spielfiguren", die sich auf dem Bildschirm begegnen und sich gegenseitig den Weg versperren. Wer ist der Stärkere? Na klar, der Größere von beiden. Das Experiment ist außerordentlich pfiffig, und wir lassen diese Wissenschaftler von der Harvard-Universität ihr Experiment mit eigenen Worten beschreiben. Es klingt ein bisschen gestelzt, aber wenn man sich etwas einliest, wird deutlich, was gemacht wurde:

Es wurden 16 Säuglinge im Alter von 11 bis 16 Monaten mit einer Reihe von Animationen von zwei virtuellen Spielfiguren unterschiedlicher Größe, mit einem Auge und einem Mund, vertraut gemacht. Anfangs befand sich jede Figur allein auf ihrer Plattform und hüpfte etwas herum. Dann folgte ein Zwischenspiel: Beide Figuren starteten, trafen sich dann in der Mitte, stießen dort zusammen, schreckten zurück und näherten sich erneut. Endlich gaben sie sich geschlagen und zogen sich wieder auf ihre Startposition zurück.

Dann folgen die Versuche, und zwar mit einem erwarteten Ergebnis, bei dem die kleinere Spielfigur der größeren aus dem Weg geht, und einem unerwarteten Ergebnis, bei dem die größere der kleineren Platz machen muss. Die Autoren schreiben:

Im Versuch mit erwartetem Ergebnis beugte sich die kleine Spielfigur nach vorne, bis sie lag, und bewegte sich dann seitlich aus dem Weg (weg vom Betrachter), woraufhin die große Figur ihren Weg bis zum Ende der Plattform fortsetzte. Dann wurde die Animation für 60 s eingefroren. Der Versuch mit unerwartetem Ergebnis verlief anfangs gleich, aber im Gegensatz zu vorher warf sich die große Figur nieder und gab den Weg für die kleine frei, so dass diese bis zum Ende der Plattform gelangen konnte. Gemessen wurde die Zeit, bis das Kind länger als 2 s nicht mehr auf die Animation schaute.

Auch Säuglinge können überrascht sein. Sie betrachten dann ein unerwartetes Ereignis länger. Aus diesen und ähnlichen Versuchen schließen die Autoren, dass Säuglinge bereits im Alter von 10 bis 13 Monaten erkennen, dass Größe in Dominanzwettbewerben eine Rolle spielt. Vielleicht ist diese Schlussfolgerung ein wenig zu spekulativ, aber es bleibt die Beobachtung, dass Säuglinge bemerken, ob virtuelle Spielfiguren sich gegenseitig helfen oder versuchen, andere zu behindern.

Die Literatur zu diesem Thema ist mittlerweile recht uferlos geworden. Trotzdem ist die Grundaussage überall dieselbe: Wer größer ist, wird als wichtig und kompetent angesehen. Und wer groß ist, hat nicht nur mehr Körpergewicht, sondern ist zu allem Überfluss auch noch von der eigenen Kompetenz überzeugt. Eine besonders witzige Arbeit kommt aus China. Sozusagen ein Sahnehäubchen bei der Betrachtung unseres Sozialverhaltens.

Yan Sun, Fei Wang und Shu Li [9] machten einige recht triviale Wissenstests mit Teilnehmern, die zufällig einem Besprechungsraum im achten oder im zweiten Stock eines Gebäudes zugewiesen wurden. Beide Räume waren identisch eingerichtet, bis auf die Tatsache, dass die Fenster im achten Stockwerk etwa 30 m, die Fenster im zweiten Stock aber nur etwa 6 m über dem Erdboden lagen. Und so verlief die Untersuchung:

Sobald die Teilnehmer angekommen waren, wurden sie angewiesen, sich ans Fenster zu stellen und 3 min lang den Blick ins Freie und nach unten auf den Boden zu richten. Es wurde ihnen gesagt, das wirke beruhigend. Während des Experiments schien die Sonne, und die Sicht nach draußen war gut. Nach diesen angeblich beruhigenden 3 min wurde allen Teilnehmern ein zehnteiliger Fragebogen zur Beantwortung gegeben. Es ging um Allgemeinwissen in Geografie, Geschichte, Philosophie und Sport mit einfachen Ja-Nein-Fragen oder Alternativen wie:

Welches Land ist größer? (Kreuzen Sie eines an):
(a) Kongo
(b) Sambia

Nachdem alle Fragen beantwortet waren, wurden die Teilnehmer gebeten zu schätzen, wie viele Fragen sie auf dem Fragebogen richtig beantwortet hatten. Die Differenz zwischen erwarteter und tatsächlicher Zahl an richtigen Antworten lieferte einen Index für den Grad der Selbstüberschätzung. Wenn ein Teilnehmer beispielsweise glaubte, sechs der Fragen richtig beantwortet zu haben, während er in Wirklichkeit nur vier Fragen richtig beantwortet hatte, hatte er seine Punktzahl um zwei Punkte überschätzt. Im Anschluss wurden die Teilnehmer um eine Einschätzung der folgenden Frage gebeten: „Stellen Sie sich vor, eine Zufallsstichprobe von Studenten würde denselben Test machen. Glauben Sie, die Studenten würden schlechter abschneiden als Sie und weniger richtige Antworten geben?" Zum Abschluss wurden die Teilnehmer gebeten, ihre Stimmungslage zu bewerten („Wie fühlen Sie sich gerade?").

Die Versuchsteilnehmer aus dem Raum im achten Stock überschätzten ihre Leistungen deutlich. Die Autoren schließen daraus:

> Die räumliche Höhe, auf der man sich befindet, beeinflusst die Selbsteinschätzung. Wer in einem höheren Stockwerk sitzt und von dort auf die Welt herabschaut, steigert die Einschätzung seiner Leistungsfähigkeit.

Wir finden diese Untersuchung ziemlich schrill. Da muss man nur in die Chefetage steigen und gleich fühlt man sich bedeutend großartiger, als wenn man sein Labor im Keller oder im Erdgeschoss hat.

Und darum sitzt der Chef eben nicht im Souterrain.

Und darum sollen die Jungen, die von den Eltern als zu klein wahrgenommen werden, mit Wachstumshormon behandelt werden. Damit sie irgendwann mal Chef werden. Oder zumindest, damit sie auch was von der „Lohnprämie" abkriegen und nicht lebenslang unterbezahlt bleiben. Aber fragen Sie die Eltern nicht nach Beweggründen! Es sind kulturelle Muster, die uns kaum oder gar nicht bewusst sind. Es geht um den späteren Erfolg, es geht um Partnerwahl. Vielleicht sind es auch noch ältere Beweggründe aus den Zeiten unserer Vorfahren, den Urmenschen (*Homo habilis*) von vor 1,5 oder 2 Millionen Jahren.

Körpergröße ist nämlich ein Signal, das wir nur ganz im Unterbewussten wahrnehmen. Wir bemerken instinktiv, wer der Größere ist, und wir akzeptieren den Größeren als unseren Gruppenführer. Einfach so. Menschen brauchen für das Akzeptieren eines Größeren keine Begründung. Und wenn wir selbst der Größere sind, sind wir auch noch von der eigenen Großartigkeit überzeugt. Auch das, ohne darüber in irgendeiner Weise nachzudenken.

Und wenn Sie glauben, diese Erkenntnisse seien neu, dann irren Sie sich. Lassen Sie uns einfach noch einen kleinen Ausflug ins alte Preußen machen. Denken Sie an die „Langen Kerls" der preußischen Könige, die beeindruckenden Soldaten des „Königlich Preußischen Zweiten Infanterie- genannt Königs-Regiments". Es heißt bei Major von Mach [10]:

Im Jahr 1763 hatte das Regiment einige Mann unter 5 Fuß (156,9 cm), die meisten aber 5 Fuß 2 Zoll (162,2 cm), bis 5 Fuß 7 Zoll (175,2 cm); 1764 waren jedoch keine Leute unter 5 Fuß mehr vorhanden. 1772 war das geringste Maaß 5 Fuß 5 Zoll (170,0 cm), aber von 1778 ab 5 Fuß 4 Zoll (167,4 cm). Mehrere Leute maßen 6 Fuß (188,3 cm) und darüber.

Ein preußischer Fuß war 31,4 cm [11]. Diese Kerle waren imposant, und mit ihren gewaltigen Kopfbedeckungen erreichten viele von ihnen eine Höhe von deutlich über 2 m – Riesen unter gewöhnlichen Männern, die damals im Mittel kaum größer als 165 cm waren, also eher so groß wie im Durchschnitt heutiger Frauen. Es ging darum, mit den Langen Eindruck zu schinden. Um nichts weiter.

Wehe den Kleinen. Sie ziehen den Kürzeren. Und niemand will es wahrhaben. Darum geben wir jetzt ein Beispiel aus dem wirklichen Leben. Es ist anekdotisch und macht betroffen, aber es ist charakteristisch. Ich habe in den Jahren meiner Tätigkeit als Kinderarzt (MH) von vielen sehr ähnlichen Begebenheiten gehört.

2. Faden: Das Interview

Wie eine kleinwüchsige Gärtnerin ihr Kleinsein empfindet

Frau N. ist Gärtnerin und nach Referenzwerten der Weltgesundheitsorganisation (WHO) kleinwüchsig. Sie hat zwei Brüder, die ebenfalls kleiner sind als die meisten anderen Deutschen, und auch ihre Eltern waren nicht groß. Sie ist vollkommen gesund, sie hat das, was in der Medizin „familiärer Kleinwuchs" genannt wird, und sie hat sich bereit erklärt, ein kurzes Interview zu geben. Sie steht hier für die vielen, die sich nicht zu Wort melden in unserer „staturisierten Kultur", wie Gideon Lasco [2] die „Prävalenz von selbstverständlichen symbolischen Bedeutungen von Größe, Kleinheit und relativen Größenunterschieden in der gesamten Gesellschaft" nennt und dazu ausführt, dass „Größe persönlicher ist, als eine oberflächliche Betrachtung vermuten ließe, weil eine nicht normale Körperhöhe einige der privatesten Aspekte im Leben der Menschen berührt".

MH: Danke, für Ihre Bereitschaft, ein Interview zu geben. Es wäre schön, wenn Sie ein bisschen von sich berichten. Wann haben Sie als Kind zum ersten Mal bemerkt, dass andere Kinder größer sind als Sie, und wann ist Ihre Körpergröße für Sie ein Problem geworden?

Frau N: Mir ist es so richtig bewusst geworden in der Grundschule. Ich kann mich nicht erinnern, dass es mir im Kindergarten aufgefallen ist, aber in der Grundschule hatte ich eine Klassenkameradin, die deutlich größer war als ich. Weil ich ja deutlich kleiner bin als die anderen.
Das machte sich so bemerkbar: Zu meiner Zeit gab es die Amigo-Schulranzen. Die fand ich so toll. Davon wollte ich so gerne einen haben, aber die waren zu groß für mich. Die konnte ich nicht haben. Da wurde mir das so bewusst. Später brachten sie auch welche raus, die für Kleinere geeignet sind. Da habe ich auch einen bekommen und war megastolz darauf. Ansonsten hat mich das da in der Grundschule nicht irgendwie weiter berührt. Benachteiligt wurde ich gar nicht. Aber so richtig einschneidend ist es gewesen, als ich in die Realschule gekommen bin.

© Der/die Autor(en), exklusiv lizenziert an Springer-Verlag GmbH, DE, ein Teil von Springer Nature 2024

M. Hermanussen, C. Scheffler, *Größenwahn*, https://doi.org/10.1007/978-3-662-69580-7_3

MH: Wie alt waren Sie da?

Frau N: Wie alt ist man da? So etwa elf. Und da war es nämlich so: In der Aula, in
der 5. Klasse, haben alle Eltern gesessen, es war ja Einschulungstag. Dann wurde
mein Name aufgerufen, ich bin nach vorn gegangen, und da hat mein zukünftiger
Klassenlehrer gemeint, es könnte mich ja niemand sehen, und hat mich auf den
Arm genommen und gesagt, damit dich hier auch wirklich alle sehen können, du
bist ja so klein.
Da hat natürlich die ganze Aula gelacht und fand es urkomisch. Ich jetzt nicht so,
meine Mutter auch nicht. Und da ist mir so richtig bewusst geworden, dass ich ja
scheinbar kleiner bin und dass es für manche Menschen ein Defizit ist, warum
auch immer. Von da an hat man immer wieder Sprüche bekommen, von Klassen-
kameraden, oder auch später, wenn wir ausgegangen sind, zur Disco. Da haben
andere dann gesagt, Mama holt dich gleich ab, und es wird ja Zeit für dich …
und all solche Sachen. Und das zieht sich eigentlich bis jetzt durch. Dass es
immer noch Menschen gibt, die meinen, sich lustig machen zu können oder
einen blöden Spruch zu bringen.

MH: Wann hat man Sie dem Arzt vorgestellt wegen der Größe?

Frau N: Ich war ja schon in der Realschule. Ich kann mich nur daran erinnern, dass
wir bei Ihnen gewesen sind. Ich kann nicht genau sagen, wann. Ich war in der
Realschule und nicht mehr in der Grundschule.

MH: Wie war das in Ihrer Familie?

Frau N: Ich bin mit zwei älteren Brüdern groß geworden, und die waren sich ja
immer einig gegen mich. Es sei denn, es kam von außen jemand. Dann waren sie
natürlich auf meiner Seite. Wie sich das gehört. Aber so musste ich mich immer
behaupten. Zwischen den beiden, und wenn mich jemand angefeindet hat, habe
ich mich natürlich auch gewehrt.

MH: Groß sein kann ja auch nachteilig sein. Hatten Sie das Gefühl, dass es auch
manchmal ganz gut sein kann, kleiner zu sein als andere?

Frau N: Also vielleicht, wenn man irgendwo … Das kann ich nicht sagen. Vielleicht
wenn es irgendwo eng war und man reinkriechen konnte, so: Das kannst du ja
gut machen, du bist ja so klein. Aber ich kann jetzt nicht sagen, dass ich irgendwelche Vorteile davon gehabt habe.

MH: Und wie war das so im Alltag? Beim Zusammensein mit anderen?

Frau N: Wenn Fotos anstanden, hieß es immer: die Kleinen nach vorn. Dann wurde man nach vorn geschoben. Da konnte ich mich gar nicht wehren. Man musste das ja irgendwo.

MH: Ist das Problem aus der Kinderzeit später als Erwachsene anders geworden?

Frau N: Das ist so geblieben, würde ich sagen. Nach wie vor.

MH: Was für ein Gefühl vermittelt es Ihnen, dass Sie kleiner sind als die meisten anderen Menschen? Macht es Sie manchmal wütend, wie die Leute mit Ihnen umgehen?

Frau N: Nein. Wütend macht mich das gar nicht. Überwiegend interessiert es mich nicht. Ich lege keinen Wert mehr darauf. Diese Leute sind dann für mich gleich abgehakt. Mit denen will ich auch gar nichts weiter zu tun haben. Es gibt natürlich manchmal Tage, da verletzt mich das eher, dass man so, einfach so, einmal kurz gesehen, schon zu hören kriegt: Oh, die ist aber sehr klein, und da mach ich mich mal lustig drüber. Es ist schlimm, dass man Menschen so schnell bewertet. Ohne sie wirklich zu kennen. Das ist verletzend.

MH: Sind Sie mit Hormonen behandelt worden?

Frau N: Ja, aber nur kurz, ich wäre Diabetiker geworden. Und dann habe ich gesagt, das möchte ich nicht, und es wurde die Behandlung abgebrochen. Ich weiß es nicht genau. Nach einem halben oder einem ganzen Jahr später wurde die Behandlung wieder aufgenommen. Aber es ist trotzdem wieder zu demselben Ergebnis gekommen. Es bestand die Gefahr, dass ich Diabetiker geworden wäre.

MH: Sind Sie Diabetikerin?

Frau N: Nein, bis jetzt nicht (lacht).

MH: Wie groß sind Sie denn nun eigentlich?

Frau N: Das letzte Mal, als ich mich gemessen habe, war ich 148 cm, aber jetzt vielleicht nur noch 147 cm.

MH: Vielen Dank für das Interview.

3. Faden: Wie groß ist normal groß

Warum die Riesen und die Zwerge unter ihresgleichen normal sind

Frau N. liegt mit einer Körperhöhe von 148 cm rund 20 cm unter dem Mittelmaß für deutsche Frauen. Frau N. ist gesund, sie arbeitet als Gärtnerin, sie ist exakt so groß wie das Mittelmaß junger indonesischer Mütter, die wir im Frühjahr 2023 auf Westtimor untersucht haben. Was also ist normal? Das ist die häufigste und gleichzeitig die schwierigste Frage, die uns immer wieder gestellt wird. Es gibt keine Antwort. Unter Riesen ist der Riese normal, unter Zwergen ist es der Zwerg. Normal ist das, was jeder von uns als passend für sein Weltbild empfindet. Und um auf diese Frage einmal eine wirklich normale Antwort zu erhalten, bitten wir ChatGPT Version 3.5 um eine Definition mit 50 Wörtern. ChatGPT weiß, was normal ist: subjektiv, wandelbar, und es entspricht der herrschenden Norm. ChatGPT sagt:

> „Normal" beschreibt das, was in einer spezifischen Gesellschaft, Kultur oder einem Kontext als üblich oder erwartet angesehen wird. Es entspricht den vorherrschenden sozialen Normen, Werten und Erwartungen. Der Begriff ist subjektiv, wandelbar und kann sich zwischen Kulturen und im Laufe der Zeit unterscheiden, er repräsentiert einen Standard oder einen gesunden Zustand in verschiedenen Kontexten.

Zum Zeitpunkt des Schreibens dieser Zeilen behauptet Google:

> Die durchschnittliche Körperhöhe von Männern liegt weltweit bei 175 cm (5 Fuß 9 Zoll), die von Frauen bei 162 cm (5 Fuß 4 Zoll).

Und um diese Frage nun offiziell zu klären, wurde zwischen 1997 und 2003 auf Empfehlung der Weltgesundheitsorganisation (WHO) die Multicentre Growth Reference Study (MGRS) durchgeführt [12]. Man wollte aktuelle Daten für die Bewertung von Wachstum und Entwicklung von Kindern der ganzen Welt erstellen. Im Rahmen dieser Studie wurden 8440 gesunde gestillte Säuglinge und Kleinkinder aus verschiedenen Kulturkreisen (Brasilien, Ghana, Indien, Norwegen, Oman und USA) untersucht. Auf dieser Grundlage entwickelte die WHO „Wachstumsstandards". Standards geben die „beste Beschreibung des physiologischen Wachs-

© Der/die Autor(en), exklusiv lizenziert an Springer-Verlag GmbH, DE, ein Teil von Springer Nature 2024
M. Hermanussen, C. Scheffler, *Größenwahn*, https://doi.org/10.1007/978-3-662-69580-7_4

tums von Kindern unter fünf Jahren", weil sie ein „normales frühkindliches Wachstum unter optimalen Umweltbedingungen darstellen". Sie können „zur Beurteilung von Kindern überall verwendet werden, unabhängig von ihrer ethnischen Zugehörigkeit, ihrem sozioökonomischen Status und der Art ihrer Ernährung" [12]. So die WHO. Das müssen wir vorerst glauben, aber Sie merken schon, leise regt sich ein erster roter Faden des Zweifels. Wann waren Sie zuletzt auf einem Flughafen? Haben Sie dort die Langen und die Kurzen, die Dicken und die Dünnen gesehen? Und ihre Kinder? Sahen die Kinder der Reisenden aus Südostasien mangelernährt aus? Noch ist es zu früh, noch müssen wir ein bisschen in den Steppen der Normalität grasen, aber keine Sorge! Das kommt noch im Detail. Es ist nicht immer die reine Wahrheit, was uns von offizieller Seite erzählt wird.

Körperhöhe variiert, auch in den besten Familien. Denken Sie an Ihre Kinder oder die Kinder Ihrer Freunde, sie sind nicht alle gleich groß, und darum müssen wir uns ein bisschen mit einigen einfachen Themen aus der Statistik beschäftigen – das ist nicht wirklich schwierig. Schauen Sie einfach in die Box.

Die Schwankungsbreite der Körperhöhe und Stunting
Nicht alle Menschen sind gleich groß. Körperhöhe verteilt sich beidseits um einen gemeinsamen Mittelwert. Dabei entspricht die Verteilung der Körperhöhe einer so genannten Normalverteilung. Normalverteilungen sind symmetrisch und haben eine Glockenform. Abb. 1 zeigt die Körperhöhenverteilungen westdeutscher Wehrpflichtiger des Geburtsjahrgangs 1938. Auf der x-Achse sind die Körperhöhen in Zentimetern aufgetragen, und auf der y-Achse sieht man, wie viel Prozent aller Wehrpflichtigen in den jeweiligen Zentimeterklassen liegen. Die meisten Wehrpflichtigen sind etwa mittelgroß, wenige sehr groß und wenige sehr klein. Diese Art von Kurven wurde vor mehr als 200 Jahren von Herrn Gauß beschrieben. Die Breite einer solchen Gauß'schen Glockenkurve, d. h. die Abweichung der einzelnen Werte vom Mittelwert, wird durch die so genannte Standardabweichung definiert. Der Bereich von plus/minus zwei Standardabweichungen umfasst etwa 95 % der Werte in einer solchen Glockenkurve. Dieser Bereich wird von Medizinern üblicherweise als „normal" angesehen. Im Fall der Körperhöhe von Erwachsenen liegt die einfache Standardabweichung bei 6–7 cm, d. h. die Körperhöhe der 95 % „normalen" Erwachsenen – das sind plus/minus zwei Standardabweichungen – variiert zwischen plus/minus 12–14 cm beidseits des Mittelwerts.

Die WHO behauptet, dass „normale" Frauen zwischen 150,1 cm und 176,2 cm groß sind und „normale" Männer zwischen 161,9 cm und 191,1 cm. Wer kleiner ist, ist „stunted" – zu Deutsch „unterentwickelt", „verkümmert" oder „minderwüchsig". So die WHO.

„Stunting" ist ein international verwendeter Fachbegriff. Die WHO definiert: „Kinder gelten als stunted, wenn ihre Körperhöhe im Verhältnis zum Alter um mehr als zwei Standardabweichungen unter dem Median[1] der WHO-Wachstumsstandards für Kinder liegt" [13], das sind rechnerisch knapp drei von Hundert. Stunting bezeichnet also eine Körperhöhe unterhalb einer globalen Norm. Weil Europäer relativ groß sind, sind Europäer zu weniger als 3 % „stunted", während es unter den relativ kleinwüchsigen Ostasiaten deutlich mehr, in manchen Gegenden von Indonesien sogar über 50 % sind. Weltweit gelten derzeit rund 150 Millionen Kinder unter fünf Jahren als „stunted". Wer diese Standards akzeptiert, akzeptiert auch, dass diese Kinder als unterentwickelt, verkümmert und minderwüchsig gelten. So steht es in den Zeitungen. Und wenn sie in den Zeitungen weiterlesen, steht dort auch, dass „stunted children" unterernährt sind.

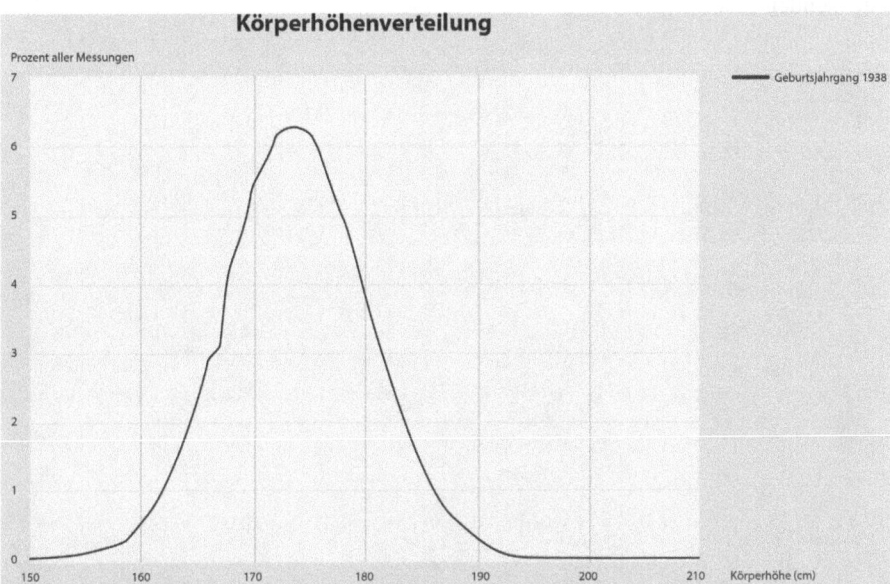

Abb. 1 Körperhöhenverteilung deutscher Wehrpflichtiger des Geburtsjahrgangs 1938. Die Verteilung entspricht recht genau einer Gauß'schen Glockenkurve. Die mittlere Körperhöhe ist 174,0 cm, die Standardabweichung ist 6,4 cm. Das bedeutet, dass etwa 95 von 100 Wehrpflichtigen mit der Körperhöhe zwischen zwei Standardabweichungen unter und zwei Standardabweichungen über dem Mittelwert liegen, also zwischen 161,2 cm und 186,8 cm

---

[1] Der Median, auch Zentralwert genannt, ist derjenige Messwert, der genau in der Mitte liegt, wenn man Messwerte der Größe nach sortiert. Die Hälfte aller Werte liegt bei einer Normalverteilung darüber, die andere Hälfte darunter.

Und wenn Sie unsere Ansicht zur Gültigkeit des Begriffs „normale Körperhöhe" noch einmal lesen wollen, betrachten Sie den letzten Satz der Box als kleinen Einwurf aus der Meckerecke. Kinder, die kleiner sind, als die WHO [12] definiert, sind nicht notwendigerweise unterernährt. Es ist wahr: Viele Kinder hungern. Aber die meisten dieser 150 Millionen offiziell kleinwüchsigen Kinder leben in den überwiegend autokratisch regierten Ländern Südostasiens und Afrikas und bleiben nicht etwa klein, weil sie unter- oder mangelernährt sind, sondern weil ihre Chancen, später einmal unter westlichen Bedingungen zu leben, annähernd null sind. Diese Kinder bleiben aus sozialen Gründen klein. Und genau darum geht es in diesem Buch.

Denken Sie daran: Körpergröße ist ein Signal, auf das wir reagieren. Wir gehen nicht einfach so mir nichts, dir nichts an jemandem vorbei, der deutlich größer oder kleiner ist als wir selbst, wir empfangen sein Signal – ob wir wollen oder nicht. Ein großer Mensch hinterlässt einen „Eindruck", man kann an ihm nicht vorbeisehen. Während wir auf der anderen Seite immer wieder geneigt sind, kleine Menschen gar nicht wahrzunehmen – wir übersehen sie einfach.

Es ist an der Zeit, etwas über das Wachstum selbst zu sagen. Was passiert am wachsenden Knochen?

4. Faden: Der wachsende Knochen

Wie ein Knochen wächst und was man unter bottom-up und top-down versteht

Vorab kurz bemerkt: Wir beschränken uns auf das knöcherne Wachstum – es ist maßgeblich für unsere Körperhöhe. Natürlich wachsen auch alle anderen Gewebe, aber die meisten Gewebe passen sich dem knöchernen Skelett in irgendeiner Weise an. Die Lungen und die meisten anderen Organe werden ohne Not nicht größer, als es der knöcherne „Rahmen" zulässt. Die Blutgefäße der Arme und Beine passen sich natürlich der Länge der Extremitäten an. Das ist alles ganz trivial – bis auf das Fettgewebe. Das ändert sich in Windeseile – wir sehen es zu Weihnachten an uns selbst – völlig unabhängig vom Längenwachstum der Knochen. Wir sehen es an jeder Bushaltestelle. Auch die Muskulatur entwickelt sich unabhängig vom Längenwachstum der Knochen. Muskelwachstum reagiert auf Training und Alltagsbeanspruchung. Das wollen wir jetzt aber nicht besprechen und kümmern uns ausschließlich um das Wachstum der langen Röhrenknochen, also der langen Knochen von Oberschenkel, Unterschenkel, den Armen, den Fingern und Zehen. Dort gibt es Wachstumszonen, die für ein gerichtetes Längenwachstum notwendig sind. Diese Wachstumszonen interessieren uns.

Wie sehen Wachstumszonen aus? Wer reguliert sie, ist es die Genetik, sind es die Hormone? Oder beides? Oder noch etwas anderes? Das Thema ist beliebig komplex. Wer sich für mehr Details interessiert, muss sich an anderer Stelle informieren. An dieser Stelle wollen wir vorerst nur einzelne, kleine Fädchen betrachten. Wir möchten, dass Sie nachvollziehen können, was landläufig geglaubt wird, aber auch, warum unsere Überlegungen einen anderen als den üblichen Verlauf nehmen. Und darum machen wir jetzt einen kleinen Umweg. Es geht um das Oben und Unten. Welche Fädchen oben und welche unten liegen. Top-down und bottom-up.

© Der/die Autor(en), exklusiv lizenziert an Springer-Verlag GmbH, DE, ein Teil von Springer Nature 2024
M. Hermanussen, C. Scheffler, *Größenwahn*,
https://doi.org/10.1007/978-3-662-69580-7_5

Top-down und bottom-up

Man kann sein Pferd nicht von hinten aufzäumen, man kann den Ochsen nicht hinter den Pflug spannen – so sagten die Alten. Die eine Richtung ist richtig, die andere Richtung ist falsch. Das ist beim Organisieren genauso: Der General sagt, wohin die Truppe marschieren soll, der Leutnant ordnet an, wer zuerst und wer zuletzt und wer das Gepäck trägt, und der einfache Mann kennt seinen Platz und macht, was er tun soll. Falsch wäre, wenn der Soldat dem General sagt, wo es hingeht. Wir haben gelernt, dass eine vernünftige Organisation „von oben nach unten geht": top-down. So ist die Befehlskette klar. Top-down-Strukturen sind effektiv und gut planbar. Nicht nur beim Militär geht es so zu.

Man kann Dinge aber auch andersherum betrachten. Organisationsformen können sich von unten nach oben entwickeln: bottom-up. Stellen Sie sich eine hübsche Wiese vor, am See vor dem Dorf. Hier spielen einige Kinder Fußball, das macht Spaß. Im Laufe der Zeit kommen mehr Kinder dazu, die Wiese wird zum Treffpunkt auch der Erwachsenen. Und weil der Platz so schön ist, siedelt sich irgendwann ein kleines Restaurant hier an. Stühle und Tische werden auf den Bolzplatz gestellt, so dass die Kinder bald keinen Platz mehr zum Spielen haben. Aber das Restaurant läuft gut. Die Gegend am See hat sich zu einem Ausflugsziel entwickelt, sie hat sich „selbst organisiert", ohne von jemandem geplant worden zu sein. Es hat sich eine Bottom-up-Struktur entwickelt, es geht von unten nach oben. Lebendige Strukturen sind meist Bottom-up-Strukturen.

Unsere traditionelle Vorstellungswelt begünstigt Top-down-Muster. Auch in der Medizin werden Abläufe ganz ordentlich „von oben nach unten" erklärt. Und selbst wenn es um Regelkreise geht, also um ringförmige Systeme mit Rückkopplungen – wie man sie in jeder modernen Waschmaschine findet –, beginnen die Erklärungen immer beim übergeordneten Zentrum, dem „Führungsglied", das den „Sollwert" vorgibt. Wir nehmen irgendeinen medizinischen Beispieltext [14]:

> „Der Hypothalamus[1] ist das zentrale, übergeordnete Steuerungssystem des vegetativen Nervensystems. Er ist stark mit der Hypophyse[2] vernetzt und damit ein Regulator des endokrinen Systems. Dadurch kontrolliert, steuert und reguliert der Hypothalamus Vitalfunktionen, den Hormonhaushalt, das Immunsystem und Sexualfunktionen."

---

[1] Der Hypothalamus als Teil des Zwischenhirns ist für eine Vielzahl von biologischen Funktionen „zuständig" und auch für das Wachstum eine entscheidende Kontrollebene.

[2] Die Hypophyse oder Hirnanhangdrüse ist eine etwa erbsen- bis kirschgroße Ausstülpung an der Unterseite des Gehirns und spielt eine wichtige Rolle bei der Kontrolle des Hormonhaushalts. Über den Hypophysenstiel empfängt sie Releasing-Hormone aus dem Hypothalamus.

Das ist nicht falsch. Der Hypothalamus ist auch für das Wachstum eine entscheidende Kontrollebene. Aber so einfach top-down geht diese Regelung gar nicht. Auch der Hypothalamus ist nur ein „Dazwischen" in einem viel größeren Regelkreis, der das soziale „Draußen" und das „Drinnen" des Stoffwechsels miteinander verbindet (Abb. 2).

Wir wollen hier nicht die übliche Top-down-Sichtweise des Lehrbuchs vermitteln, sondern das Stufendenken auf den Kopf stellen. Wir wollen nicht versuchen, Top-down-Befehlsketten zu verstehen, sondern Selbstorganisation. Bei dieser Form der Organisation gibt niemand Befehle. Bottom-up-Systeme entwickeln sich spontan von unten nach oben und sind die üblichen Systeme, die man in der Biologie findet.

Und das sieht so aus …

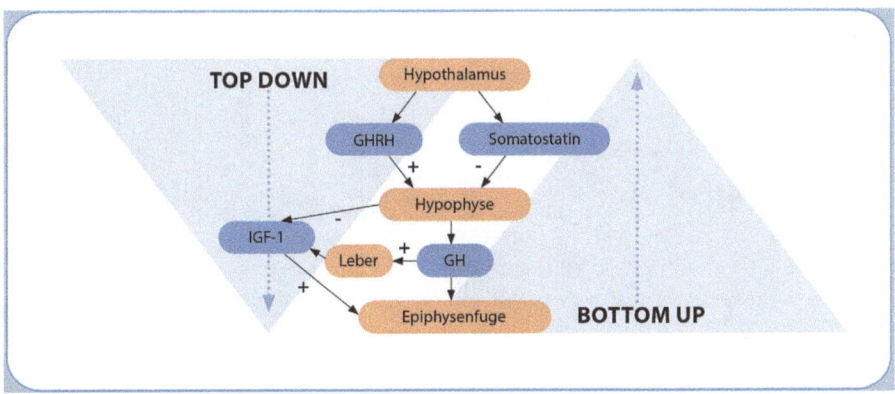

Abb. 2 Ein Bild wie aus einem Lehrbuch: **Links:** Top down, von oben nach unten. Der „übergeordnete" Hypothalamus bildet das Wachstumshormon-Releasing Hormon[3] (engl. Growth Hormone Releasing Hormone, kurz: GHRH) und seinen Gegenregulator, das Somatostatin. Beide wirken auf die Hypophyse. GHRH stimuliert, Somatostatin dämpft die Produktion von Wachstumshormon (engl. Growth Hormone, kurz: GH). GH wiederum stimuliert die Leber zur Bildung von IGF-1[4], das seinerseits die Wachstumsfuge zum Wachsen anregt. GH selbst stimuliert die Wachstumsfuge auch unmittelbar. Das sieht alles recht kompliziert aus, aber keine Sorge. Es ist einfacher, als sie denken. **Rechts:** bottom up, von unten nach oben: Man kann diese Regulation auch anders herum betrachten. Und das machen wir im Folgenden

---

[3] Releasing Hormone sind Hormone aus dem Hypothalamus und setzen eine Kaskade von weiteren Hormonen frei. Deshalb der Name: „They release hormones". Auch diese Hormone stellen wir in den folgenden Seiten näher vor.

[4] Einer der wichtigsten Wachstumsfaktoren ist der „Insulin-like growth factor one", kurz IGF-1, genannt. Wir stellen diesen Faktor in den folgenden Seiten näher vor.

5. Faden: Die Wachstumsfuge

Von vielen Millionen Nachbarn, von Briefkästen und Hormonen und was die Wachstumsfuge mit einem Ausflugslokal gemein hat

Die Wachstumsfuge ist ein wunderbares Beispiel für bottom-up. Leider ist der Begriff „Wachstumsfuge" unglücklich gewählt. Unter „Fuge" versteht man landläufig ein „Dazwischen". Aber die Wachstumsfuge, offiziell heißt sie auch „Epiphysenfuge"[1], ist kein Dazwischen, sondern – ganz im Gegenteil – der Mittelpunkt großer Aktivität. Hier ist der Ort, wo das Wachstum stattfindet.

Wir fangen bei den langen Röhrenknochen an. Man kann sie im Röntgenbild sehen, denn Knochenmaterial ist „röntgendicht" im Gegensatz zu Weichteilen, die durchlässig für Röntgenstrahlen sind und keine wesentlichen Schatten auf einem Röntgenfilm hinterlassen. Weichteile bleiben darum weitgehend „unsichtbar". Und weil das Wachstum natürlich nicht im festen Knochengewebe stattfindet, sondern im weichen Knorpelgewebe, im Dazwischen, nennt man die röntgenschattenlose Fuge zwischen den „Knochenschatten" die Wachstumsfuge (Abb. 3).

Lange Röhrenknochen entstehen alle nach demselben Prinzip. In der frühen Phase der Embryonalentwicklung aktivieren sich seitlich am Keimling Gruppen von embryonalen Bindegewebszellen und bilden – etwa am Tag 28 nach der Befruchtung – kleine Knospen, aus denen später Arme und Beine hervorgehen. Stellen Sie sich diese Zellen als kleine Individuen vor. Sie bilden lockere Netzwerke, sie kommunizieren über Signalmoleküle, sie veranlassen ihre Nachbarn, bestimmte neue Richtungen in der Entwicklung einzuschlagen. Sie können wandern und sich dort ansiedeln, wo es ihnen gefällt. Stellen Sie sich diese Zellen als sozial kompetente Einzeller vor, die ein Staatswesen gründen. Jeder dieser Einzeller verfügt über eine Bibliothek, die Gene, in der im Prinzip das gesamte Wissen gelagert ist, von der er aber im Laufe seiner Familiengeschichte – er teilt sich ja immer wieder – nur die Bücher liest, die für die Ausübung seiner Tätigkeit nötig sind. Wenn, wie im Beispiel, nur das Fußballspielen angesagt ist, werden nur die Fußballregeln gelesen.

---

[1] Die Epiphyse bezeichnet das anfangs knorpelig angelegte gelenknahe Ende eines langen Röhrenknochens, in dem sich später Knochenkerne, die so genannten Epiphysenkerne, entwickeln.

© Der/die Autor(en), exklusiv lizenziert an Springer-Verlag GmbH, DE, ein Teil von Springer Nature 2024
M. Hermanussen, C. Scheffler, *Größenwahn*,
https://doi.org/10.1007/978-3-662-69580-7_6

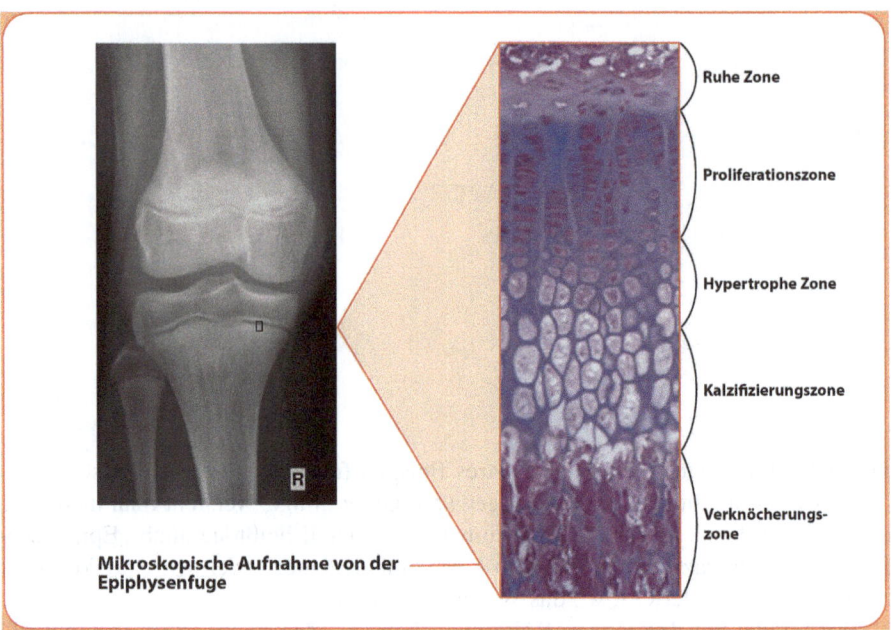

Abb. 3 Röntgenbild des Kniegelenks eines Jugendlichen (**links**). Sie erkennen den unteren Teil des Oberschenkelknochens und den oberen Teil von Schienbein und Wadenbein. Jeweils gelenknah sehen Sie die Wachstumsfugen. Markiert ist ein kleiner Teil der Wachstumsfuge des Schienbeins, der **rechts** in einer Fotomikroskopie noch einmal vergrößert dargestellt ist (genau genommen ist das kleine Quadrat auf dem Röntgenbild immer noch viel zu groß; in Wirklichkeit wäre das Quadrat in der Abbildung links nicht einmal einen Zehntelmillimeter hoch, und Sie würden es gar nicht sehen können). Man erkennt oben den ruhenden Knorpel mit einzelnen Zellen. Diese Zellen liegen mitten in der Wachstumsfuge. Darunter folgen die säulenartig aufeinanderliegenden Knorpelzellen, die noch weiter darunter groß und blass werden, altern und am Ende sterben und von den eingewanderten Knochenzellen ersetzt werden

In den kleinen Knospen gruppieren sich die ersten Knorpelzellen zu vorläufigen länglichen Strukturen, die schon in etwa die Form der späteren Knochen haben. Das geschieht spontan; die Knorpelzellen regeln es untereinander über Signalwege, die ihre Genaktivitäten steuern, über verschiedene nachbarschaftliche Wachstumsfaktoren[2], über Mechanismen, die wir hier nicht im Detail beschreiben wollen. Wir wollen nur festhalten, dass die gesamte frühe Entwicklung der Wachstumsfuge eine Bottom-up-Entwicklung ist und keiner Steuerung durch IGF-1, Wachstumshormon oder irgendwelcher übergeordneter Releasing-Hormone bedarf.

Diese neu gebildeten länglichen Knorpelzellhaufen haben eine gewisse Anziehungskraft auch für andere Zelltypen, die dort einwandern wollen. Blutgefäße wandern in diesen Bereich. Und es kommen Knochenzellen, die sich ebenfalls hier ansiedeln. Knochenzellen reichern bereits nach wenigen Tagen strahlendichtes,

---

[2]Wachstumsfaktoren sind Eiweiße, die die Zellteilung und/oder die Differenzierung von Vorläuferzellen zu spezialisierten Zellen beeinflussen.

kalziumreiches, festes Material an. Gewebe, in denen Knochenzellen wachsen, werden auf diese Weise radiologisch sichtbar. Bereits in der zwölften Embryonalwoche haben die Schäfte fast aller langen Röhrenknochen gut durchblutete, röntgendichte, so genannte primäre Knochenkerne. Einige Wochen später verknöchern auch die Enden der Knochen, und zwar separat. Hier bilden sich, getrennt an beiden Enden, knöcherne Epiphysenkerne. Zwischen diesen Epiphysenkernen und dem knöchernen Schaft bleibt für viele Jahre eine knorpelige, radiologisch nicht sichtbare Lücke: die Epiphysenfuge. In dieser Lücke findet das weitere Längenwachstum statt.

Und das geht so: Die Knorpelzellen in den Wachstumszonen liegen nicht einfach in wirren Haufen, sondern sitzen geordnet in Reihen aufeinander: immer eine Zelle auf der anderen. Denken Sie an griechische Tempelsäulen. Wenn die Säulen nicht aus einem Stück gehauen wurden, bestehen sie aus aufeinandergestapelten Säulentrommeln, immer eine Trommel auf der anderen. Genauso sehen diese Reihen von Knorpelzellen aus: Es sind Knorpelzellsäulen. Am Fuß dieser Säulen findet die Vermehrung der Knorpelzellen statt – das ist die Proliferationszone –, und von dort schieben sich die Zellen vorwärts, immer eine nach der anderen.

Säulen zu bilden, ist im genetischen Programm verankert, aber immer noch gibt es keinen exakten Bauplan, wo genau eine bestimmte Säule gebildet werden und wie lang diese Säule sein soll. Es ist weiterhin ein sich selbst organisierender Prozess, ein Bottom-up-Prozess. Säulen entwickeln sich wie die Pilze auf dem Rasen: eine neben der anderen. Die Wachstumsfuge wächst, indem sich immer wieder neue Knorpelzellen aus der Proliferationszone zu Säulen zusammenfinden und als Säule vorangeschoben werden. Dabei reifen die Zellen, werden dick und sondern allerlei Eiweißfäden ab, die Matrixproteine, in die sie sich und ihre Nachbarn einwickeln. Im Elektronenmikroskop sehen diese Eiweißfäden aus wie ein Gewirr aus Wollfäden, das sich zwischen den einzelnen Zellen breit macht. Im einfachen Lichtmikroskop sind diese molekularen Fäden unsichtbar. Man kann nur erkennen, dass einzelne Knorpelzellen zumeist nicht direkt nebeneinanderliegen, sondern von einer gallertartigen Masse – das sind eben diese Fäden und eingelagertes Wasser und andere Stoffe – umgeben sind. All das stabilisiert. Es ist Bindegewebe. Und weil am Grund der Zellsäulen immer wieder neue Zellen dazukommen, schieben sich die Säulen unermüdlich voran.

Aber Zellen altern, auch die Zellen in den Knorpelzellsäulen. Irgendwann sterben die Zellen an den Säulenspitzen [15], zerfallen und hinterlassen Hohlräume. Diese Hohlräume sind attraktiv. Neue Zellen kommen vorbei und siedeln hier. Das sind keine Knorpelzellen mehr, sondern Knochenzellen – so wie die Erwachsenen auf den Bolzplatz der Kinder gewandert sind. Knochenzellen produzieren Knochensubstanz. Knochen ist röntgendicht und fest – um im Beispiel zu bleiben: Da werden Stühle und Tische aufgestellt. So verwandelt sich die Zone der alt gewordenen Knorpelzellen in neuen Knochen, während am Grund der Zellsäulen weiterhin junge Knorpelzellen in Säulenform dazugestapelt und weiterhin vorangeschoben werden. Dieser Prozess läuft über viele Jahre.

Aber nicht nur die Zellen in den Säulen altern, auch die Proliferationszonen selbst werden irgendwann altersmüde. Die Teilungen dauern länger, und nach gut anderthalb bis knapp zwei Jahrzehnten können sich diese Zellen überhaupt nicht mehr teilen. Es bilden sich keine neuen Säulen, und das Wachstum erlischt. Knochenzellen übernehmen die Wachstumsfugen und verschließen sie dauerhaft – eine nach der anderen. Dann ist Schluss, bei Mädchen etwa im Alter von 16 Jahren, bei Jungen etwa zwei Jahre später, wobei das Alter beim Verschluss der Wachstumsfugen variiert. Auch danach kann eine Person noch um wenige Zentimeter größer werden. Aber es ist nur die Wirbelsäule, die noch wächst, weil die Wachstumszonen der Wirbelkörper einige Jahre länger aktiv sind.

Wie gesagt, dieser Prozess ist ein sich selbst organisierender Prozess. Aber um anderthalb Jahrzehnte aufrechterhalten zu werden, braucht er bereits in den ersten Monaten nach der Geburt Unterstützung. Und der Bedarf an Unterstützung steigt mit zunehmendem Alter. Die Unterstützung erfordert zusätzliche Signale – Signale, um die Knorpelzellen bei Laune zu halten. Lassen Sie uns im Geist einen Blick durch ein Mikroskop werfen, um den Knorpelzellen zuzuschauen, wie sie ihr Leben „in der Stadt der Wachstumsfuge" gestalten. Denken wir uns die Knorpelzellen als Einwohner dieser Stadt. Sie wohnen in langen Reihen, am Anfang der Reihen kommen sie zur Welt, am Ende der Reihen liegen die Friedhöfe. Dazwischen leben sie, reifen, wickeln sich und ihre Nachbarn in ihre Eiweißfäden, kommunizieren untereinander, tauschen Geschenke aus – chemisch gesehen, kleine Botenstoffmoleküle, Hormone, Wachstumsfaktoren. Nahrung kommt über das Blut, und auf der anderen Seite transportiert das Blut auch ihren Müll ab. Und sie lieben ein bisschen Fitness: Wenn der Knochen mechanisch belastet wird, wachsen die Knorpelzellsäulen besser. Knochen wächst also bevorzugt dort, wo er beansprucht wird. Denken Sie an die Körperproportion im Kindesalter, an die kurzen Beine der Neugeborenen – sie sind gerade einmal 15 cm lang und machen weniger als ein Drittel der gesamten Körperlänge aus – und die mächtige Veränderung, die mit Beginn des Laufens einsetzt. Mit sechs Jahren erreichen die Beine mit einer Länge von 50–55 cm knapp die Hälfte der kindlichen Körperhöhe.

Aber zurück zu den Knorpelzellen. Neben der Belastung kriegen sie auch noch „Post", Signale von irgendwelchen fernen Regierungen, die sie zu mehr Teilung und Aktivität aufrufen. Das sind die Hormone und Wachstumsfaktoren. Diese Post soll der altersbedingten Trägheit entgegenwirken. Post kommt in verschiedene Briefkästen. Post vom Finanzamt kommt in den Finanzamtbriefkasten, Post von der Gemeinde kommt in den Gemeindebriefkasten, Post von der Disco kommt in den Kasten mit dem Discoschild. Jüngere Zellen haben andere Briefkästen als die älteren. Man könnte sagen, sie interessieren sich für andere Dinge. Wer keinen geeigneten Briefkasten hat, kriegt auch keine entsprechende Post. Und die Zelle kann nicht auf die Information reagieren.

Wir nennen diese Briefkästen Rezeptoren. Briefkästen hängen an der Außenwand. Die Rezeptoren vieler Hormone und Wachstumsfaktoren finden sich an den Zellaußenwänden. Für einige Botenstoffe hängen die Kästen auch in den Zellen. Aber wie gesagt, wir schreiben kein Lehrbuch der Endokrinologie. Wir wollen nur neben dem Wachstumshormon und dem IGF-1 noch die Sexualhormone erwähnen. Sexualhormone sind während der gesamten Kindheit in niedriger Konzentration vorhanden und greifen in die Reifung der Knorpelzellen ein. Ohne Sexualhormone kann die Wachstumsfuge zwar arbeiten, aber alles dauert etwas länger. Wenn

Sexualhormone während der Pubertät in großen Mengen vorhanden sind, kommen nicht nur die Jugendlichen, sondern auch die Wachstumsfugen in Partystimmung. Man nennt das den pubertären oder auch adoleszenten Wachstumsschub. Leider stimuliert dieser Prozess nicht nur das Wachstum der Zellen, es stimuliert auch ihre Alterung und bringt sie schneller auf den Friedhof. Schon wenige Jahre nach Beginn der Pubertät schließen sich die Wachstumsfugen dauerhaft. Wie gesagt, bei Mädchen früher als bei den Jungen und auch rascher, denn Östrogene[3] blockieren das Wachstum der Knorpelzellen deutlich stärker als die männlichen Sexualhormone. Wenn Sexualhormone ausbleiben, bleibt zwar auch die Partystimmung aus, aber es verzögert den Gang zum Friedhof. Die Wachstumsfugen schließen sich später, und Arme und Beine werden um mehrere Zentimeter länger als bei Jugendlichen, die während der Pubertät die üblichen Mengen an Sexualhormonen in Umlauf bringen. Eunuchoidaler Hochwuchs heißt der Fachbegriff für diese Wachstumsstörung.

Wir machen eine kleine Pause.

Die letzten Absätze waren schwierig. Wir machen eine kleine Frühstückspause und zählen lediglich, was wir so in unserem Frühstückskorb haben: z. B. ein Hühnerbein. Wenn wir es abgenagt haben und anschauen, sehen wir lange Röhrenknochen, und wenn es ein junges Huhn gewesen ist, sehen wir am Ende dieser langen Röhrenknochen noch viel Knorpelgewebe und auch die Epiphysenfuge. Hühnerknochen entwickeln sich fast genauso wie menschliche Knochen. Haben Sie mal überlegt, wie viel Knorpelgewebe an so einem Hühnerknochen ist? Das sind hier ein paar Millimeter und dort ein paar Millimeter. Haben Sie sich mal überlegt, wie viele Knorpelzellen sich in so einem Millimeter befinden? Eine Knorpelzelle ist nicht einmal 10 µm lang – ein Mikrometer ist ein tausendstel Millimeter (1 µm = 0,001 mm). Auf 1 mm kämen also mehr als 100 Zellen, wenn man sie genau hintereinanderlegen würde. In 1 mm^3 – also 1 mm lang, 1 mm breit und 1 mm hoch – würden somit mehr als $100 \times 100 \times 100$ Knorpelzellen hineinpassen, das sind mehr als eine Million Zellen in einem Knorpelstück von der Größe eines Stecknadelkopfes. Als wir Kinder waren, lebten und vermehrten sich in jeder unserer Wachstumsfugen mehr Knorpelzellen, als es Menschen in europäischen Großstädten gibt.

Und nun können Sie sich sicherlich auch vorstellen, an wie vielen Orten dieser komplexe Lebensvorgang empfindlich für Regulation ist. Und natürlich auch, an wie vielen Stellen es zu Störungen kommen kann. Bei der Achondroplasie, der häufigsten Form von Kleinwuchs, ist die Säulenbildung gestört. Der Briefkasten eines dieser vielen Wachstumsfaktoren schreit ununterbrochen „Ich habe Post, ich habe Post" – auch wenn er leer bleibt. So können sich die Knorpelzellsäulen nicht richtig in Säulenform aufreihen, und es kann kein geordnetes Längenwachstum stattfinden. Die Kinder bleiben extrem kurzgliedrig.

Anders sieht es z. B. bei Patienten mit Marfan-Syndrom aus. Sie wachsen deutlich mehr. Hier sind es die Eiweißfäden, die Matrix, die nicht richtig funktioniert. Matrix hält die Knorpelzellen zusammen. Aber Matrix ist gleichzeitig auch Bestandteil des Bindegewebes in anderen Körperteilen, in Sehnen, in Blutgefäßen, im

---

[3] Östrogene sind weibliche Sexualhormone.

Auge. Bindegewebe muss straff sein, um das Gewebe zu stabilisieren. Sonst schla-ckern die Gelenke, die Blutgefäße reißen, die Linse im Auge schlottert hin und her. All diese Probleme haben Marfan-Patienten. Weil die krankhaft schlottrige Matrix die Knorpelzellen nicht fest genug zusammenhält, wachsen Marfan-Patienten schneller und sind auch als Erwachsene größer. Ihre langen Röhrenknochen werden länger als bei gesunden Menschen.

Stellen Sie sich die Wachstumsfugen als eine Großstadt mit Millionen von ein-zelligen Einwohnern vor, mit ihren Briefkästen, den Geschenken untereinander, dem von Wachstumsfaktoren und Hormonen geregelten Lebensweg. Stellen Sie sich das Leben dieser Zellen vor von der Proliferationszone bis zum Tod. Und die Zuwanderung und Neubesiedlung ihres vormaligen Lebensraumes durch Knochen-zellen. Wenn man sich all das lebhaft vor Augen führt, wird klar, dass die Ernährung, also das, was morgens auf dem Frühstücksteller liegt, mittags in der Suppe schwimmt oder abends auf dem Esstisch steht, keinen wesentlichen Einfluss auf das Wachstum von Epiphysenfugen haben kann. Die Vermehrung, Reifung, Alterung von Knorpelzellen, die Wanderung der Knochenzellen, der Aufbau von Matrix-proteinen sind ein hochkomplexer Vorgang, der zwar irgendwann Nahrung braucht, aber nicht durch das Nahrungsangebot geregelt wird.

Denken sie wieder an die Stadt: Natürlich geht es allen schlecht, wenn die Re-gale der Supermärkte leer sind. Wo keine Nahrung ist, kann nicht gewachsen wer-den. Aber es sind nicht die Lebensmittelhändler, die den Verkehr regeln, den Post-betrieb aufrechterhalten, die Entscheidungen der Obrigkeit beeinflussen und eine Stadt lebenswert machen. Es ist das gesellschaftliche Miteinander, das in einer Stadt den Ton angibt. Bezogen auf das Skelettwachstum können wir es so ausdrücken: Es ist das Miteinander zwischen den Zellen, zwischen den Botenstoffen, die zirkulie-ren, den Hormonen und auf einer höheren Ebene auch das Miteinander innerhalb der Gesellschaft der Individuen. Es ist der soziale Umgang. Der Glückliche wächst besser als der Unglückliche.

6. Faden: Die Hormone

Von Wachstumsfaktoren, vom Doping und warum ein Mangel an IGF-1 das Leben verlängern kann

Es gibt viele Wachstumsfaktoren, viel zu viele, um sie in diesem Buch auch nur zu erwähnen. Einige werden vor Ort in der Wachstumszone gebildet und gleich in der unmittelbaren Nachbarschaft unter den Knorpelzellen verteilt, andere kommen von außerhalb, sprich, vornehmlich aus der Leber und verteilen sich über das Blut. Wachstumsfaktoren sind nicht allein für Wachstumsfugen bestimmt, sie regeln auch vieles andere im Körper. Einer der wichtigsten Faktoren ist der Insulin-like Growth Factor 1, kurz IGF-1. Wir nannten ihn schon. IGF-1 ist ein Polypeptid. Polypeptide bestehen aus langen Reihen von aneinandergeketteten Aminosäuren. IGF-1 wird hauptsächlich in der Leber gebildet und, in geringeren Mengen, auch in vielen anderen Geweben wie Fett und Muskeln. IGF-1 wird sogar in der Wachstumsfuge selbst gebildet und wirkt damit in seiner unmittelbaren Nachbarschaft. Weil IGF-1 einer Vorform des Insulins sehr ähnlich ist, hat es auch viele der bekannten Insulineigenschaften – mit Ausnahme der Wirkung auf den Blutzuckerspiegel. IGF-1 ist anabol, das heißt aufbauend. Es erhöht die Knochenmineraldichte, es regt den Eiweißaufbau an und führt gleichzeitig zum Abschmelzen der Fettpolster. Natürlich ist IGF-1 das ideale Dopingmittel und wird seit Jahren auf dem Schwarzmarkt gehandelt, vor allem in der Bodybuildingszene.

Der Insulinspiegel hängt von der Ernährung ab. Auch der IGF-1-Spiegel hängt von der Ernährung ab, allerdings deutlich geringer. Im Hungerzustand sind IGF-1-Spiegel niedrig, bei guter Ernährung hoch. „Also doch!", sagen jetzt viele und denken an die kleinwüchsigen Kinder aus den Ländern des Globalen Südens. „Sie sind mangelernährt und darum so klein." Sie haben recht, wenn es um lang anhaltenden Hunger und Wachstum geht. Wer hungert oder Mangel an Vitaminen und anderen Mikronährstoffen hat, kann nicht gut wachsen. Aber bedenken Sie: Wir reden nicht von Hunger leidenden Kindern, sondern vom Wachstum gesunder und wohlgenährter Kinder. Wir reden von Kindern z. B. aus Indonesien, die unter stabilen ge-

© Der/die Autor(en), exklusiv lizenziert an Springer-Verlag GmbH, DE, ein Teil von Springer Nature 2024
M. Hermanussen, C. Scheffler, *Größenwahn*,
https://doi.org/10.1007/978-3-662-69580-7_7

sellschaftlichen Verhältnissen und bei guter Ernährung aufwachsen und trotzdem kleiner sind als Europäer. Im Normalfall ist der Einfluss von Ernährung auf das IGF-1 tatsächlich vernachlässigbar. Es ist das Wachstumshormon aus der Hypophyse, das fast ausschließlich die IGF-1-Produktion bestimmt.

IGF-1 wirkt auf die Proliferationszone der Wachstumsfuge. Bleibt das IGF-1 aus, spielt sich in der Wachstumsfuge wenig ab. Die Zellteilung läuft auf Sparflamme. Kinder mit einem IGF-1-Mangel wachsen langsam und bleiben auch als Erwachsene klein. Zvi Laron hat diese Form des Kleinwuchses 1966 erstmals beschrieben [16]; man spricht vom Laron-Syndrom. Es ist sehr selten.

Ein IGF-1-Mangel lässt nicht nur den Zellstoffwechsel von Knorpelzellen auf Sparflamme laufen, sondern auch den vieler anderer Zellen. Und nun denken die, die mitgedacht haben: „Aha, dann sind IGF-1-Mangel-Patienten zwar klein, aber zumindest leben sie länger." Richtig gedacht! Das gilt zumindest für viele Tiere [17] und vermutlich auch für den Menschen [18].

Natürlich gibt es auch ein Zuviel. Körperhöhen von weit über 2 m sind mehrfach bei Menschen beschrieben worden. Die meisten von ihnen hatten ein wachstumshormonproduzierendes Hypophysenadenom, einen Tumor der Hirnanhangdrüse. Unter den bekannteren war Charles Byrne (1761–1783); man nannte ihn den „Irish giant". Er wurde etwa 2,54 m groß. Robert Wadlow (1918–1940) war bereits im Alter von acht Jahren über 1,82 m groß, er erreichte mit zehn Jahren 2 m und starb im Alter von 22 Jahren mit 2,72 m [19]. Wadlow hat wohl die maximale biologisch mögliche Obergrenze für menschliche Körperhöhe erreicht. Aber eine solche Körperhöhe hat nichts mit Physiologie zu tun, das ist Pathologie und geht mit schweren gesundheitlichen Problemen einher, die wir hier jedoch nicht weiter erörtern möchten.

Auch der Begriff „Wachstumshormon" ist leider unglücklich gewählt, weil er glauben macht, dieses Hormon habe nur etwas mit Wachstum zu tun. Das ist nicht richtig. Wachstumshormon hat viele Wirkungen. Es ist wie das IGF-1 ein Anabolikum, ein muskel- und skelettaufbauendes Hormon, aber es verbessert auch die Lebensqualität und wird folglich auch Erwachsenen mit einem Wachstumshormonmangel gegeben. Wachstumshormon fördert die Wundheilung [20] und die Heilung von Knochenbrüchen [21], aber es wurde auch als ein Jungbrunnen verkauft [22] und wird nach wie vor für Doping missbraucht [23]. Wachstumshormon heißt Wachstumshormon, weil es vor gut 80 Jahren erstmals direkt mit dem Wachstum in Verbindung gebracht und wenig später erfolgreich für therapeutische Zwecke eingesetzt werden konnte. Raben [24] beschreibt 1958 einen Jungen, der im Alter von 17 Jahren mit Wachstumshormon behandelt worden war. Zu Beginn der Behandlung war er 129,5 cm groß, hatte keine sexuelle Entwicklung und ein Skelettalter[1] , das einem siebenjährigen Knaben entsprach. 2,5 Jahre Wachstumshormonbehandlung

---

[1]Das Skelettalter oder Knochenalter kennzeichnet u. a. den Stand der radiologischen Knochenreifung der linken Hand anhand von Vergleichen mit Standardröntgenbildern gleichaltriger Kinder und Jugendlicher.

führten zu einer Erwachsenengröße von 168,9 cm. Das ist nicht wirklich groß, aber im normalen Rahmen der Peergroup[2].

Wachstumshormon ist ein Polypeptid, eine lange Aminosäurekette, und wird in den Zellen des Hypophysenvorderlappens (das ist der vordere Teil der Hirnanhangdrüse) gebildet. Unter Top-down-Gesichtspunkten ist das Wachstumshormon nach dem IGF-1 also die nächsthöhere übergeordnete Regulationsebene für das Wachstum. Aber es ist nicht die letzte übergeordnete Regulation. Die Ausschüttung von Wachstumshormon wird durch Nervenzellen des Hypothalamus gesteuert. Sie bilden das wachstumshormonstimulierende Hormon, das GHRH (Growth Hormone Releasing Hormone). Schauen Sie sich noch einmal Abb. 2 an. Diese Regulation müssen wir leider noch ein bisschen genauer ansehen, denn wir brauchen sie für das Verständnis von Wachstum und Wachstumsregulation. In den Lehrbüchern der Endokrinologie ist der Hypothalamus die oberste regulatorische Ebene, die „letzte Instanz", das endgültige übergeordnete Zentrum, das „Führungsglied", das den „Sollwert" für die Körperhöhe vorgibt. Wir sehen das anders. Wir betrachten den Hypothalamus lediglich als ein Bindeglied in einem sich selbst organisierenden Netzwerk, das das „Drinnen", die Wachstumsfuge, das IGF-1 und das Wachstumshormon mit dem „Draußen" verbindet. Mit dem „Draußen" meinen wir hier „außerhalb des eigenen Körpers", die soziale Gruppe eines Individuums, den Kreis seiner Freunde, Kollegen, Verwandten und Nachbarn. Wir meinen damit die Gesellschaft im weitesten Sinne. Aber das kriegen wir später. Jetzt geht es erst einmal zum Hypothalamus und seinen Besonderheiten.

---

[2] Der Begriff „Peergroup" kennzeichnet eine einflussreiche soziale Gruppe, der sich jemand zugehörig fühlt. Peergroups sind insbesondere unter Jugendlichen von Bedeutung. Sie gründen oft auf ähnlichen Neigungen und Interessen und gestatten ein Gefühl von Zugehörigkeit unter Altersgleichen.

7. Faden: Der Hypothalamus

Von Neuropeptiden und der Völkerwanderung embryonaler Zellen

Hypothalamus und Thalamus sind Teile des Zwischenhirns. Sie umschließen den so genannten dritten Ventrikel, die dritte Hirnkammer, eine flüssigkeitsgefüllte Höhle dicht an der Unterseite, der Basis des Hirns. Der Hypothalamus begrenzt diese Höhle von der Seite und von unten, der Thalamus von oben (Abb. 4). Diesen Teil des Hirns findet man bei allen Wirbeltieren, selbst bei Ihrem Weihnachtskarpfen.

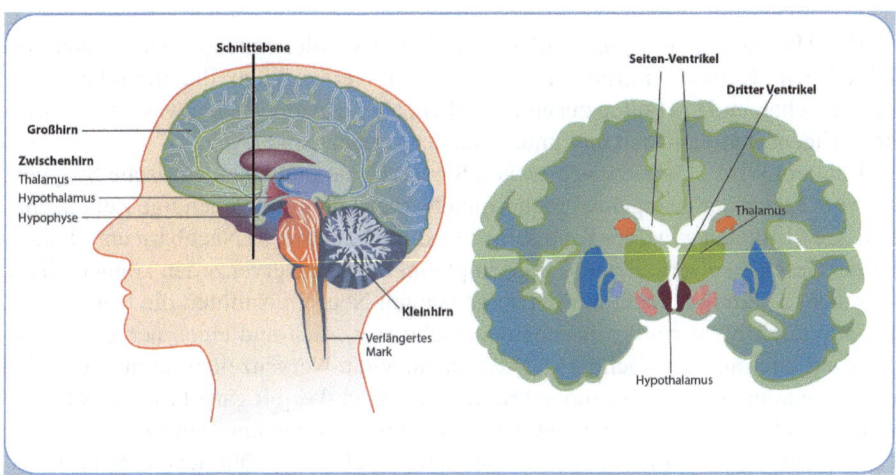

Abb. 4 Links: Schematischer Längsschnitt durch einen menschlichen Kopf. Man erkennt die Lage von Thalamus und Hypothalamus. **Rechts:** Querschnitt durch das Hirn entlang der im Nachbarbild gezeichneten Schnittebene. Man erkennt Seitenventrikel und Dritten Ventrikel und die Lage von Thalamus und Hypothalamus

© Der/die Autor(en), exklusiv lizenziert an Springer-Verlag GmbH, DE, ein Teil von Springer Nature 2024
M. Hermanussen, C. Scheffler, *Größenwahn*,
https://doi.org/10.1007/978-3-662-69580-7_8

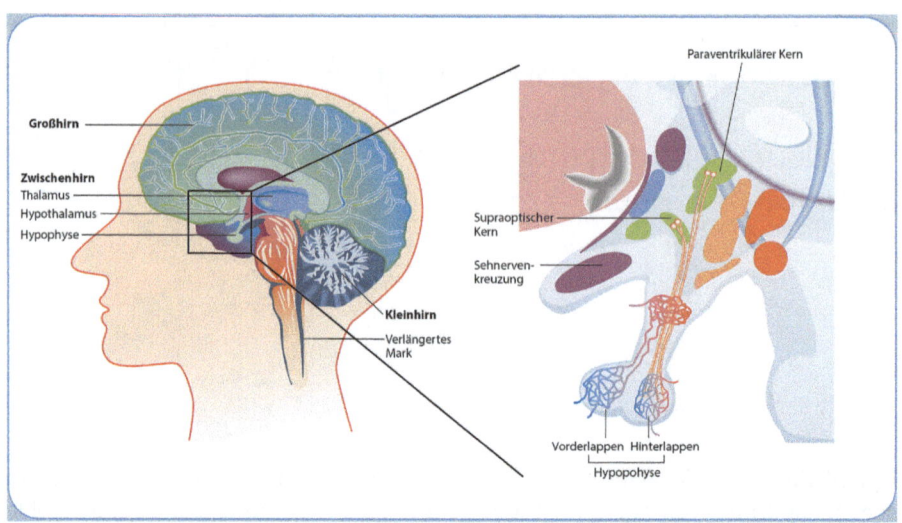

Großhirn

Zwischenhirn
Thalamus
Hypothalamus
Hypophyse

Kleinhirn

Verlängertes
Mark

Paraventrikulärer Kern

Supraoptischer
Kern

Sehnerven-
kreuzung

Vorderlappen Hinterlappen
Hypopohyse

Abb. 5 Links: Schematischer Längsschnitt durch einen menschlichen Kopf wie in Abb. 4. **Rechts:** Vergrößerung des im linken Bild dargestellten Hirnabschnitts. Man erkennt die Lage verschiedener benachbarter hypothalamischer Kerngebiete und den Vorder- und Hinterlappen der Hypophyse einschließlich des Gefäßsystems des Hypophysenstiels. Verzweifeln Sie nicht an diesem Bild. Wir werden versuchen, Sie im Text Stück für Stück mit diesem komplizierten Teil unseres Gehirns vertraut zu machen

Der Hypothalamus ist kein gleichförmiges Gebilde, sondern besteht aus verschiedenen „Kernen". Kerne sind Familien von Nervenzellen, die alle relativ ähnlich aussehen und in Haufen zusammenleben, aber trotzdem alle etwas unterschiedliche Eigenschaften haben und untereinander vernetzt sind (Abb. 5).

Bei dem Wort „Vernetzung" denken Sie jetzt bitte nicht an elektrische Strippen, die vom Elektriker gezogen werden. Auch Nervenzellen sind lebendige Zellen, ähnlich den Millionen winziger Knorpelzellen, die sich mit ihren Nachbarn unterhalten, kleine Geschenke verteilen und Post empfangen. Auch Nervenzellen können kleine Geschenke verteilen, nicht nur die so genannten Neurotransmitter, die Botenstoffe, die von einer Nervenzelle zu anderen geschickt werden und einen nervösen Erregungszustand an den Nachbarn weitergeben. Viele Nervenzellen können deutlich mehr, sie können sogar Hormone produzieren. Und das gilt ganz besonders für die Zellen des Hypothalamus. Die Nervenzellen des Hypothalamus sind Zwitter – halb Nervenzelle, halb Hormonproduktionsstätte. Neben gewöhnlichen Neurotransmittern produzieren sie auch Aminosäureketten. Wir nennen sie Neuropeptide. Im menschlichen Gehirn sind bisher über 100 verschiedene Neuropeptide entdeckt worden [25].

Natürlich interessieren uns nicht alle dieser 100 Neuropeptide, sondern nur zwei. Eines der beiden kennen Sie schon: das GHRH (Growth Hormone Releasing Hormone). Das andere ist das Gonadotropin Releasing Hormone, kurz GnRH. Beide Neuropeptide werden von jeweils sehr besonderen hypothalamischen Zellen ausgeschieden und gelangen über den so genannten Hypophysenstiel in die Hirnanhangdrüse. Der Hypophysenstiel ist die Verbindung zwischen dem Hypothalamus und den hormonproduzierenden Zellen der Hypophyse. Neuropeptide werden pulsatil, d. h. in Schüben, freigesetzt und führen zu einer fast zeitgleichen Freisetzung der ihnen jeweils nachgeordneten hypophysären Hormone. So wie das GHRH das Wachstumshormon freisetzt, setzt auch das GnRH nachgeordnete Hormone frei. Das sind das luteinisierende Hormon (LH) und das follikelstimulierende Hormon (FSH). LH und FSH sind gonadotrop: Sie stimulieren die Gonaden, die Eierstöcke der Frau und die Hoden des Mannes, was wiederum zur Freisetzung der entsprechenden weiblichen bzw. männlichen Sexualhormone führt. Und deshalb heißt das hypothalamische Hormon, das die beiden gonadenstimulierenden Hormone freisetzt, Gonadotropin Releasing Hormone (GnRH). Volle Namen sind lang, darum wollen wir uns an die Kürzel gewöhnen, aber keine Sorge, wir wiederholen die vollen Namen gelegentlich. Noch einmal zusammenfassend:

- GHRH ist das wachstumshormonstimulierende Hormon des Hypothalamus. Es reguliert die Körperhöhe.
- GnRH ist das LH- und FSH-stimulierende Hormon des Hypothalamus. Es reguliert die Fertilität und die Freisetzung der Sexualhormone und damit auch das äußere Erscheinungsbild von weiblichen und männlichen Individuen.

Was wir hier über den Hypothalamus erzählen, ist nichts Spezielles, sondern etwas ganz Allgemeines, das die Entwicklung aller Wirbeltiere von Anfang an begleitet hat. Auch Fische haben einen Hypothalamus [26], der ihre hormonellen Funktionen regelt und die wichtigste Schaltstelle ist für die Aufrechterhaltung des inneren Milieus, für Temperatur, Blutdruck, Nahrungsaufnahme und Schlaf [27]. Sogar Fische schlafen.

Beim Hypothalamus hören die klassischen Lehrbücher der Endokrinologie auf. Oberhalb beginnt das Reich der Psychologen. Aber bevor wir uns diesem Themengebiet zuwenden, müssen wir noch ein bisschen in der klassischen Biologie verweilen. Es geht um Genetik. Natürlich, die befruchtete Eizelle muss wissen, wohin sie sich entwickeln soll, ob Frosch oder Mensch, ob eine bestimmte Zellfamilie zu Blutgefäßen wird oder zu Knorpelzellen usw. Fehler in der Genetik haben zumeist erhebliche Auswirkungen auf Wachstum und Entwicklung. Wir fangen also bei der Genetik an.

8. Faden: Genetik

Erinnerungen an Plisch und Plum, von Korrelationen, die uns betrügen, und warum wir den Genetikern nicht immer glauben sollten

Denken Sie noch einmal an den Flughafen, nicht unbedingt an die bunten Kleider, Tücher und Kopfbedeckungen, sondern stellen Sie sich die Hochgewachsenen mit den meist schmalen Gesichtern und die Kleinen mit den oft breiten Köpfen vor. Das finden Sie schon wunderbar illustriert bei Wilhelm Busch [28]: „Ist fatal!", bemerkte Schlich, „hehe! aber nicht für mich" – und dazu das breite Grinsen im breiten Gesicht in der Story von Plisch und Plum. Und dort geht es weniger um die Körperhöhe als vielmehr um die Körperbautypen: um die langen Dünnen und die kurzen Breiten. Schlich gehört zu den kurzen Breiten.

Und schauen Sie in die Gesichter: Sie sehen, ohne viel messen zu müssen, die unterschiedliche Breite der Nase, den Abstand zwischen den inneren Augenwinkeln, die Form der Lippen, Sie erkennen das „typisch asiatische" und das „typisch europäische" Gesicht. Und wenn Familien aus dem Urlaub kommen, erkennen Sie die Ähnlichkeiten in den Gesichtern von Eltern und Kindern. Die Gestalt eines Gesichts wird deutlich familiär vererbt. Unübersehbar.

Klar, Ihr erster Gedanke ist: Auch Körperhöhe wird familiär vererbt. Und mit diesem Gedanken sind Sie in bester Gesellschaft. Familienähnlichkeit. Papa Fittig, lang und schmal, Mama Fittig, kurz und breit – und sehr gemütlich; Paul kommt nach dem Vater und Peter nach der Mutter. Man muss nicht lange suchen, um Veröffentlichungen zu finden, die diesen offensichtlichen Zusammenhang bestätigen, von dem gesagt wird, das ist die Genetik. Familienuntersuchungen und besonders Zwillingsstudien wurden immer wieder herangezogen, um das Ausmaß von genetischer Ähnlichkeit zu schätzen. In einer großen Studie, die nicht einmal 20 Jahre alt ist, mit Daten aus acht europäischen Ländern schreiben Karri Silventoinen und seine vielen Koautoren [29] von der bestechenden Ähnlichkeit zwischen den Körperhöhen von Zwillingen. Sie kennzeichnen diese Ähnlichkeit mit dem statistischen Begriff der Korrelation. Korrelationen beschreiben Zusammenhänge.

© Der/die Autor(en), exklusiv lizenziert an Springer-Verlag GmbH, DE, ein Teil von Springer Nature 2024
M. Hermanussen, C. Scheffler, *Größenwahn*, https://doi.org/10.1007/978-3-662-69580-7_9

Korrelationen

Wir wollen uns hier nicht in den trocknen Steppen der Statistik verlieren, deshalb nur ganz kurz ein erläuterndes Beispiel: Stellen Sie sich zwei Schulklassen vor. In der einen Klasse sitzen nur Mädchen, in der anderen Klasse sitzen jeweils die Brüder dieser Mädchen. Wenn nun die Körperhöhen der Mädchen und die Körperhöhen ihrer jeweiligen Brüder einen Korrelationskoeffizienten von 1 aufweisen, bedeutet dies, dass große Mädchen ausnahmslos groß gewachsene Brüder und kleine Mädchen ausnahmslos klein gewachsene Brüder haben. Ein Korrelationskoeffizient von 0 bedeutet, dass kein Zusammenhang zwischen den Körperhöhen der Geschwister besteht, und ein Korrelationskoeffizient von –1 würde bedeuten, dass große Mädchen ausnahmslos klein gewachsene Brüder und kleine Mädchen ausnahmslos groß gewachsene Brüder haben. Korrelationskoeffizienten liegen zwischen +1 (vollständige Übereinstimmung) und –1 (vollständige Diskrepanz).

Korrelationskoeffizienten von 0,87 bis 0,94 bei eineiigen männlichen und von 0,84 bis 0,94 bei eineiigen weiblichen Zwillingspaaren zeigen, dass eineiige Zwillinge eine fast identische Körperhöhe haben. Die entsprechenden Korrelationen für zweieiige Zwillingspaare reichen von 0,42 bis 0,60. Karri Silventoinens Untersuchung basiert auf 30.111 Zwillingspaaren.

Die Autoren schreiben weiter, „dass es im Allgemeinen nur geringe Unterschiede in der genetischen Architektur der Körperhöhe zwischen wohlhabenden kaukasischen[1] Populationen gibt". Dies gelte insbesondere für Männer. Silventoinen und Koautoren schreiben „wohlhabend". Behalten Sie das im Sinn – darauf kommen wir ein bisschen später wieder zurück. Ähnliches schreibt auch der renommierte Genetiker Peter M. Visscher [30]. Er meint, dass 80 % der Körperhöhenvariation erblich sei, und betont, dass es keinerlei Hinweis darauf gebe, dass die Ähnlichkeit zwischen Geschwistern nicht genetisch sei. Das hätten auch andere Wissenschaftler gefunden.

Tatsächlich ist die Reihe thematisch ähnlicher Publikationen lang und geht letztlich auf Arbeiten des berühmten britischen Naturforschers Sir Francis Galton zurück, der im Jahr 1886 erstmals den Zusammenhang zwischen den Körperhöhen von Eltern und ihren erwachsenen Kindern beschrieb [31]. Galton kam auf ähnliche Größenordnungen. Aber er bemerkte auch, dass die Kinder sehr großer Eltern eher kleiner waren, als man nach „mittlerer Elterngröße" erwarten würde, und die Kinder sehr kleiner Eltern waren eher etwas zu groß. Offenbar spielt nicht nur reine Genetik von Mutter und Vater eine Rolle, sondern auch die Körperhöhe der Peergroup, die Körperhöhe von Freunden, von „Anderen": Es geht um die anderen Gruppenmitglieder. Mehr davon aber später. Vorerst bleiben wir bei Francis Galton (Abb. 6).

---

[1]Wundern Sie sich nicht über die Kaukasier. Diese Kaukasier stammen nicht aus dem Kaukasus, sondern bezeichnen hellhäutige Europäer und deren Nachfahren. Amerikaner publizieren immer wieder allerlei veraltete Rassenbegriffe.

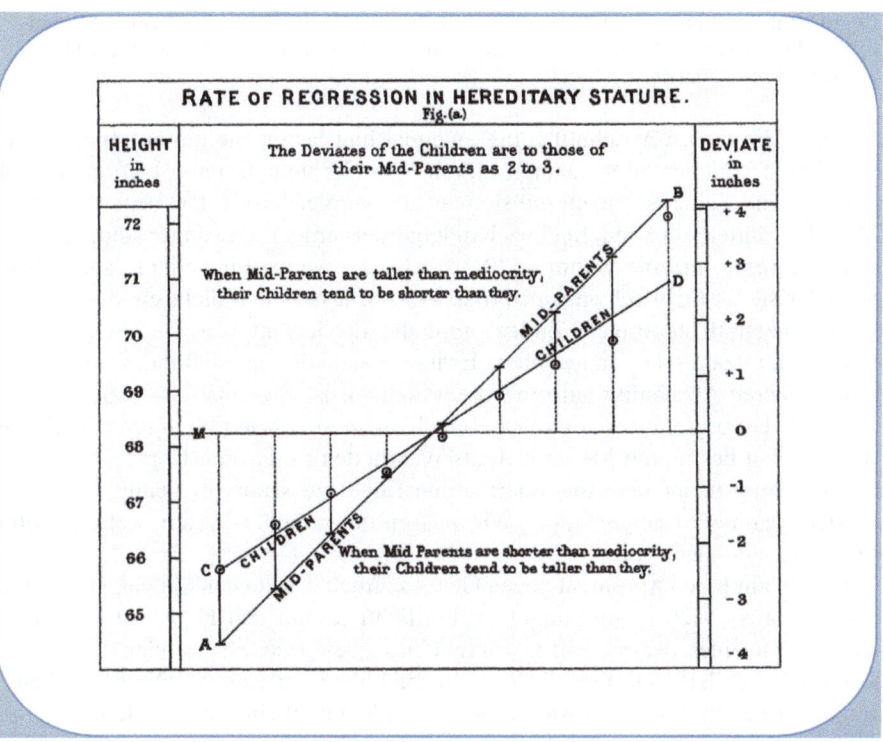

Abb. 6 Sir Francis Galtons berühmte Zeichnung von 1886 [31]. Die Körperhöhe erwachsener Kinder (children) entspricht nicht der mittleren Körperhöhe der Eltern (mid-parents), sondern liegt um etwa ein Drittel dichter am Bevölkerungsmittel. Sehr große Eltern haben Kinder, die also im Schnitt kleiner sind als sie selbst, sehr kleine Eltern haben Kinder, die im Schnitt größer sind als sie selbst. Damals wurden Körperhöhen in Inches angegeben. 1 Inch = 2,54 cm

Er war ein Vetter von Charles Darwin und begann, sich unter dem Einfluss von Darwins berühmter Arbeit *Origin of Species by Means of Natural Selection, or the Preservation of Favored Races in the Struggle of Life* [32] mit den Grundlagen der Vererbungslehre zu beschäftigen. Er schrieb dann auch über die Vererbung geistiger Eigenschaften und führte irgendwann den unseligen Begriff der Eugenik ein. Aber das ist ein anderes Thema. Tatsache bleibt, dass sich seit nunmehr bald anderthalb Jahrhunderten die Vorstellung von der Genetik der Körperhöhe in unseren Köpfen festgesetzt hat. Große Eltern haben große Kinder. Und diese Vorstellung wird immer wieder auch in populärwissenschaftlichen Magazinen wie dem *Scientific American* erneuert. Hier [33] schreibt man:

> Anhand der Vererbbarkeit können wir untersuchen, wie sich die Genetik direkt auf die Körperhöhe einer Person auswirkt. Ein Beispiel: Eine Population weißer Männer hat eine Erblichkeit von 80 % und eine Durchschnittsgröße von 178 cm. Wenn wir auf der Straße einen weißen Mann treffen, der 183 cm groß ist, sagt uns die Vererbbarkeit, welcher Anteil seiner zusätzlichen Körperhöhe auf genetische Varianten und welcher Anteil auf seine Um-welt (Ernährungsgewohnheiten und Lebensstil) zurückzuführen ist. Der Mann ist 5 cm

größer als der Durchschnitt. Somit sind 80 % der zusätzlichen 5 cm, also 4 cm, auf genetische Varianten zurückzuführen, während 1 cm auf Umwelteinflüsse, wie z. B. die Ernährung, zurückzuführen ist.

Lesen Sie diesen Abschnitt ruhig zweimal und lassen Sie die auf ersten Blick einlullende Argumentation auf sich wirken. Was hier steht, ist purer Unfug. Prozentangaben sind Zahlenangaben, die sich auf die Vergleichszahl 100 beziehen. Wenn 20 % der Mütter von Kindern eines Kindergartens erneut schwanger sind, heißt das nicht, dass eine einzelne Mutter zu 20 % ein Kind erwartet. Entweder ist sie schwanger, oder sie ist nicht schwanger. Prozentzahlen lassen sich nicht eins zu eins auf einen Einzelfall übertragen. Zudem wird die Erblichkeit von Eigenschaften mit einer Quadratzahl – H^2 – angegeben. Es ist ein statistisches Maß und kennzeichnet keine linearen Abschnitte auf einer Zentimeterskala. Das aber nur nebenbei. Wir wollen nicht vorgreifen. Wir wollen einfach nur zeigen, wie sich durch dauerhaftes Wiederholen bestimmte Meinungen als Wahrheiten in unseren Köpfen festsetzen. Brainwashing nennt man das oder: „Eine Lüge muss nur oft genug wiederholt werden. Dann wird sie geglaubt". Wir müssen Ihnen nicht verraten, welcher Politiker das gesagt haben soll.

Es gibt ein K.-o.-Argument gegen Genetik. Auch das kennen Sie längst – zumindest, wenn Sie sich schon einmal im Freilichtmuseum den Kopf fast oder sogar wirklich an einer der niedrigen Türen eines alten Hauses gestoßen haben. Die Körperhöhe ändert sich über die Zeit. Körperhöhe ist plastisch[2]. Die Menschen in vergangenen Jahrhunderten waren kleiner als heute. Nicht nur die Menschen vergangener Jahrhunderte. Alle Menschen, seit mindestens 10.000 Jahren [34]. Ganz anders sieht es aber aus, wenn Sie sich Gesichter vorstellen. Gesichter sind individuell. Und die individuelle Gestalt von Gesichtern wird weitergegeben. Sehen Sie sich alte Familienfotos an, die Nasen der Urgroßeltern waren nicht breiter oder flacher, der Abstand zwischen den inneren Augenwinkeln war nicht größer als bei uns. Gesichter innerhalb einer Familie sind ähnlich. Genetik beeinflusst große Bereiche des äußeren Erscheinungsbildes eines Menschen, aber die Körperhöhe gehört nicht dazu. Körperhöhe ist uns wichtig – zweifellos, sonst gäbe es nicht so viel Aufhebens um Kleinwuchs, Großwuchs oder die Bedeutung des Stockwerks, auf dem man seiner Bürotätigkeit nachgeht – aber die Körperhöhe unterliegt keiner nennenswerten genetischen Regulation.

Bevor wir diesen dicken roten Faden später wieder aufnehmen, wollen wir uns noch einmal mit den „wohlhabenden kaukasischen Populationen" von Herrn Silventoinen beschäftigen. Wohlhabende Leute können sich mehr und besseres Essen leisten – so die landläufige Meinung. Und damit sind wir bei der Ernährung. Erinnern Sie Omas Spruch? „Kind, iss deinen Teller leer, damit du groß und stark wirst." Jaja, die Alten.

---

[2] Formbar. Der Begriff wird in der Biologie häufig verwendet.

9. Faden: Ökonomie und Ernährung

Von Wirtschaft, Wachstum, Humankapital und einem preußischen Kochbuch

„Wohlhabend" ist das entscheidende Wort. Wohlhabende Leute waren schon immer höher gewachsen als die Armen. Selbst im alten Ägypten war die Königselle, gemessen vom Ellbogen bis zur Daumenspitze des Amenemope (um 1250 v. Chr.), mit 52,4 cm als Maßeinheit größer als die Normal-Elle. Größere Menschen haben eine höhere Lebenserwartung, sie haben ein geringeres Risiko für Herz-Kreislauf-Erkrankungen [35] und für manche Krebsarten [36, 37]. Große Frauen haben seltener eine Frühgeburt [38]. 1001 Gründe um größer zu sein. Also: Wer ausreichend Geld verdient, kann seine Kinder so ernähren, dass sie optimal wachsen und ihr „volles genetisches Wachstumspotenzial" erreichen. „Genetisches Wachstumspotenzial" ist ein weiterer sehr populärer Begriff. Er ist so etwas wie die „maximale Reichweite", die ein Auto mit einer Tankfüllung fahren kann. Wer beim Wachsen nichts verplempert und immer gut genährt ist, erreicht sein volles Wachstumspotenzial. So die Allerweltsmeinung auch noch in der Wissenschaft. Und weil weltweit rund 150 Millionen Vorschulkinder zwei Standardabweichungen unter dem WHO-Standard für Körperhöhe liegen, gelten derzeit 150 Millionen Kinder als unterernährt und müssen besser gefüttert werden, damit sie ihr Wachstumspotenzial erreichen – nicht einmal aus rein menschlichen, sondern aus ökonomischen Gründen: Kleine Menschen haben eine verminderte körperliche, neurologische und später wirtschaftliche Leistungsfähigkeit, so wird es immer wieder behauptet [39].

Armut reduziert das „Humankapital". Und vor gerade einmal 15 Jahren erklären Anne Case und Christina Paxson [5] in derselben Arbeit, die wir oben schon zitiert haben, warum das so ist: Größere Kinder sind schlauer, haben im Mittel bessere Testergebnisse und verdienen darum auch als Erwachsene mehr Geld:

> Der bekannte Zusammenhang zwischen Körperhöhe und Einkommen wird häufig auf Faktoren wie Selbstwertgefühl, soziale Dominanz und Diskriminierung zurückgeführt. Wir bieten eine einfachere Erklärung an: Körperhöhe steht in einem positiven Zusammenhang mit kognitiven[1] Fähigkeiten, die auf dem Arbeitsmarkt belohnt werden. Anhand von Daten

---

[1] Verstandesgemäß, intellektuell, die geistigen Fähigkeiten betreffend.

© Der/die Autor(en), exklusiv lizenziert an Springer-Verlag GmbH, DE, ein Teil von Springer Nature 2024
M. Hermanussen, C. Scheffler, *Größenwahn*,
https://doi.org/10.1007/978-3-662-69580-7_10

aus den Vereinigten Staaten und dem Vereinigten Königreich zeigen wir, dass größere Kinder im Durchschnitt höhere kognitive Testergebnisse haben und dass diese Testergebnisse einen großen Teil des Größenaufschlags beim Einkommen erklären. Kinder mit höheren Testergebnissen erleben auch frühere Wachstumsschübe in der Jugend, so dass die Körperhöhe in der Jugend als Zeichen für kognitive Fähigkeiten dient.

Klingt überzeugend, aber es wird beim näheren Hinschauen verwirrend. Sind Italiener (177 cm für Männer und 163 cm für Frauen) dümmer als Niederländer (184 cm für Männer und 171 cm für Frauen), obgleich es in beiden Ländern genug zu essen gibt? Sind männliche Indonesier so klug wie männliche Deutsche zu Zeiten Kaiser Wilhelms – im Mittel etwa 165 cm? Nepalesen sind noch kleiner, und die armen Kerle aus Osttimor bilden demnach mit durchschnittlich gerade einmal 160 cm das Schlusslicht männlicher intellektueller Fähigkeiten [40]. Osttimor gehört auch wirtschaftlich zu den allerärmsten Ländern und zählt also zu den guten Beispielen für die Assoziation von Intelligenz, Bruttosozialprodukt und Körperhöhe. Natürlich spotten wir – zu Recht. Was uns von Case und Paxson geboten wird, spottet jeder Beschreibung. Leider wird diese Arbeit ernst genommen und ist in den vergangenen Jahren fast 1300-mal zitiert worden. So entsteht Wahrheit.

Die Verbindung zwischen wohlhabend und hochgewachsen bestand schon immer und ist seit dem frühen 19. Jahrhundert Gegenstand vieler wissenschaftlicher Untersuchungen. Einer der Ersten, der das Wachstum von Kindern und Jugendlichen aus der Arbeiterklasse und ihre relative Kleinwüchsigkeit dokumentierte, war Edwin Chadwick, ein britischer Beamter, der damals viel zur Diskussion um das öffentliche Gesundheitswesen beigetragen hat. Es folgten seitdem mehr als 1500 weitere Publikationen, die die Verbindung von Wirtschaft und Wachstum thematisierten und unter den Stichworten „body height+economy" unter PubMed[2] [41] nachgeschlagen werden können. Roderick Floud, einer der angesehensten Professoren für Wirtschaftsgeschichte [42], fasst in wenigen Sätzen zusammen, was in den vergangenen Jahrzehnten zu Eckpfeilern modernen Wissens geworden ist: Wohlstand macht groß und spiegelt besser als jeder andere Index den Gesundheits- und Ernährungszustand einer ganzen Bevölkerung wider. Interessanterweise erwähnt Floud auch die psychologische Situation. Damit ist er einer von sehr wenigen. Die Psychologie wird in der vielfältigen Diskussion um die Ursachen des Kleinwuchses bisher weitgehend ignoriert. Auch Roderick Floud spricht von genetischem Potenzial und teilt den Glauben an eine „maximale Reichweite". Aber er ist kein Biologe:

---

[2]PubMed ist eine Datenbank, in der wissenschaftliche Artikel zu Medizin, Humanbiologie und verwandten Gebieten gelistet sind.

Diese Studien beruhen auf der bewährten Vorstellung, dass die Wachstumsrate eines Kindes besser als jeder andere Index seinen Gesundheits- und Ernährungszustand und oft auch seine psychologische Situation widerspiegelt. In ähnlicher Weise spiegeln die Durchschnittswerte von Größe und Gewicht der Kinder genau den Zustand der öffentlichen Gesundheit einer Nation und den durchschnittlichen Ernährungszustand ihrer Bürger wider, sofern etwaige Unterschiede im genetischen Potenzial angemessen berücksichtigt werden.

Was haben die Alten überhaupt gegessen? Zufällig sahen wir in einer Tagebuchzusammenstellung eines adeligen preußischen Haushalts eine Rezeptesammlung aus dem 19. Jahrhundert [43].

Omas Rezeptbuch

In der Rezeptsammlung unserer Großmutter Luise von Barsewisch fanden wir die undatierte Menüfolge für eine ganze Woche Einquartierung mit den Mahlzeiten für die Herrschaft, also die gastgebende Familie und Offiziere, sowie für die Leute, also die Burschen (die den Offizieren zu Bedienung abkommandierten Soldaten) und andere Untergebene.

Montag
Herrschaft: Wildsuppe mit Croutons, weiße Rübchen, Maronen und Rumpsteak, Hasenbraten mit Pellkartoffeln, Selleriesalat, Apfelmus, Käse, Pumpernickel
Leute: Hafergrütze, Wirsing, Rindfleisch, Kartoffeln

Dienstag
Herrschaft: Bouillon mit Grieß, Rindfleisch mit Gemüse, kleine Rübchen, Petersilienkartoffeln, Rosenkohl, Brotpudding mit Weinschaumsauce
Leute: Bouillon mit Gries, Hasenragout mit Kartoffeln.

Mittwoch
Herrschaft: Kartoffelsuppe mit Croutons, Huhn mit Reis, Auflauf mit Äpfeln
Leute: Kartoffelsuppe, Milchreis mit Schweinefleisch

Donnerstag
Herrschaft: Bouillon mit Reis, Sauerkraut mit Würstchen und Kartoffelpüree, Kalbsnierenbraten mit Salat und Preiselbeeren, Pumpernickel und Käse
Leute: Suppe mit Reis, Sauerkraut, Kartoffeln, Würstchen

Freitag
Herrschaft: Erbsensuppe, Blumenkohl geröstet, runde Kartoffeln mit Filet, Kartoffelpuffer mit Pflaumensauce
Leute: Erbsensuppe, Rindfleisch mit Petersilienkartoffeln

Sonnabend
Herrschaft: Klare Bouillon mit Sternnudeln, Grünkohl mit Maronen, Schweinekarbonade (Kotelett) mit Pellkartoffeln, Reisauflauf
Leute: Bouillon mit Einlage, Grünkohl mit Schweinekarbonade, Kartoffeln.

Das Besondere ist nicht so sehr, dass offenbar kein Mangel an Nahrungsmitteln bestand – trotzdem waren auch diese Adligen im Mittel deutlich kleiner als moderne Europäer –, sondern dass auch die „Leute" keinen Mangel litten. Sie erhielten neben eigenständigen sehr unterschiedlichen Gerichten oft die Reste des Vortags bzw. wurde ihnen ein kleiner Teil der Leckerbissen, wie Maronen (es gibt in Norddeutschland nur wenige Maronenbäume), vorenthalten. Ernährungsphysiologisch macht es keinen Unterschied, ob der Hase als Braten oder als Ragout gegessen wird – auch wenn ein Braten sicherlich hübscher und deutlich repräsentativer aussieht.

Die roten Fäden des Zweifels

Was Betteln und Obdachlosigkeit mit den täglichen Kalorien zu tun haben sollen und Gedanken zu Oliver Twist und Karl Marx und der Bedeutung von Milch

Es geht weiter mit den Ökonomen und ihren Ansichten zu Ernährung. Auch Robert William Fogel war kein Biologe, aber Nobelpreisträger. In seiner Nobelpreis-Rede [44] sprach er unter anderem über den Zusammenhang zwischen Kalorienbedarf, Kalorienverbrauch und Arbeitsleistung im 18. und 19. Jahrhundert:

> Diese Quellen zeigen, dass der durchschnittliche tägliche Kalorienverbrauch in Großbritannien um 1790 bei etwa 2060 kcal pro Kopf lag. Für Frankreich gab es Schätzungen aus nationalen Nahrungsmittelbilanzen, die bis in das Jahrzehnt vor der Französischen Revolution zurückreichen. Danach lag der tägliche Pro-Kopf-Kalorienverbrauch in den Jahren 1781–1790 bei 1753 kcal und in den Jahren 1803–1812 bei 1846 kcal. Eine Folge dieser Schätzungen ist, dass die Erwachsenen des späten 18. Jahrhunderts nach heutigen Maßstäben sehr klein gewesen sein müssen. Heute ist der typische amerikanische Mann Anfang 30 etwa 177 cm groß und wiegt etwa 78 kg. Ein solcher Mann benötigt täglich etwa 1794 kcal für den Grundumsatz (die Energie, die benötigt wird, um den Körper im Ruhezustand funktionsfähig zu halten) und insgesamt 2279 kcal (1794 kcal, die für den Grundumsatz benötigt werden, plus 485 kcal für die Verdauung der Nahrung und die Körperpflege).

Unter Hinweis auf historische Haushaltserhebungen über den Kauf von Lebensmitteln errechnet Fogel

> das äußerst geringe Arbeitsvermögen, das die Nahrungsmittelversorgung in Frankreich und England um 1790 zuließ, selbst wenn man den geringeren Unterhaltsbedarf aufgrund der geringen Körperhöhe und Körpermasse berücksichtigt. In Frankreich fehlte den untersten 10 % der Arbeitskräfte die Energie für regelmäßige Arbeit, und die nächsten 10 % hatten lediglich Energie für weniger als drei Stunden leichte Arbeit pro Tag.

In seinem Buch *The Escape from Hunger and Premature Death, 1700–2100* [45] führt er diese Gedanken weiter aus und versucht zu belegen, dass Betteln und Obdachlosigkeit am Ende des 18. Jahrhunderts eine Folge von Kraftlosigkeit aufgrund ungenügender Kalorienzufuhr sei:

© Der/die Autor(en), exklusiv lizenziert an Springer-Verlag GmbH, DE, ein Teil von Springer Nature 2024
M. Hermanussen, C. Scheffler, *Größenwahn*,
https://doi.org/10.1007/978-3-662-69580-7_11

Ende des 18. Jahrhunderts war die britische Landwirtschaft, selbst wenn sie durch Importe ergänzt wurde, einfach nicht produktiv genug, um mehr als 80 % der potenziellen Arbeitskräfte mit genügend Kalorien für regelmäßige manuelle Arbeit zu versorgen. Erst die enorme Steigerung der Produktivität in England in der zweiten Hälfte des 19. und zu Beginn des 20. Jahrhunderts ermöglichte es, selbst die Armen mit einem relativ hohen Kaloriengehalt zu ernähren. Betteln und Obdachlosigkeit wurden erst dann seltener, als auch das unterste Fünftel der Bevölkerung genug Kalorien hatte, um regelmäßig arbeiten zu können.

Wir beginnen zu zweifeln. Was Sie hier sehen, sind tiefrote Fäden des Zweifels – „genug Kalorien, um regelmäßig arbeiten zu können". Es sind nicht einmal Zweifel, die wir haben. Es muss einmal deutlich gesagt werden: Was hier steht, ist vollkommener Unsinn.

Fogel erhielt zwar – zusammen mit Douglass Cecil North – vor gut drei Jahrzehnten im Jahre 1993 den Nobelpreis für Wirtschaftswissenschaften, aber was er verbreitet, ist bizarr. Denken Sie an Charles Dickens. Dickens hat seine Romane annähernd in der Zeit geschrieben, von der Fogel berichtet. Auch wenn er „nur" Schriftsteller und kein Naturwissenschaftler war – er hätte dokumentiert, wenn ein Fünftel der Bevölkerung zu schwach für körperliche Arbeit gewesen wäre, nur weil es nicht genug zu essen gab. Ganz im Gegenteil, Dickens Protagonisten Oliver Twist und David Copperfield werden als zwar sozial benachteiligte und auch nicht immer satte, aber durchaus agile junge Leute beschrieben. Glauben Sie im Ernst, dass ein Mangel an „Brennstoff" die Ursache von Betteln und Obdachlosigkeit sei? Wir glauben das nicht, und wir sehen handfeste Gegenargumente. Zwei weitere Zeitgenossen von Dickens aus dem 19. Jahrhundert [46] schreiben:

> Kommen wir zur Lohnarbeit: Der Durchschnittspreis der Lohnarbeit ist das Minimum des Arbeitslohnes, d. h. die Summe der Lebensmittel, die notwendig sind, um den Arbeiter als Arbeiter am Leben zu erhalten.

Es geht um die Summe der Lebensmittel und um ausreichend Energie, um auf dieser Grundlage arbeiten zu können. So steht es im Manifest der Kommunistischen Partei [46], geschrieben und publiziert von Karl Marx und Friedrich Engels im Dezember 1847/Januar 1848. Es geht um die Lebensmittel, die notwendig sind, um die Arbeitsfähigkeit zu erhalten. Es stimmt nicht, was uns der Nobelpreisträger Fogel weismachen will. Auch aus der modernen Psychiatrie wissen wir von einer gesteigerten, nicht von einer verringerten, Umtriebigkeit bei Leuten mit Essstörungen und chronischer Unterernährung. Unterernährung reduziert den Ruheenergieverbrauch, nicht nur aufgrund des geringer werdenden Körpergewichts bei geringerer Fett- und Muskelmasse, sondern auch wegen einer ausgeprägten Anpassung des Stoffwechsels [47].

Die Biologie des Hungerns ist übrigens sehr detailliert untersucht worden. Angesichts der Kriegszustände in Europa wurden zwischen Ende 1944 und 1945 an der University of Minnesota Freiwillige kontrolliert unterkalorisch ernährt. Es ging in diesem Minnesota Starvation Experiment um die Biochemie, Physiologie, Psychologie und die medizinischen Aspekte des Hungerns und vor allem auch der Wiederauffütterung. Der Hauptautor dieser Arbeit, Ancel Keys, beschreibt die Veränderungen des Stoffwechsels, die bei schwerer Unterernährung und bei der Wiederauffütterung auftreten, und er stellt auch sehr umfassend die bis Mitte des Jahrhunderts bekannte Literatur zu diesem Thema zusammen [48]. Keys schreibt explizit, dass der Einfluss der Ernährung auf das Wachstum von Kindern vernachlässigbar ist. Und er veröffentlichte diese Ergebnisse 1950. Man muss das nur lesen, aber es wurde nicht gelesen. Wie ein alter Kaugummi hält sich die Vorstellung, dass eine florierende Wirtschaft zu guter Ernährung und gute Ernährung zu besserem Wachstum führt. Es gibt eine Zeitschrift von Ökonomen; sie heißt *Economics and Human Biology* und veröffentlicht auch heute noch in diesem Sinne.

Nicht nur Ökonomen, auch Biologen sind diesen verführerischen Argumenten gefolgt und haben die Hypothese „small but healthy" („klein, aber gesund") [49] entwickelt. 1986 schreibt Ellen Messer davon, dass sich gesunde Menschen an eine geringere Energie- und Eiweißaufnahme anpassen könnten. Sie würden dann weniger gut wachsen, kleiner bleiben und deshalb weniger Energie verbrauchen und mit deutlich weniger als den empfohlenen Minima für Kalorien überleben können. Man sollte sie deshalb auch nicht als unterernährt bezeichnen:

> Populationen mit geringer Körperhöhe im Verhältnis zum Alter, aber normalem Gewicht im Verhältnis zur Körperhöhe sind chronisch, aber nicht akut unterernährt und „gesund", da sie offensichtlich keine funktionellen Beeinträchtigungen haben. Als Beleg für diese Hypothese führen wir experimentelle Ergebnisse an, die darauf hinweisen, dass sich Menschen ohne funktionelle Beeinträchtigung an eine geringere Energie- und Proteinaufnahme anpassen. Die Hypothese „klein, aber gesund" stützt sich auch auf die Beobachtung, dass viele Bevölkerungsgruppen in Ländern des Globalen Südens in ihrem verarmten Umfeld mit einer Zufuhr weit unter dem von FAO/WHO empfohlenen Minimum überleben und daher nicht als unterernährt gelten sollten, obwohl sie nach internationalen Standards so eingestuft werden.

Auch dieser Faden ist tiefrot und wird zum Glück nicht mehr zitiert. Trotzdem klebt Omas Sprüchlein von „Iss den Teller leer" weiterhin selbst in der modernen Literatur. Weil mittlerweile zumindest manchen klar ist, dass Kleinwuchs nicht notwendigerweise durch mangelnden Brennwert der Nahrung verursacht wird, wird zunehmend mangelnder Eiweißgehalt für den Kleinwuchs der Kinder und Jugendlichen aus vielen Ländern des Globalen Südens verantwortlich gemacht. Insbesondere Milch. Milch und Milchprodukte gelten seit vielen Jahren als Wachstumsstimulans Nummer 1. Camilla Hoppe und ihre Kollegen [50] rechneten in einer Studie an zweieinhalbjährigen Kindern vor, dass Milch nicht nur den Wachstumsfaktor IGF-1 stimuliert, sondern dass täglich ein Becher Milch (200 ml) auf Dauer zu gut 1 cm mehr an Körperlänge führt. Das klingt wieder ein bisschen nach *Scientific American*, aber man kann bei Google Scholar[1] nachlesen, dass Hoppes Artikel in mittlerweile 391 weiteren wissenschaftlichen Artikeln zitiert wurde.

Pavel Grasgruber liebt Korrelationen [51]. Er korreliert Pro-Kopf-Einkommen, Kindersterblichkeit, Geburtenrate, den Index der menschlichen Entwicklung (human development index), Nahrungseiweiß und alles zusammen aus etwa 100

---

[1] https://scholar.google.com/

Ländern mit der Körperhöhe. Alles korreliert mit allem, aber Körperhöhe und das Eiweiß von Milch, Kartoffeln, Eiern, Schweinefleisch und Rindfleisch korrelieren am besten. Nullkommaachtfünf (0,85), schreibt er, das ist ein fast perfekter Zusammenhang: Wer täglich 50 g Eiweiß mehr auf dem Teller hat, kann als Erwachsener mit 20 cm mehr Körperhöhe rechnen. Auch dieser Artikel wird gern zitiert. Und weil Muslime kein Schweinefleisch essen, weiß Grasgruber [52] auch, warum Muslime kleiner sind:

> Außerdem zeigen unsere Vergleiche, dass einheimische muslimische (bosniakische) Männer in der Herzegowina 2–3 cm kleiner sind als Kroaten und Serben, die in denselben Regionen oder sogar in denselben Städten leben. Diese Unterschiede in der Körperhöhe hängen sehr stark mit der regionalen Produktion von Schweinefleisch zusammen. Da Schweinefleisch in der Ernährung von Muslimen aus religiösen Gründen nicht vorkommt, bestätigt dieses Ergebnis unabhängig davon die Schlüsselrolle von hochwertigen Nährstoffen aus Schweinefleisch in der Kinderernährung.

In dieselbe Kerbe schlagen Jörg Baten und Matthias Blum [53]. Auch sie sprechen von „Humankapital" und argumentieren mit Blick auf die Ernährung, dass „bis zur Mitte des 20. Jahrhunderts die Körperhöhe der Bevölkerung durch die lokale pro-Kopf Verfügbarkeit von Vieh, Fleisch und Milch und auch das Krankheitsumfeld bestimmt wurde". Mit der lokalen Pro-Kopf-Verfügbarkeit von tierischen Produkten gingen auch Gesundheit und Lebenserwartung einher.

Ach, wenn die Welt doch so einfach wäre.

Ist sie aber nicht. Und wir hören auf, Sie mit weiteren Beispielen aus der Wissenschaft zu langweilen. Sie sind sich allesamt sehr ähnlich und alles Varianten von „Kind, iss deinen Teller leer, damit du später groß und stark wirst". Das weiß auch das Bundesministerium für wirtschaftliche Zusammenarbeit und Entwicklung (BMZ). Dort hieß es auf unsere Anfrage von vor wenigen Jahren auf mögliche Unterstützung unserer Forschung:

> Das BMZ folgt dabei der internationalen Definition, dass Stunting aus einer chronischen Mangelernährung – so genanntem „verstecktem Hunger" – resultiert. Betroffene erhalten oftmals eine ausreichende (energiereiche), jedoch keine ausgewogene Ernährung.
> Häufige Gründe für Mangelernährung sind eine unzureichende Aufnahme (z. B. weil die verzehrte Nahrung zu einseitig ist) oder ein erhöhter Bedarf an Mikronährstoffen (z. B. während der Schwangerschaft) sowie die Unfähigkeit des Körpers, die mit der Nahrung aufgenommenen Nährstoffe zu verwerten ...
> In den letzten zehn Jahren hat es erfreulicherweise viele wissenschaftliche Studien zu chronischer Mangelernährung im Kindesalter und effizienten und effektiven Gegenmaßnahmen gegeben, u. a. in *Lancet*[2], so dass wir zu denen von Ihnen aufgeworfenen Fragestellungen keinen Forschungsbedarf sehen.
> Freundliche Grüße

---

[2] *Lancet* ist eine der ältesten und renommiertesten medizinischen Fachzeitschriften der Welt.

Mittlerweile sind es nicht nur die Kalorien und das Eiweiß von Milch, Schwein und Kartoffeln, sondern auch die Mikronährstoffe, die offiziell das Wachstum regulieren. Wer Mangel daran hat, bleibt nicht nur klein, sondern nach offizieller Meinung auch dumm [54]. Wir sprachen schon davon und bezweifeln, dass Italiener dümmer als Niederländer sind.

Hier noch ein bisschen Offizielles von der Weltgesundheitsorganisation (WHO). Mercedes de Onis und Francesco Branca vom Department of Nutrition for Health and Development der WHO [55] schreiben ebenfalls:

> Wachstum ist der beste Gesamtindikator für das Wohlergehen von Kindern und verweist sehr genau auf Ungleichheit in der menschlichen Entwicklung. Dies spiegelt sich auf tragische Weise in den Millionen von Kindern weltweit wider, die nicht nur ihr Wachstumspotenzial aufgrund suboptimaler Gesundheitsbedingungen und unzureichender Ernährung und Pflege nicht erreichen, sondern auch die schweren irreversiblen körperlichen und intellektuelle Schäden erleiden, die mit einem unzureichenden Wachstum (stunted growth) einhergehen.

Diese Worte machen tatsächlich Angst. Bleiben die etwa 150 Millionen Kinder mit Körperhöhen von mehr als zwei Standardabweichungen unter der Norm der WHO dumm? Seien Sie ganz unbesorgt! Immanuel Kant soll auch nur 157 cm groß gewesen sein [56].

Wir wollen an dieser Stelle ein bisschen vorgreifen und aus der verstaubten Literatur plaudern, in der wir uns später noch ausführlich verlieren werden. Hier nur etwas Beruhigendes zu der Frage, wer wie dumm wird, wenn er als Säugling fehlernährt worden ist. 1882 veröffentlichte der Arzt und Physiologe Johann Friedrich Wilhelm Camerer die Gewichtsentwicklung von 20 gesunden Säuglingen [57, 58]. Es waren Kinder aus seinem Bekanntenkreis. Die Kinder waren von der Geburt bis zum Alter von einem Jahr in mehr oder weniger regelmäßigen Abständen gewogen worden; es waren Kinder von deutschen Beamten, Juristen, Kaufleuten, Universitätsprofessoren, Ärzten, Förstern und Landwirten. Stillen war in diesen Kreisen damals nicht sehr beliebt; einige Kinder wurden von Ammen gestillt, die meisten erhielten Flaschenkost. Diese Flaschenkost war unter modernen Gesichtspunkten eine Katastrophe. Sie bestand hauptsächlich aus verdünnter Kuhmilch mit etwas zugesetztem Milchzucker, aber ohne Öl, Butter oder andere Fette. Auch aus Frankreich wurden ähnliche Ernährungspraktiken berichtet. Die historischen Dokumente zeigen recht deutlich, dass die chronische Mangelernährung gesunder Säuglinge im Europa des späten 19. und frühen 20. Jahrhunderts an der Tagesordnung war, unabhängig von Wohlstand und sozialer Schicht. Auch wenn diese Dokumentation nur eine historische ist, sie überzeugt, und wir haben Zweifel, ob die Beamten, Juristen, Kaufleute, Universitätsprofessoren, Ärzte, Förster und Landwirte dieser Zeiten die „schweren irreversiblen körperlichen und kognitiven Schäden" erlitten, von denen Frau de Onis vom Genfer Department für Ernährung der WHO redet.

Überhaupt stellt sich die Frage nach dem Warum. Dass der großmütterliche Rat, den Teller zu leeren, über Generationen weitergetragen wird, wundert nicht, aber warum das Wissen des letzten Jahrhunderts nicht diskutiert wird, ist schwierig zu beantworten.

Die Arbeiten zu Ernährung und Wachstum von hungernden Kriegskindern aus dem frühen 20. Jahrhundert waren in deutscher Sprache erschienen und sind nie ins Englische übersetzt worden. Als international in den 1960er- und 1970er-Jahren die Frage nach der „gesunden Körpergröße" wieder aufgegriffen wird, bleiben sie unberücksichtigt. Vielleicht ist dies der Grund. Mit Fragen zu Ernährung und Wachstum hat sich in dieser Zeit insbesondere John Conrad Waterlow hervorgetan, ein damals sehr berühmter britischer Physiologe und Ernährungsspezialist [59]. In Unkenntnis der früheren Arbeiten postuliert er, dass ein Körperhöhendefizit gegenüber „der Norm" ein Maß für Unterernährung sei, und begründet seine Meinung mit Beobachtungen an schwer unterernährten Kindern aus einem Kinderkrankenhaus in Mexiko-Stadt. Dann erfindet er zwei hypothetische einjährige Kinder mit demselben Gewicht und definiert an ihnen die Begriffe „Stunting" und „Wasting". Das wird in einer der renommiertesten medizinischen Fachzeitschriften publiziert [60]:

> Leichte oder mittelschwere Unterernährung bei Kindern wird in der Regel anhand des Defizits an Gewicht im Verhältnis zum Alter beurteilt. Dahinter verbergen sich zwei unterschiedliche Zustände: ein Defizit an Körperhöhe im Verhältnis zum Alter („Stunting") und ein Defizit an Gewicht im Verhältnis zur Körperhöhe („Wasting"). Es ist wichtig, dass diese Bedingungen unterschieden und getrennt bewertet werden. Es wird festgestellt, dass das erwartete Gewicht eines Kindes mit einer bestimmten Größe unabhängig vom Alter und weitgehend unabhängig von der Rasse[3] ist.

Die Kinder aus Mexiko-Stadt waren tatsächlich klein, erheblich abgemagert und boten zudem alle typischen klinischen Zeichen der chronischen Unterernährung, wie trockene, dunkel verfärbte Haut mit Verhornungsstörungen, Blauverfärbung von Fingern und Zehen, Veränderungen der Behaarung, chronische Hautinfektionen, Hungerödeme[4]. Das war den alten Kinderärzten auch bekannt. Aber sie haben die Kinder nicht nur in diesem Zustand gesehen, sondern auch im Zustand der Wiederauffütterung. Diese Beobachtungen fehlen bei Waterlow. Er hat die alten Arbeiten nicht gelesen.

Wir waren in Bibliotheken, und wir werden diese wunderbaren, glitzernden Fäden aus der Vergangenheit ein wenig später erneut aufnehmen und aus den kilometerlangen Bücherregalen der Magazine berichten, in denen wir mutterseelenallein gesessen und gelesen haben. Heute werden historische Bücher und Zeitschriften kaum mehr gelesen. Bedrückend und befremdlich finden wir, dass noch einmal knapp 50 Jahre später auch ein modernes Bundesministerium für wirtschaftliche Zusammenarbeit und Entwicklung immer noch schreibt:

---

[3] Der Begriff „Rasse" wird nicht mehr verwendet. Die genetischen Unterschiede zwischen Bevölkerungen der verschiedenen Kontinente sind minimal, und die Übergänge sind fließend.

[4] Bei schwerem Eiweißmangel kommt es zu Wassereinlagerungen ins Gewebe.

Das BMZ folgt dabei der internationalen Definition, dass Stunting aus einer chronischen Mangelernährung – so genanntem „versteckten Hunger" – resultiert ..., so dass wir zu denen von Ihnen aufgeworfenen Fragestellungen keinen Forschungsbedarf sehen.

Kein Kommentar. Unsere Webfäden bleiben zweifelrot. Und sollten Sie noch nicht genug von diesen Beispielen haben, gehen Sie noch einmal zu PubMed[5]. Suchen Sie unter den Stichwörtern „stunting" und „micronutrients". Sie finden mehr als 4000 wissenschaftliche Artikel mit einer exponentiellen Zunahme von Publikationen seit den frühen 2000er-Jahren. Und wenn Sie nur Übersichtsartikel suchen, nehmen Sie die Stichwörter „stunting", „micronutrients" und „review",[6] und auch das sind schon über 1000 Artikel.

Das Lesen der neueren Literatur bleibt ziemlich frustrierend. Es werden die alten Erklärungen wiederholt. Körperhöhe habe mit Genetik, mit Ernährung und mit Wohlstand zu tun. Niemand zweifelt, auch keine Staatssekretäre, die sich offiziell mit dem Wachstum von Kindern beschäftigen.

So ist das. Aber das Unwissen schützt nicht vor Versuchen, den Kleinwuchs zu behandeln.

---

[5] https://pubmed.ncbi.nlm.nih.gov/?term=stunting+micronutrients

[6] https://pubmed.ncbi.nlm.nih.gov/?term=stunting+micronutrients+review

10. Faden: Was kostet ein Zentimeter mehr? Teure Behandlungsversuche

Es geht um Geld und warum man vielleicht auch Plateauschuhe kaufen sollte

Die weltweiten Ansichten zur Ernährung gehen uns nicht aus dem Kopf. Nicht nur wegen Omas Aufforderung „Kind, iss deinen Teller leer …" Wen auch immer man zu Hause, auf der Straße, unter Freunden anspricht: Gute Ernährung macht groß. Mit dieser Wahrheit sind wir groß geworden. Es ist immer derselbe Glauben, es sind immer dieselben Argumente. Wir lesen sie auch in der wissenschaftlichen Literatur. Es heißt bei Frau Lartey [61] von der Nutrition Division, Food and Agriculture Organization of the United Nations, Rom, im Jahr 2015:

> Bei den Ernährungswissenschaftlern herrscht zunehmend Einigkeit über die Verwendung der Körperlänge bzw. Körperhöhe bezogen auf das Alter als geeigneter Indikator für die Überwachung der langfristigen Auswirkungen von chronischem Ernährungsmangel.

Auch Ernährungswissenschaftler haben keine Zweifel. Für sie sind die Kleinen dieser Welt der lebende Beweis, dass es an Nahrung fehlt. Nicht nur Wohlfahrtsverbände, sondern eine ganze Industrie bekämpfen mittlerweile Hunger und Stunting. Der Global Nutrition Report [62] schätzt unter Berücksichtigung der „ernährungssensiblen Bedürfnisse" und der umfassenderen globalen SDG-2-Ernährungsziele[1], dass

> der ernährungsspezifische Finanzierungsbedarf von 7 Mrd. USD/Jahr auf 10,8 Mrd. USD/Jahr im Zeitraum 2022–2030 gestiegen ist (basierend auf einem geschätzten Gesamtbetrag von 97 Mrd. USD). Werden die ernährungssensiblen Bedürfnisse und die umfassenderen globalen SDG-2-Ernährungsziele einbezogen, wird der Finanzierungsbedarf auf 39–50 Mrd. USD/Jahr geschätzt, obwohl die Auswirkungen zusätzlicher Investitionen auf die globalen Ernährungsziele unklar sind.

---

[1] SDG-2-Ziele betreffen die Sustainable Development Goals 2, die UN-Nachhaltigkeitsziele: „Den Hunger beenden, Ernährungssicherheit und eine bessere Ernährung erreichen und eine nachhaltige Landwirtschaft fördern."

© Der/die Autor(en), exklusiv lizenziert an Springer-Verlag GmbH, DE, ein Teil von Springer Nature 2024
M. Hermanussen, C. Scheffler, *Größenwahn*,
https://doi.org/10.1007/978-3-662-69580-7_12

Wir wollen an dieser Stelle keinen Zweifel daran säen, dass alle Lebewesen Nahrung zum Leben und Wachsen brauchen. Wir wollen auch keine Zweifel daran säen, dass noch immer Millionen Menschen auf dieser Welt hungern. Aber angesichts dessen, was wir über die wachsenden Knorpel- und Knochenzellen gehört haben, insbesondere angesichts des spontanen und geradezu städtischen Eigenlebens der Knorpelzellen, ihrer Abhängigkeiten von nachbarschaftlichem Smalltalk mit „Geschenken" und gemeinsamem Sich-in-Matrixfäden-Einwickeln, angesichts all dieser Umstände erscheinen die Argumente der Ernährungswissenschaftler nicht wirklich zwingend.

Tatsächlich sind die wohlmeinenden Ernährungsinterventionen wenig erfolgreich [63]. Tellerleeressen macht nicht groß, selbst in Ländern mit niedrigem und mittlerem Einkommen, auch nicht bei Kindern aus städtischen Slums. Sophie Goudet und ihre Kollegen prüften die Wirkung von Ernährungsinterventionen auf das Wachstum von Kindern von Geburt bis zum Alter von sechs Jahren [64]. Ihre zusammenfassende Beurteilung umfasste 15 Studien aus verschiedenen Slums oder armen städtischen oder stadtnahen Gebieten in Bangladesch, Indien und Peru. Sie sammelten Daten von 9261 Säuglingen und Kleinkindern sowie 3664 schwangeren Frauen. Sie fanden keine Belege für die Wirkung von Zinkgabe an Schwangere auf die Geburtsmaße ihrer Kinder, keine Hinweise auf eine relevante Wirkung von Nahrungsergänzungen bei Kindern. Die Autoren schlussfolgerten, dass alle untersuchten Ernährungsinterventionen zwar das „Potenzial" haben, das Wachstum zu verbessern, aber sie fanden keine belastbaren Belege für eine tatsächliche Wirkung:

Alle untersuchten Ernährungsinterventionen hatten das Potenzial, das Stunting zu verringern. Es gab jedoch keine Belege für eine Wirkung der in diese Überprüfung einbezogenen Interventionen. Die Herausforderungen im Zusammenhang mit den Charakteristika von städtischen Slums (hohe Mobilität, Mangel an sozialen Diensten und hoher Verlust an Nachuntersuchungen) sollten berücksichtigt werden, wenn ernährungsspezifische Interventionen zur Bekämpfung von niedrigem Geburtsgewicht und Stunting in solchen Umgebungen vorgeschlagen werden. Man braucht mehr Klarheit über die Auswirkungen sektorübergreifender Maßnahmen, die ernährungsspezifische und sensible Methoden und Programme kombinieren, sowie über die Auswirkungen von Basisarbeit und Strategien von Regierungen, Nichtregierungsorganisationen und dem Wirtschaftssektor auf das Ergebnis von Ernährungsinterventionen auf Stunting.

Goudets Arbeit ist frustrierend. Die Auffassung, die Regulation der menschlichen Körperhöhe erfolge über die Ernährung, über den täglichen Konsum von Kalorien und Mikronährstoffen, lässt sich nicht belegen. Nicht einmal unter Kindern, die unter schlechten Bedingungen leben. Wir haben sehr ähnliche Erfahrungen anlässlich unserer eigenen Untersuchungen gesunder indonesischer Schulkinder gemacht. Es werden Milliardenbeträge für Ernährungsprogramme ausgegeben (allein in Indonesien sind es knapp 4 Milliarden Dollar jährlich) mit – freundlich gesprochen – allenfalls zweifelhaften Ergebnissen [63]. Wir kommen später im Detail darauf zurück, wenn wir den 11. Faden aufnehmen. Trotzdem wollen wir nicht unfreundlich sein. Ernährungswissenschaftler befinden sich in bester Gesellschaft. Wir nannten schon die preisgekrönten Ökonomen. Auch die Mehrzahl unserer Mediziner hält weiterhin die Ernährung für den wesentlichen Regulator des menschlichen Wachstums – und wenn es nicht die Ernährung ist, dann muss es das Wachstumshormon sein.

Professoren der Kinderheilkunde aus Tübingen und Erlangen geben Leitlinien zur Beurteilung und Behandlung des Kleinwuchses heraus [65]. „Kleinwüchsig" wird in üblicher Weise definiert als eine Körperhöhe unter der dritten Perzentile gleichaltriger Kinder desselben Geschlechts. Wer unter der dritten Perzentile liegt, ist „zu klein".

Perzentilen
Perzentilen sind Prozentangaben. Drei von 100 Kindern liegen mit ihrer Körperhöhe unter der dritten Perzentile. 97 von 100 Kindern liegen unter der 97. Perzentile. 3 % aller gleichaltrigen gesunden Kinder sind größer als die 97. Perzentile.

Definitionsgemäß sind also 3 % aller Kinder und Jugendlicher in Deutschland zu klein. Es gibt auch den „schweren Kleinwuchs". Daran leiden 6 von 1000 Kindern. So schreiben die Professoren. Unter den gut 700.000 Kindern, die jährlich in Deutschland geboren werden, gibt es also gut 4500 Schwerkleinwüchsige. Auch wenn „der Kleinwuchs ohne Progression[2]" nicht mitgezählt wird – darunter fällt der so genannte familiäre Kleinwuchs –, bedarf gemäß Leitlinien gut ein Viertel aller schwerkleinwüchsigen Kinder einer „spezifischen Therapie". Man meint eine Therapie mit rekombinantem[3] Wachstumshormon.

Wir rechnen nach: Die Professoren empfehlen, jährlich 1000 Kinder in Deutschland mit Wachstumshormon zu behandeln. Gut, dass ihnen nicht die gesunden Münchner Kinder von Anfang des 20. Jahrhunderts vorgestellt werden. Liza Wilke [66] schreibt:

> Im Mittel waren sechsjährige Mädchen aus wohlhabendem Elternhaus mit 5,23 cm und 1,7 kg und siebenjährige Mädchen mit 7,7 cm und 3 kg kleiner und leichter als deutsche Mädchen der 1980er-Jahre.

Unter diesen Kindern wäre jedes zehnte Kind wegen schweren Kleinwuchses behandelt worden. Die Professoren stehen mit ihrer Meinung nicht allein. Die Gesellschaft für Wachstumshormonforschung hat im März 2019 einen Workshop mit 46 internationalen Experten einberufen [67], um die Diagnose und Therapie von Kleinwuchs zu bewerten:

---

[2] Progression heißt Zunahme. Progredient kleinwüchsig heißt nicht, dass diese Kinder schrumpfen. Es soll nur heißen, dass diese Kinder langsam wachsen und ihr Körperhöhendefizit gegenüber Gleichaltrigen zunimmt.
[3] Rekombinant bedeutet künstlich mit Hilfe von gentechnisch veränderten Mikroorganismen hergestellt.

Kleinwuchs ist der häufigste Grund für die Überweisung an einen pädiatrischen Endokrinologen. Befragung, körperliche Untersuchung und Wachstumsdaten sind nach wie vor die wichtigsten Methoden, um die Ursachen des Kleinwuchses zu verstehen. Während einige seit Langem umstrittene Themen weiterhin für Diskussionen sorgen, z. B. bei wem und wie Wachstumshormonstimulationstests durchzuführen und zu interpretieren sind, verändern neue Forschungsbereiche die klinische Landschaft, z. B. die Genetik der Kleinwüchsigkeit, die Auswahl von Patienten für Gentests und die Interpretation von Gentests im klinischen Umfeld.

Kein Wort zum sozialen Umfeld. Es geht ums Geld. Die Hormonbehandlung von Kindern, die kleiner sind als der moderne Standard, unterhält eine ganze Industrie. Joyce Lee und seine Kollegen [68] schätzen, dass in den USA rund 400.000 Kinder für eine Wachstumshormontherapie in Frage kommen:

> Im Juli 2003 genehmigte die US Food and Drug Administration (FDA) die Verwendung von rekombinantem Wachstumshormon für die Langzeitbehandlung von idiopathischem Kleinwuchs[4] – auch als nicht wachstumshormonbedingter Kleinwuchs bezeichnet –, definiert durch eine Größe unter der 1,2 % Perzentile und verbunden mit Wachstumsraten, die das Erreichen einer Erwachsenengröße im Normalbereich unwahrscheinlich machen und bei denen andere Ursachen für den Kleinwuchs ausgeschlossen sind oder mit anderen Mitteln behandelt werden sollten. Mit der Diagnose idiopathischer Kleinwuchs kommen schätzungsweise 400.000 Kinder in den Vereinigten Staaten für eine Wachstumshormontherapie in Frage.
>
> Das geschätzte Kosten-Nutzen-Verhältnis einer Wachstumshormonbehandlung für ein Kind mit idiopathischem Kleinwuchs im Vergleich mit einem kleinwüchsigen Kind ohne Behandlung betrug 52.634 Dollar pro 2,54 cm oder 99.959 Dollar pro Kind, was einem Körperhöhengewinn von 4,8 cm entspricht. Alternative Behandlungsstrategien wie eine längere Dauer der Wachstumshormonbehandlung und eine hohe Wachstumshormondosierung während der Pubertät verbesserten das Kosten-Nutzen-Verhältnis nicht wesentlich.

Hunderttausend Dollar für einen Körperhöhengewinn der Größenordnung von handelsüblichen Plateauschuhen, die man ab € 54,90 im Internet bestellen kann.

Wir sind nicht die ersten, die sich Gedanken zu „pädiatrischer Bioethik" machen. Gideon Lasco schreibt zusammenfassend zu „Größenwahn" und „Höhenprämien" aus den Niederlanden [2] und beschäftigt sich mit Fragen, ob „idiopathische Kleinwüchsigkeit" normal oder pathologisch sei, wie weit verbreitet die Unzufriedenheit mit wachstumsstimulierenden Hormonbehandlungen sei und ob es bei größenverändernden Behandlungen eher um die psychosozialen oder um die medizinischen Folgen von „zu groß" oder „zu klein" gehe. Er meint, man behandele nicht mehr eine Krankheit, sondern die Opfer von gesellschaftlichen Einstellungen.

An dieser Stelle müssen wir noch einmal auf die Variabilität des normalen Wachstums zurückkommen. Denken Sie an Kinder aus einer normalen gutbürgerlichen Familie, gut ernährt und unter denselben Lebensbedingungen groß geworden.

---

[4] Idiopathischer Kleinwuchs bedeutet, dass diese Kinder zwar keinen Mangel an Wachstumshormon haben, aber trotzdem kleiner sind als altersgleiche Kinder. Der Grenzwert für die US-amerikanische Definition von idiopathischem Kleinwuchs ist die 1,2 % Perzentile, d. h. 12 von 1000 Kindern.

Sie sind nicht alle gleich groß. Aber warum waren unsere Urururgroßeltern so deutlich kleiner als wir? Auch die wohlhabenden und die gut ernährten [34]. War die Wachstumsregulation vor 100 Jahren gestört? Oder ist der Riesenwuchs moderner Menschen eine Störung? Das ist eine schwierige Frage.

Dazu machen wir einen kleinen Umweg und nehmen einen neuen Faden auf: ein Ausflug nach Indonesien. Das Land der Kleinen. Über ein Drittel der indonesischen Kinder unter fünf Jahren sind „stunted". Auch die Erwachsenen sind klein, kaum größer als unsere Urururgroßeltern im 19. Jahrhundert.

11. Faden: Indonesien im Frühjahr 2018

Privates aus der Feldforschung, von Schulkindern und Kindermönchen und Gedanken zum Stunting

Wir beschäftigen uns mit Kindern, mit deren Wachstum und Entwicklung. Wir möchten verstehen, wie Kinder aufwachsen und warum sie in vielen Teilen dieser Welt so deutlich kleiner sind als moderne europäische Kinder. Wir machen diese Studien gemeinsam mit unseren indonesischen Kollegen. Das ist immer wieder eine großartige Erfahrung – auch wenn es oft schwierig ist, Termine und Örtlichkeiten zu koordinieren. Aber E-Mails wie diese trösten über alle Schwierigkeiten hinweg:

> Lieber Michael,
> es wird toll sein, dich wiederzusehen.
> Ich werde versuchen, meinen Terminplan anzupassen.
> Herzliche Grüße,
> Anton

Wir fahren zu zweit. Unsere Freunde erwarten uns. Herzlichste Begrüßung, es geht uns gut, es geht allen gut. Wir sind hier. Ein tropisches Gewitter kracht uns entgegen. Regen schüttet die Straßen voll. Wir sitzen in Aryas schwarzem Allradauto und schwätzen, wenn auch etwas müde. Offenbar ist hier alles geplant. Morgen ist noch Ruhe. Erste Messungen dann am Freitag und Samstag und am Montag. Danach will Prof. Aman aus Jakarta kommen. Wollen wir nach Nusa Tenggara? Auch nach Sumatra? Was ist eigentlich mit Sulawesi, das noch bis vorgestern irgendwie im Gespräch war? Sulawesi scheint wieder out zu sein. Wir lassen die indonesischen Kollegen planen. Es geht sofort zum Dinner beim indonesischen Chinesen. Wir treffen den Kinderendokrinologen und den Ernährungswissenschaftler. Es geht um zu klein und unterernährt. Er kennt die Gründe, den Proteinmangel, die fehlenden Kalorien. Er fährt in einer Woche nach Paris zum nächsten Nutrition-und-Growth-Kongress. Das Essen ist wunderbar, scharf, Fisch, Tintenfischringe, chinesisches Gemüse. Wir essen bis 23.30 Uhr und wissen nicht, ob wir eigentlich müde oder nicht müde sind. Sieben Stunden Zeitdifferenz nach Europa.

Am folgenden Tag versuchen wir, ein wenig Ordnung in die Gedanken zu bringen. Wir lesen noch einmal das „Growth Proposal", das Prof. Aman uns geschickt

© Der/die Autor(en), exklusiv lizenziert an Springer-Verlag GmbH, DE, ein Teil von Springer Nature 2024
M. Hermanussen, C. Scheffler, *Größenwahn*, https://doi.org/10.1007/978-3-662-69580-7_13

hat und das eigentlich nichts weiter als eine Kopie unseres ursprünglichen Arbeits-vorschlags ist. Allerdings jetzt sehr offiziell, und die Altersspanne hat sich von 7 bis 14 auf 0 bis 18 Jahre erweitert. Wie das passieren soll, ist uns nicht klar, wir wollen nur die Schulkinder messen, und das aus rein praktischen Gründen: Sie sind alle anwesend.

Wegen der zu erwartenden Unterstützung denken wir, dass die Messungen wohl schneller laufen als erwartet und wir möglicherweise auch mehr Kinder messen können als die geplanten 200 bis 400, für die wir gedruckte Protokollbögen bereits in unserem Gepäck haben. Vorsichtshalber bitten wir den Wirt, 50 neue Mess-protokollkopien zu organisieren, doppelseitig bedruckt. Er verschwindet kurz und kommt mit einer Probekopie zurück. Wir nicken. Er verschwindet wieder und bringt den Rest. Gibt es auch weitere Klemmbrettchen? Wieder verschwindet der Wirt und kommt mit fünf Klemmbrettchen zurück. Hier gibt es alles, was das Herz begehrt. Sogar Klemmbrettchen.

Anderthalb Tage später werden wir von Arya und Indah abgeholt. Indah wirkt vollkommen europäisch, nicht nur wegen ihrer Größe von gut 170 cm, auch wegen ihres Humors. Sie sei in Kuta unter den australischen Touristen aufgewachsen. Auch ihr hochwüchsiger Kollege – deutlich größer als das deutsche Mittelmaß von 180 cm – kommt aus derselben Ecke. Der Verkehr ist unsäglich, wir fahren schier endlos die kaum 2 km zur Schule. Beim Aussteigen treffen wir schon auf unsere Helfer, offenbar alles Ärzte und werdende Ärzte, Studenten. Sie wollen unbedingt unseren Rucksack mit den Messgeräten tragen.

Als wir über den Schulhof kommen, beginnt lautes Kindergeschrei: „They are coming!". Die Kinder starren uns aus sicherer Entfernung an, Hunderte, alle in den gleichen Schuluniformen. Ein heiterer turbulenter Haufen. Mit uns kommen die Helfer. Gut, dass wir die zusätzlichen Klemmbrettchen und die neuen Protokoll-kopien mitgenommen haben.

Und so hatten wir es uns gestern Abend zurechtgelegt: Einer erfasst die Daten, zwei messen Körperhöhe, Gewicht und Sitzhöhe[1]. Einer schaut aufs Gebiss, ob der 6er-Molar, der erste Backenzahn, schon da ist, misst Kopf- und Oberarmumfänge, zwei sitzen und messen die Hautfaltendicken[2]. Die Messung der Hautfaltendicken erfolgt immer zuletzt, um die Kinder nicht zu verängstigen.

Fünf weitere Helfer sitzen bereits in der Schule, warten auf uns, auch hier großes Gejohle, es soll gleich in der Klasse der Siebenjährigen losgehen. Vorbereitung? Nein, wir setzen uns durch, nicht hier im Klassenraum. Wir bestimmen: Vorberei-tung wie geplant, keine Änderung, und ein geeigneterer Raum. Also sucht man für uns die Aula, und es findet sich ein angrenzender ungenutzter Raum, der ideal aus-sieht. Hier. Wir packen aus, suchen Steckdosen für den Rechner …

So also beginnen unsere indonesischen Untersuchungen [69], die auf Westtimor und Sumatra fortgesetzt werden. Wir publizieren:

---

[1] Sitzhöhe ist die Entfernung von der Sitzfläche bis zum höchsten Punkt des Kopfes. Sitzhöhe misst, wie hoch jemand im Sitzen ist.

[2] Die Hautfettfaltendicke lässt eine Aussage über die Massivität des Fettgewebes zu und gibt einen Hinweis, ob jemand zu viel Fett eingelagert hat.

Wir untersuchten 1716 indonesische Kinder im Alter von 6,0–13,2 Jahren aus dem städtischen Kupang/Westtimor und dem ländlichen Soe/Westtimor, dem städtischen Ubud/Bali und dem ländlichen Marbau/Nordsumatra. Die Kinder waren gesund und ohne sichtbare klinische Zeichen von Unterernährung oder Hautinfektionen.

Insgesamt waren 53 % der Jungen und 46 % der Mädchen aus ländlichen Gebieten Westtimors „stunted", d. h. ihre Körperhöhe lag im Verhältnis zum Alter um mehr als zwei Standardabweichungen unter dem Mittel der WHO-Wachstumsstandards für Kinder. Diese Kinder, weil kleinwüchsig, tauchen in allen offiziellen Statistiken als „unterernährt" auf, ohne dass klinische Zeichen für eine Mangel- oder Fehlernährung oder ein erkennbarer statistischer Zusammenhang zwischen Hautfaltendicke und der Körperhöhe bestehen. Auch fanden wir keinen Zusammenhang zwischen Körperhöhe und Oberarmumfang. Insgesamt waren 35,6 % der Jungen und 29,2 % der Mädchen aus Ubud übergewichtig; 21,4 % der Jungen und 12,4 % der Mädchen gelten als adipös.

Wir schlossen aus unseren Untersuchungen, dass „Stunting" als Beweis für Mangel- oder Unterernährung ernsthaft in Frage gestellt werden muss (Abb. 7).

In den folgenden Jahren waren wir mehrfach in Indonesien und haben mittlerweile fast 3000 gesunde Kinder untersucht. Auch gesunde junge Mütter mit Körperhöhen von im Mittel 148 cm – die Körperhöhe unserer kleinwüchsigen Gärtnerin, die wir interviewt hatten. Immer wenn wir Professoren auf ihre frühkindliche Mangelernährung ansprechen, ernten wir herzliches Gelächter. Niemand von ihnen kann sich erinnern, jemals gehungert zu haben. Nur die jungen Kollegen, die auf Bali zwischen australischen Touristen an den Stränden von Kuta groß geworden sind, haben europäische Körperhöhen.

Die Untersuchungen und die Gespräche mit unseren indonesischen Kollegen haben unsere Überzeugungen gefestigt: Kleinsein ist kein Synonym für „schlechte Gene" oder Mangelernährung [69]. Mit Ausnahme von wenigen krankheitsbedingten Gründen ist Kleinsein Ausdruck von geringen Chancen auf ein freies und selbstbestimmtes Leben, auf freien Zugang zu Bildung, auf eine Lebensform, die wir als westlich bezeichnen und die wir für optimal halten [70, 71].

Abb. 7 Eine Gruppe gesunder indonesischer Schulmädchen. Man erkennt deutlich die Ähnlichkeit in der Körperhöhe untereinander. Die meisten dieser Kinder sind nach WHO-Kriterien „zu klein". (Eigenes Foto)

Beim Schreiben kehren Erinnerungen zurück an eine andere Forschungsreise nach Sikkim im Norden Indiens. Besonders beeindruckend die Besuche in den Klöstern. Hinter den bunten Tempeln werden uns die Verschläge gezeigt, in denen die Mönche hausen. Niedrige Hütten, eher Ziegenställe als Wohnheime, eine verräucherte Küche mit offenem Feuer ohne Abzug, kalte und lieblos wirkende Speisesäle, zugige Waschräume mit eiskaltem Wasser, ein kurzer Blick auf ein Matratzenlager. Unter den Mönchen fallen die vielen kahlgeschorenen kleinen Jungen auf, die in Gruppen herumstehen oder im Garten den Abfall verbrennen. Außerhalb einer dieser Anlagen treffen wir eine indische Touristenfamilie mit siebenjähriger Tochter. Wir kommen ins Gespräch. Das Mädchen möchte fotografiert werden, und zwar zusammen mit einer europäischen Frau. Noch traut sie sich nicht, aber die Mutter fragt nach. Doch, gern, wir freuen uns über den Wunsch des Kindes. Im Nachgang freuen wir uns doppelt über das Foto: Es ist die Dokumentation von westlicher Körperhöhe eines indischen Kindes aus gutem Haus.

Wenig später treffen wir drei Kindermönchen, die gelangweilt an einem Zaun stehen und Steinchen werfen. Wir schätzen ihr Alter auf sechs bis sieben Jahre. Sie versuchen, mit uns in Kontakt zu kommen, fragen wie alle Kinder der Welt, wo wir herkämen, und wissen sogar Orte wie Berlin und Hamburg nach Deutschland zu verorten. Gute Schulbildung. Wir fragen noch einmal nach dem Alter – und hatten uns grob verschätzt: Sie sind zehn Jahre. Ob wir ein Foto von ihnen machen dürfen. Ja, gern. Sie fühlen sich geehrt. Später vergleichen wir, so gut wie es anhand eines Fotos möglich ist, die Körperhöhen des Touristenmädchens mit denen der Kindermönche. Das Mädchen entspricht mit gut 121 cm der WHO-Referenz, die deutlich älteren Jungen sind nicht größer und liegen um 2,6 Standardabweichungen unter der Referenz. Stunted. Wir sprachen lange mit unseren Freunden aus Sikkim. Sie sind stolz auf ihre Kindermönche. Sie wissen, wie gut diese Kinder in ihren Klöstern unterrichtet werden und dass sie ausreichend zu essen bekommen. Über das Thema Wachsen konnten wir nicht sprechen.

Und warum wachsen die Kindermönche nicht ausreichend? Sie ahnen es, die Kinder sind gestresst, isoliert von ihren Familien. Das emotionale Miteinander im Kloster reicht offenbar nicht aus, um die fehlende familiäre Bindung zu kompensieren. Aber zum Thema Isolation kommen wir später. Jetzt folgen Beobachtungen aus einer Zeit, als auch die Europäer nicht größer waren als die heutigen Indonesier und die Leute aus Sikkim.

12. Faden: Der säkulare Trend

Von den Veränderungen der Körperhöhe seit der Mitte des 19. Jahrhunderts

1997 publizierte eine große Runde deutscher Autoren, dass deutsche Männer im Mittel 180,4 cm und deutsche Frauen im Mittel 167,7 cm sind [72, 73]. Sie sind größer als die WHO-Referenz. Körpermaße sind in jedem Land anders. Die mittlere Körperhöhe für Erwachsene variiert landestypisch in einem Rahmen von gut 20 cm. Sie wissen es bereits: Derzeit gelten die Niederländer als die Größten, und die Leute aus Osttimor gehören zu den Kleinsten.

Die Europäer waren nicht immer so groß wie heute. Im 19. Jahrhundert waren die meisten männlichen Europäer im Mittel nicht einmal 170 cm groß, die Frauen nicht einmal 160 cm. Die mittlere Körperhöhe junger holländischer Männer hat seit Mitte des 19. Jahrhunderts von 165 cm auf 184 cm zugenommen. Mindestens ein Drittel der alten Europäer würde nach heutigen Kriterien als „idiopathisch kleinwüchsig" gelten. Weniger als 1 % unserer Urururgroßeltern erreichte heutiges Mittelmaß. Auch die Adligen und Könige waren klein. Sie waren unter den damals lebenden Menschen zwar die Größeren, aber auch sie erreichten selten oder nie die mittlere Körperhöhe moderner Europäer. Die Datenlage zu diesem Thema ist bemerkenswert umfangreich. Seit gut 10.000 Jahren variiert die durchschnittliche Körperhöhe erwachsener europäischer Frauen zwischen 150 und 160 cm und die der Männern zwischen 160 und 170 cm [74]. Selbst unter guten Lebensbedingungen wie im Römischen Kaiserreich waren die Leute bei Weitem nicht so groß wie heute. Erstmals gegen Ende des 19. Jahrhunderts – und zwar nur in Europa – begannen die Menschen aller sozialen Schichten von Jahr zu Jahr um im Mittel 1–2 mm länger zu werden. Europäer sind mittlerweile so groß wie nie zuvor in der Menschheitsgeschichte. Auch in den anderen Teilen unseres Globus beginnt dieser seltsame Wachstumsschub, jedoch erst seit wenigen Jahrzehnten. In weiten Teilen Afrikas lässt er noch auf sich warten. Es gibt sogar einige afrikanische Ländern, in denen die mittlere Körperhöhe abnimmt [40]. Im heutigen Sierra Leone, Niger, Ruanda, Uganda und Ägypten sind junge Leute heute kleiner als noch vor wenigen Jahrzehnten. Der Rückgang der Körperhöhe ist bei Frauen etwas geringer ausgeprägt. Auch US-Amerikaner sind in den vergangenen Jahrzehnten wieder kleiner gewor-

© Der/die Autor(en), exklusiv lizenziert an Springer-Verlag GmbH, DE, ein Teil von Springer Nature 2024

M. Hermanussen, C. Scheffler, *Größenwahn*, https://doi.org/10.1007/978-3-662-69580-7_14

den [75]. Übrigens: Selbst die Niederländer zeigen erste Anzeichen dafür, an
Körperhöhe wieder zu verlieren – aber diese Daten sind noch als vorläufig zu betrachten [76]. Die Daten der NCD-Risk Factor Collaboration stammen von 1472
Populationsstudien aus 200 Ländern, publiziert zwischen 1896 und 1996, mit Messungen von mehr als 18,6 Millionen Teilnehmern. Den größten Zuwachs an Körperhöhe seit 1896 verzeichnen südkoreanische Frauen mit einem Plus von über 20 cm
und iranische Männer mit einem Plus von 16,5 cm. Mit einer durchschnittlichen
Körperhöhe von nur 140,3 cm lebten die kleinsten Frauen Ende des 19. Jahrhunderts
in Guatemala.

Diese Veränderung der Körperhöhe bezeichnet man als säkularen Trend [1]. Säkular? Sie machen runde Augen. Was hat die Säkularisierung, die Verweltlichung, die
Abwendung von Religion und Kirche mit dem Wachstum zu tun? Sie fragen zu
Recht, denn dieser Begriff ist schon wieder einer dieser unglücklichen Namens-
gebungen und bedeutet unter Anthropologen und Medizinern lediglich „innerhalb
eines längeren Zeitraums von vielleicht 100 Jahren". Dass Körperhöhe einen säkularen Trend aufweist, heißt also, dieses Körpermaß hat sich über die vergangenen
Jahrzehnte und Jahrhunderte geändert. Nichts weiter.

Weniger auffällige Trends finden sich übrigens auch bei den Körperproportionen.
Gut zwei Drittel des Körperhöhenzuwachses betrifft nämlich die Beinlänge: Unsere
Ahnen waren zwar klein, aber zumindest im Sitzen relativ groß. Sitzriesen. Über-
spitzt: Sollte dieser Trend immer so weitergehen, werden unsere Enkel und Urenkel
wohl irgendwann aussehen wie die Barbie-Puppen. Auch die Köpfe, besonders die
der Nordeuropäer, sind in den vergangenen Jahrzehnten schmaler und länger
geworden.

Wir hatten uns bereits viele Jahre mit diesem Trend beschäftigt und stießen in
den frühen 1990er-Jahren auf besonders seltsame Zahlen [77]. Es ging um die
Körperhöhen von Wehrpflichtigen aus Archiven der Bundeswehr und der Nationa-
len Volksarmee der ehemaligen DDR, die durch Zufall ebenfalls auf unseren
Schreibtischen gelandet waren. Aus Westdeutschland gab es Daten seit Gründung
der Armee im Jahr 1955, d. h. Daten von Wehrpflichtigen ab Geburtsjahrgang 1938.
Wehrpflichtig waren in diesen Jahren alle jungen Männer. In der DDR waren die
frühen Daten verloren gegangen. Es gab nur Daten von Wehrpflichtigen der Geburtsjahrgänge 1955 und aufwärts. So verglichen wir Körperhöhen von Männern
aus Ost und West ab dem Geburtsjahr 1955 bis zur Wiedervereinigung der beiden
deutschen Staaten.

Westdeutsche Wehrpflichtige des Geburtsjahrgangs 1938 waren im Mittel
174,0 cm groß. Jahrgang für Jahrgang wurden die Wehrpflichtigen dann um 1–2 mm
größer. Der Geburtsjahrgang 1955 war bereits 177,4 cm groß. Das war im Osten anders. Wehrpflichtige der DDR des Geburtsjahrgangs 1955 maßen im Mittel nur
175,1 cm, also gut 2 cm weniger. Diese Differenz blieb auch in den folgenden Jahren recht gleich. Zum Zeitpunkt der Wiedervereinigung waren westdeutsche Wehrpflichtige (Geburtsjahr 1971) 179,7 cm und ostdeutsche Wehrpflichtige 177,5 cm

---

[1] Der säkulare Trend bezeichnet einen Trend, der sich über einen sehr langen Zeitraum erstreckt.
„Säkular" kommt vom lat. *saeculum* und bedeutet „Zeitalter", „Menschenalter", „Jahrhundert".

groß (Differenz 2,2 cm). Man kann diskutieren, inwieweit das Musterungsalter eine Rolle spielt. Im Osten wurde nämlich früher gemustert. Die jungen Männer waren jünger und möglicherweise deshalb etwas kleiner – aber mit der Wiedervereinigung erfolgte die Musterung in Ost und West unter gleichen Bedingungen. Der ostdeutsche Geburtsjahr 1972 wurde nicht gemustert, aber der folgende Jahrgang war mit 178,4 cm immer noch um 1,4 cm kleiner als im Westen (179,8 cm). Und dann folgte das Unerklärliche: Die Jungen im Osten holten auf. Der ostdeutsche Geburtsjahrgang 1974 war 178,8 cm – der westdeutsche 179,8 cm groß (Differenz 1,0 cm). Im folgenden Jahr schrumpfte die Differenz auf 6 mm: Der ostdeutsche Geburtsjahrgang 1975 war 179,5 cm, der westdeutsche 180,1 cm groß. Inzwischen ist der Unterschied zwischen Ost und West verschwunden.

In der DDR wurde nicht gehungert [78]; nahezu alle Kinder nahmen an der Schulspeisung teil, die entsprechend dem Zeitgeschmack eine ausgewogene Ernährung ermöglichte. Die jungen Leute waren auch nicht chronisch krank, und sie hatten vermutlich eine dem Westen sehr ähnliche Genetik. Zudem wussten wir, dass die Kinder in Ost und West bis ins Alter von etwa zehn Jahren gleich groß waren. Warum also wuchsen nur die Jugendlichen in der DDR so schlecht, und warum glich sich ihre Körperhöhe infolge der Wiedervereinigung in nur wenigen Jahren an die Körperhöhe im Westen an?

Nach Abwägung aller möglichen und unmöglichen Ursachen kamen wir allmählich auf die damals noch vollkommen bizarre Idee, der politische Umbruch und das Sich-von-Angesicht-zu-Angesicht-Kennenlernen sei die Ursache für das Angleichen der Körperhöhe von Jugendlichen. Unsere Kollegen ließen uns ziemlich bald merken, dass sie diese Erklärung eher für einen langweiligen Witz hielten. Politik und Endokrinologie in einem Topf verträgt sich nicht. Stattdessen hagelte es wohlmeinende Vorschläge, wie „die fauligen Kartoffeln", „das Fehlen von Südfrüchten" (die übrigens, wenn vorhanden, bevorzugt an Kindergärten und Schulen abgegeben wurden), „das ewige Frieren bei Kohleheizung" (doch auch ein Kachelofen kann ziemlich heiß werden) etc. Wir hatten damals keine gute Erklärung und erörterten aus diesem Grund das Thema nicht weiter. Aber wir begannen, an den herkömmlichen Erklärungsversuchen zu zweifeln.

Keine Südfrüchte, keine Genetik, keine moderne Heizung … macht nicht wirklich Sinn.

Wir hatten noch etwas bemerkt: Trotz der Veränderungen des Mittelwertes der Körperhöhe gab es keine Veränderung der Variationsbreite. Das fand sich nicht nur im Vergleich von Ost und West. Es ist ein Phänomen, das weltweit längst bekannt ist [79]. Die Standardabweichung der Körperhöhe ist nämlich eine Konstante und beträgt immer etwa 3,5 bis 3,7 % der Körperhöhe, gleichgültig, ob Menschen im Mittel 160 cm oder 180 cm groß sind. Die Kleinen und die Großen sind immer etwa gleich weit vom Mittelwert der entsprechenden Population entfernt. Und damit kommen wir zu einem ganz zentralen Thema, dessen Bedeutung wir erst viele Jahre später würdigten. Menschen derselben Gruppe sind immer ähnlich groß.

Der säkulare Trend der Körperhöhe, diese über Jahrzehnte anhaltende langsame Plastizität[2], zeigt, wie formbar, wie modellierbar, wie anpassungsfähig Körperhöhe ist. In den Niederlanden begann dieser Trend bereits in der Mitte des 19. Jahrhunderts, in Deutschland rund 60 Jahre später. Kinder der europäischen Auswanderer begannen, ihre Eltern an Größe zu übertreffen, sobald sie Europa verlassen hatten. Die in die USA, Kanada, Südafrika, Indonesien und Australien Ausgewanderten waren schon vor über einem Jahrhundert deutlich größer als ihre daheim gebliebenen Verwandten.

Bislang ist dieser Trend ein Rätsel. Das heißt, es wird nicht zugegeben, dass er ein Rätsel ist. Man beharrt auf den bekannten Erklärungen: bessere Ernährung, bessere Lebensbedingungen, bessere … es wird sich was finden. Glauben Sie das nicht! Es gibt faszinierende neue Erklärungsansätze. Aber wir wollen nicht vorgreifen. Wir wollen noch ein bisschen in der Historie herumgraben.

---

[2] Formbarkeit.

Einige verstaubte Fäden aus den Schränken unserer Ahnen

Von „artwidrig" hochaufgeschossenen, asthenischen Kindern, von parasitärem Längenwachstum und dem Trommelfeuer des Großstadtlärms

Es ist seit über 200 Jahren bekannt, dass Jugendliche aus oberen sozialen Schichten größer sind und auch früher pubertieren als ihre Altersgenossen aus einfachem Hause. Ursächlich wurden damals immer „das Erbgut" genannt und natürlich die Ernährung. Aber schon während des Ersten Weltkriegs fiel auf, dass trotz der immer schwieriger werdenden Versorgung mit Nahrungsmitteln insbesondere die Jugendlichen der oberen sozialen Schicht noch einmal deutlich an Länge zulegten. Der damals sehr bekannte Pädiater Eugen Schlesinger schreibt in einer viel zitierten Abhandlung [80]:

> In durchaus neuer Auffassung hat dann Pfaundler[1] in seinen Körpermaßstudien als das Abweichende und Artwidrige nicht die Untermaßigkeit der Minderbemittelten, sondern die Übermaßigkeit der Kinder der Reichen angesprochen. Zu dieser Beurteilung führt ihn vor allem die eben beschriebene Tatsache der Einseitigkeit im Wachstumsvorsprung der besser situierten Kinder.

Und er formuliert dann den beeindruckenden Satz:

> Jene artwidrig hochaufgeschossenen, asthenischen[2] Kinder sollen in den wohlhabenden Städtefamilien häufiger genug sein, um die Mittelzahlen der Körpermaße der ganzen Klasse von dem Artgemäßen abweichen zu lassen.

Schlesinger wundert sich. Er muss an „das Erbgut" glauben und – weil auch damals schon diskutiert – an die Ernährung, aber seine Argumente zur Rolle der Ernährung werden schwächer und beschränken sich nur noch auf die Rolle der Mangelernährung:

---

[1] Meinhard von Pfaundler (1872–1947) war ein sehr bekannter österreichisch-deutscher Kinderarzt. Er beschäftigte sich besonders mit Wachstum und Entwicklung der Kinder und angeborenen Stoffwechselstörungen und Infektionskrankheiten.

[2] Mager, schmal, aber auch schwach, kraftlos.

© Der/die Autor(en), exklusiv lizenziert an Springer-Verlag GmbH, DE, ein Teil von Springer Nature 2024

M. Hermanussen, C. Scheffler, *Größenwahn*, https://doi.org/10.1007/978-3-662-69580-7_15

Unter den exogenen, sekundären Umständen, welche den Wachstumsablauf beeinflussen, dürften die Ernährungsverhältnisse die erste Rolle spielen, aber nur im Sinne einer Hemmung, kaum oder so gut wie gar nicht im Sinne einer Beschleunigung.

Er weiß: Die ernährungsbedingte Wachstumshemmung geht mit der Wiederauffütterung vorüber:

In all diesen und ähnlich gelegenen Fällen von Unterernährung wird in erster Reihe und vor allem die Gewichtszunahme gestört, erst später und in geringerem Maße und für kürzere Zeit leidet auch das Längenwachstum. Nur ausnahmsweise und bei sehr eiweißarmer Kost wird das Längenwachstum auch schon früh gehemmt. Doch schon bei einer den Hungerbedarf nur um ein Weniges überschreitenden Eiweißmenge wird das Längenwachstum weiterbetrieben.

Dann beschreibt er das Aufholwachstum, sobald der Mangel nicht mehr besteht:

Der Wachstumstrieb als solcher leidet bei diesen Fällen mehr oder weniger reiner Unterernährung nicht; auch Kinder, die im ersten oder in den ersten Lebensjahren infolge Unterernährung – oder auch Ernährungsstörung – in ihrem Wachstum und in der Entwicklung ganz erheblich gestört und gehemmt worden waren und zurückgeblieben sind, holen, oft genug in verhältnismäßig geringer Zeit, bei geeigneter Ernährung, unter Berücksichtigung des Mehrbedarfs an Baustoffen, Eiweiß, Kalk, Vitaminen, das Versäumte wieder ein, so dass sich selbst beträchtliche Rückstände wieder ausgleichen.

Sie sehen, die Alten hatten klare Vorstellungen. Ernährung spielt langfristig keine Rolle, und man bestritt bereits damals explizit eine Wachstumsstimulation bei normalem oder hochnormalem Nahrungsangebot. Die „artwidrig hochaufgeschossenen, asthenischen Kinder" waren nicht hochaufgeschossen, weil sie überernährt waren.

1935 – zu diesem Zeitpunkt waren die unmittelbaren Folgen des Ersten Weltkrieges auf Ernährung und politische Wirren weitgehend überwunden – war der Trend zu größerer Körperhöhe unübersehbar geworden und betraf mittlerweile alle sozialen Schichten. Aber auch die Erklärungsnot war unübersehbar. So schreibt der Leipziger Stadtmedizinalrat Ernst Walther Koch [81]:

Sämtliche Altersklassen eilen im Längenwachstum während des Volksschulalters den Gleichaltrigen von vor dem Kriege durchschnittlich um etwa anderthalb Jahre (am Ende des Volksschulalters sogar um zwei Jahre) voraus. Die dabei erreichten Pluswertedifferenzen (gegenüber 1918) betragen im Halbjahresdurchschnitt bei den Knaben bis 8,9 und bei den Mädchen bis 11,6 cm.

Und:

Die im Jahre 1913 von Pirquet aufgestellten Durchschnittswerte für Größe und Gewicht der Kinder haben schon heute – 1934 – nur noch historischen Wert.

Koch hat Daten aus Schuluntersuchungen analysiert. Deshalb fiel ihm vornehmlich die Vorverlagerung der Pubertät und des pubertären Wachstumsschubes auf. Dass auch junge Erwachsene deutlich größer wurden, war ihm entgangen:

Der auffallenden, ja bis zu einem gewissen Grade beunruhigenden Erhöhung der Wachstumsgeschwindigkeit steht jedoch eine vollkompensatorische Verkürzung der Wachstumsdauer gegenüber.

Insofern prägte er nur den Begriff der Akzeleration, der Beschleunigung. Der säkulare Trend, der allmähliche Anstieg der Körperhöhe junger Erwachsener, wurde nach dem Zweiten Weltkrieg zuerst in der Sowjetunion [82] zur Kenntnis genommen und mit dem heute noch üblichen, etwas unglücklichen Begriff belegt.

Aber Koch ist beunruhigt und betrachtet die Veränderungen im Wachstum der jungen Leute als Ausdruck eines möglicherweise krankhaften Geschehens. Auch er zitiert den bekannten österreichisch-deutschen Pädiater Meinhard von Pfaundler, der von einem

pathologisch „einseitig präzipitierten Längenwachstum" der „höheren Schüler" zu Ungunsten der Breiten- und Gewichtsentwicklung, wodurch diese den kleineren, aber massiveren Volksschülern gegenüber in Nachteil kämen,

gesprochen habe. In derselben Arbeit diskutiert Koch die 1935 bekannten möglichen Ursachen, und zwar getrennt nach „Längenentwicklung", „Breitenentwicklung" und „Gewichtsentwicklung". Für die Gewichtsentwicklung bleibt er bei der bekannten Rolle der Ernährung, für die „Zunahme der Quermaße[3]", also der „Breitenentwicklung" des Skeletts, wird die „körperliche Beanspruchung durch Arbeit und Turnen, durch Spiel und Sport" herangezogen. Auch das ist plausibel [83]. Die Robustizität des Knochenbaus ist von seiner Beanspruchung abhängig. Aber bei der Längenentwicklung werden Kochs Erklärungsversuche auffallend hilflos:

Auch für die Steigerung des Längenwachstums waren Leibesübungen und reichliche Ernährung recht handliche Erklärungen. Tatsächlich aber ist das Längenwachstum nachweislich von diesen beiden Faktoren nahezu unabhängig. Weder ist es bisher möglich gewesen, durch Leibesübungen eine Längenzunahme zu erreichen, noch bedeutet eine besonders reichliche Ernährung die Voraussetzung für das Wachstum überhaupt. Selbst bei ausgesprochener Hungerdiät nimmt vielmehr ... die Größe noch rücksichtslos so lange zu, bis der Körper auch die letzten Depots verbraucht hat. Man könnte mithin geradezu von einem „parasitären" Längenwachstum sprechen. Aus diesem Grunde war auch objektiv während der schweren Hungerjahre des Krieges (Erster Weltkrieg) und auch in den Jahren größter Arbeitslosigkeit kein oder doch nur ein ganz geringfügiger Rückgang (nämlich nur im Kriege, bei den „depotlosen", früher noch vorwiegend nordisch und leptosomen höheren Schülern) der Durchschnittslängen der Schulkinder gegenüber der Vorkriegszeit festzustellen.

Wie auch in allen modernen Studien werden nicht nur bloße Kalorienzahlen, sondern auch die Zusammensetzung der Nahrung berücksichtigt. Aber auch unter diesem Gesichtspunkt findet Koch nichts, was ihn überzeugt. Er nennt die Abnahme der Rachitis, den Rückgang von Infektionskrankheiten und äußert sich spöttisch zu dem „Trommelfeuer des Großstadtlärms (Autos, Motorräder, Flieger, Lautspre-

---

[3] Mit Quermaß ist die Breite des Skeletts gemeint.

cher)". Nun sind Menschen in der Stadt im Mittel tatsächlich größer als Menschen, die auf dem Land wohnen. Und Sie werden sich noch mehr wundern, denn genau dieses Trommelfeuer der Reize scheint eine sehr große Bedeutung für das Wachstum zu haben – aber dazu kommen wir erst nach sehr weiten Umwegen durch die Gefilde von Evolution und Netzwerkmathematik. Zurück zu Herrn Koch. Er diskutiert sogar die mittlere Jahrestemperatur, wenn er auch im selben Atemzug zitiert: „Nennenswerte Veränderungen der Temperaturen seit Beginn dieses Jahrhunderts werden jedenfalls von den Meteorologen unbedingt verneint." Für Herrn Koch bleiben allein Licht und Sonne:

> Man bedenke, dass ja der Turnunterricht heute vorwiegend halbnackt und bevorzugt im Freien erteilt wird, man denke an die weitgehende Entblößung beim Fußballspiel, beim Paddeln und Segeln, beim Baden und Schwimmen, ja selbst beim Wandern. Man bedenke, dass die Kinder heute in der heißen Jahreszeit oft nur mit einer Badehose bekleidet auf der Straße herumlaufen (früher eine glatte Unmöglichkeit).

Und er schließt, dass

> die „heliogene Acceleration"[4] des menschlichen Wachstums wissenschaftlich so weitgehend unterbaut sei, dass es schwerfallen muss, für irgendeine andere Erklärung des tropoiden Wachsens und Reifens im ersten Drittel des 20. Jahrhunderts auch nur eine annähernd gleich große Wahrscheinlichkeit nachzuweisen.

Das Besondere an den Ausführungen Ernst Walther Kochs sind weniger die Versuche, eine passende Erklärung für die Veränderung des Längenwachstums zu finden – die Vorstellung einer „heliogenen Acceleration" wurde wenige Jahre später endgültig verworfen –, als die zahlreichen Beobachtungen, die gegen die zu seiner Zeit vorherrschenden Deutungsversuche sprechen. Und er macht deutlich, dass selbst die Koryphäen unter den deutschen Kinderärzten den säkularen Trend nicht nur skeptisch beurteilen, sondern durchaus in Erwägung ziehen, dass es sich um einen pathologischen Vorgang handeln könnte.

Abb. 8 zeigt die Körperhöhen junger Männer seit dem Ende des 19. Jahrhunderts. Deutlich zu erkennen ist der Höhenzuwachs von im Mittel um gut 14 cm. Im Schnitt waren also unsere Ururgroßeltern rund 14 cm kleiner, als wir heute sind. Und man erkennt ebenfalls deutlich, wie ungleichmäßig dieser Prozess verlief.

---

[4]Gemeint ist eine von der Sonnenbestrahlung abhängige Beschleunigung des Wachstums. In der Tat braucht ein Mensch das Sonnenlicht zum Wachsen, denn die UV-Strahlung ist für die Bildung von Vitamin D unerlässlich, und ein Vitamin-D-Mangel führt zu Rachitis, einer Störung zahlreicher körperlicher Funktionen, einschließlich des Wachstums. Rachitis ist eine Krankheit und betraf früher, als man den Kindern noch keine Vitamin-D-Prophylaxe gab, in unseren Breiten etwa jedes 20. Kind. Das heißt aber im Umkehrschluss, 19 von 20 Kindern hatten keine Rachitis und hatten also keine Vitamin-D-bedingte Störung ihres Wachstums.

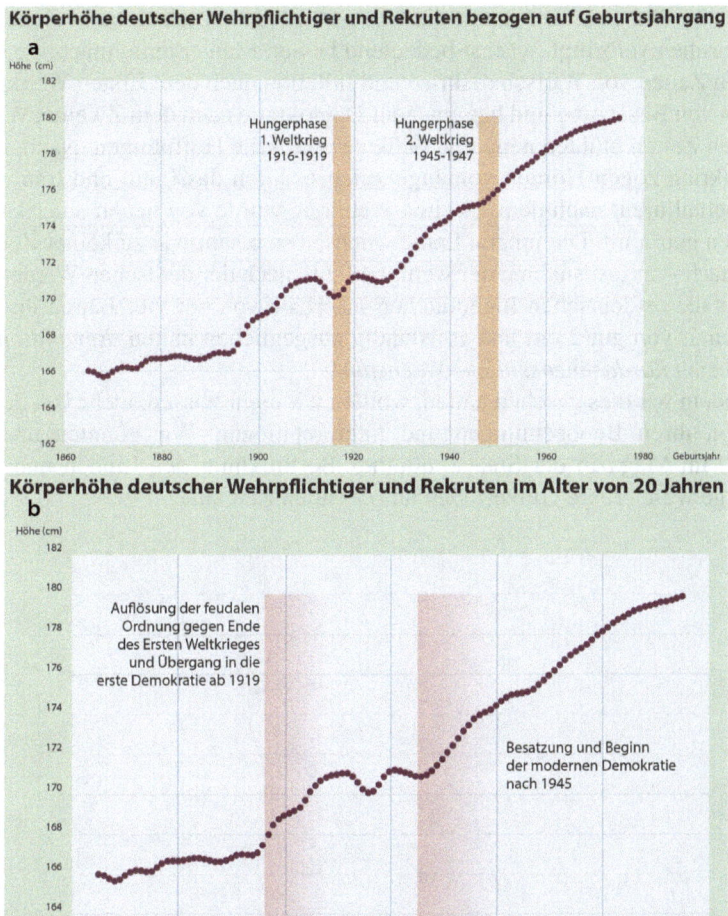

Abb. 8 Oben (a) Körperhöhe junger deutscher Männer vom ausgehenden 19. bis ins späte
20. Jahrhundert. Die Daten stammen aus den Archiven der Reichswehr und der Bundeswehr. Man
erkennt den Körperhöhentrend von gut 14 cm seit dem Ende des 19. Jahrhunderts. Die Balken
kennzeichnen die „Hungerjahre" während und nach dem Ersten Weltkrieg 1916–1919 und nach
dem Zweiten Weltkrieg 1945–1947. Die Zeitachse zeigt das Jahr der Geburt. Männer, die in den
Jahren der Hungerjahren 1916–1919 geboren wurden oder ihre frühe Kindheit in dieser Zeit ver-
lebt haben (also auch die Geburtsjahrgänge kurz vor 1916), sind als Erwachsene kleiner als Männer, die mehrere Jahre davor und danach geboren wurden. Die Hungerjahre nach dem 2. Weltkrieg
sind – wenn überhaupt – nur als eine kleine Delle im Trend der Körperhöhe von den Männern zu
erkennen, die als Kleinkinder vom Hunger betroffen waren. **Unten (b)** Es ist fast dieselbe Abbildung wie oben, aber die Messwerte liegen auf einer anderen Zeitachse. Die Körperhöhe wird auf
das Alter von 20 Jahren bezogen, d. h. auf ein Alter, in dem die Männer ausgewachsen sind. Die
schattierten Balken kennzeichnen den abrupten Zusammenbruch der staatlichen Ordnung kurz vor
dem Ende des Ersten Weltkriegs und den allmählichen Übergang in eine demokratische Gesellschaft ab 1919 und nach 1945. Jetzt wird deutlich: Wer seine Jugend unmittelbar nach den beiden
Weltkriegen und in der Zeit des Zusammenbruchs verbrachte, wächst offenbar besser und wird
letztlich größer als derjenige, der vor und in den Weltkriegen erwachsen wurde. Wachstum ist mit
sozialen Gegebenheiten und politischen Umständen verknüpft. Politische Umbrüche stimulieren
das Wachstum von Jugendlichen

Wer seine Pubertät und damit die letzte Phase des Wachstums in Zeiten politischer Unruhen verbringt, wächst bedeutend besser. Man erkennt mächtige säkulare Trends in Zeiten von Wirtschaftskrise und Inflation nach dem Ersten Weltkrieg und in Zeiten von Besatzung und beginnender Demokratie nach dem Zweiten Weltkrieg. Zu beiden Zeiten blühten neue und radikale politische Hoffnungen. Nach dem Ersten Weltkrieg zogen Horden von Jugendlichen durch das Land und träumten von Großmachtallüren; nach dem Zweiten Weltkrieg wurde von neuen amerikanischen Freiheiten geträumt. Die jungen Leute wuchsen so rasant wie zu keiner Zeit vorher oder danach – mit Ausnahme der wenigen Jahre nach der deutschen Wiedervereinigung, als die ostdeutschen Jugendlichen innerhalb von nur vier Jahren ihr Körperhöhendefizit von gut 2 cm fast vollständig ausgeglichen hatten. *Revolutionen sind Stimulanzien für das menschliche Wachstum.*

Nachdem wir dies gesehen hatten, wollten wir mehr wissen, mehr von den Alten, mehr von ihren Beobachtungen und Interpretationen. Wir gönnten uns „Lesestunden" im Magazin der Staatsbibliothek Berlin Unter den Linden und nehmen nun einige wunderbare Glitzerfäden aus der alten Zeit auf.

Die Glitzerfäden aus der Staatsbibliothek Berlin Unter den Linden – Stunden mit brillanter und mit bizarrer Literatur

Von Warnungen, die Säuglinge zu überfüttern, aber auch vom Wiederauffüttern schwer unterernährter Kinder, vom Pubertätsschwachsinn und warum Frauen nicht zum Studium zugelassen werden sollen

Die Staatsbibliothek Berlin beherbergt eine Sammlung von mehr als zehn Millionen Büchern und Zeitschriften, darunter wohl einen Großteil, wenn nicht sogar die gesamte deutschsprachige medizinische Literatur. Vier Tage saßen wir in den Magazinen dieser beeindruckenden Sammlung und durchblätterten, lasen und fotografierten rund 20 Regalmeter kinder- und schulärztliche Publikationen des ausgehenden 19. und des beginnenden 20. Jahrhunderts. Die Lesestunden waren in vielerlei Hinsicht fantastisch. Wir fanden großartige unbekannte Literatur zum Thema Alkoholismus in der Schule, Rauchen, Kinderarbeit und Wachstum bei Kindern [84] mit Beobachtungen, die der modernen Forschung an Aktualität in nichts nachstehen. Wir fanden aber auch fantastische Vorstellungen zur Behandlung blasser junger Mädchen, hygienische Vorschriften für Radfahrer und Vorsichtsmaßnahmen vor und nach einer Radtour, zur Frage des Universitätsbesuches von Frauen und von Schülern, die von ihren Lehrern totgeschlagen worden waren. Wir fanden Sterbestatistiken und Beschreibungen der häufigsten nichtinfektiösen Erkrankungen von Kindern und Jugendlichen. Das waren Alkoholsucht und auch damals schon die Fettleibigkeit. Und weil diese Tage so beeindruckend waren, wollen wir – auch wenn es nicht ganz zum Thema gehört – an dieser Stelle ein wenig ausschweifen.

Wir saßen in einem winzigen Lese- oder Sortierabteil – es waren nur wenige Sitzgelegenheiten und ein Tischchen – etwa auf halber Strecke eines der regalgefüllten langen Flure, die sich über die ganze Straßenlänge zwischen Universitätsstraße und Charlottenstraße erstrecken. Wir haben nicht nachgemessen, wie viele Kilometer Buchreihen sich die Wände entlang und in die kurzen Querflure erstrecken, es müssen Hunderttausende Bände allein in dem einen Stockwerk gewesen sein, in dem wir gearbeitet haben.

© Der/die Autor(en), exklusiv lizenziert an Springer-Verlag GmbH, DE, ein Teil von Springer Nature 2024
M. Hermanussen, C. Scheffler, *Größenwahn*,
https://doi.org/10.1007/978-3-662-69580-7_16

Wir begannen mit Literaturhinweisen aus Publikationen, die wir bereits kannten, d. h. im Schneeballsystem, und gingen dann zu methodischem Suchen zeitschriftenweise über, Band für Band, Meter für Meter, lasen, fotografierten, sortierten die Bände zurück an ihre Plätze, holten die nächsten Bände, lasen, fotografierten und sortierten. Wir fanden mehr als 2500 Seiten über das Wachstum von Säuglingen, Kleinkindern und Schulkindern aus Deutschland und Österreich.

Wir erwähnten bereits Meinhard von Pfaundler. In der Bibliothek fanden wir die Originalarbeiten. Er schreibt 1916 [85]:

> Die relative Breitenentwicklung[1] ist also bei den Kindern aus der Arbeiterklasse nicht geringer, sondern größer als bei den Kindern der Wohlhabenden. Das Körpergewicht jener ist nicht in dem Maße reduziert, als es die Reduktion der Körperlänge erwarten ließe, sondern etwas weniger. Die Differenzen sind nicht groß, aber recht konstant.
>
> Diese Fragestellung ist einmal von Bedeutung wegen der Frage nach den Ursachen der Untermaßigkeit[2] bei den Armen. Als solche wird gern „Unterernährung" angesprochen .... Es tritt die charakteristische „Dissoziation des staturalen[3] und ponderalen[4] Wachstums" ein, die zur Verminderung des Livi-Index[5], zur Vermehrung des reziproken Pirquet-Index[6] führen muss. Diese Proportionsveränderung ist also der bei den Kindern der Armenbevölkerung allenthalben angetroffenen diametral entgegengesetzt. Auch aus diesem Grunde scheint es mir nicht angängig, die Unterernährung als den entscheidenden Faktor bei der Untermaßigkeit der Armen anzusprechen.

Solche Zeilen sind heutzutage auch für einen Wissenschaftler kaum mehr verständlich. Die genannten Indizes werden nicht mehr verwendet. Trotzdem wird deutlich, dass Pfaundler die Unterernährung nicht für die Ursache der „Untermaßigkeit" der Armen hält.

---

[1] In der modernen Literatur wird von der „Breitenentwicklung" nicht mehr gesprochen. Pfaundler beschreibt Körperbautypen, die einige Jahre später von Kretschmar [86] spezifiziert wurden (Box).

[2] Kleinwuchs.

[3] Körperhöhe.

[4] Körpergewicht.

[5] Der Livi-Index (Ponderal-Index) [87] berechnet sich aus der Kubikwurzel des Gewichts geteilt durch die Körperhöhe und sollte den Ernährungszustand besser widerspiegeln als das Körpergewicht allein, wobei ähnliche Argumente angeführt wurden wie heute bei der Empfehlung des Body Mass Index (BMI).

[6] Der Pirquet-Index berechnet sich aus $Länge^3$ geteilt durch das Gewicht [87].

Körperbautypen

In Anlehnung an die altgriechische Typologie (sanguinisch, cholerisch, melancholisch und phlegmatisch) beschrieb Kretschmar [86] drei Körperbautypen, auch Somatotypen genannt (pyknosom, athletisch und leptosom bzw. asthenisch). Es handelt sich um breite, kurzgliedrige, um muskulöse und um hochschlanke Individuen. Menschen wurden also rein visuell nach „Typen" unterteilt. Spätere Ansätze von Typologien versuchen, die verschiedenen Somatotypen durch Messung bestimmter körperlicher Merkmale zu quantifizieren. Aber Typologien sind nicht mehr salonfähig. Stattdessen werden Körperfettgehalt, fettfreie Körpermasse, Fettverteilung oder einfach der Body Mass Index genutzt, um darzustellen, dass Menschen von gleicher Körperhöhe unterschiedlich gebaut und unterschiedlich schwer sind.

Engel und Samelson [88] untersuchten Energiequotienten (Kalorien pro Tag und pro Kilogramm Körpergewicht) an zwei gesunden Säuglingen, einem gestillten und einem flaschengefütterten, und schreiben:

Denn hier gilt es ja vor Überfütterung zu schützen. … Wir befinden uns hier auf Grund experimentell gewonnener Zahlen in Übereinstimmung mit Finkelstein, wenn er auf Grund seiner klinischen Beobachtungen sagt: „Für den praktischen Gebrauch wird man ruhig auch beim künstlich genährten Kinde den geringeren Wert (des Nahrungsquotienten) ansetzen dürfen und wird das umso eher tun, als eine möglichst knappe Bemessung die besseren Aussichten auf Fernhaltung von Störungen gibt."

Ganz im Gegensatz zu moderner Auffassung scheint Unterernährung für die beiden Autoren kein Thema zu sein. Vielmehr warnen sie vor der Überfütterung von Säuglingen. Das klingt höchst unerwartet in den Ohren eines modernen Pädiaters. Was hat sie bewegt? Was haben sie beobachtet? Es wurden Milchmengen, Zucker-, Eiweiß- und Fettgehalte täglich protokolliert und in langen Tabellen publiziert. Wir fanden keine Warnhinweise auf Folgen möglicher Unterernährung. Denken Sie an die Gewichtsentwicklung der 20 Säuglinge, die Camerer 1882 veröffentlicht hatte, an die nichtgestillten Kinder von deutschen Beamten, Juristen, Kaufleuten, Universitätsprofessoren, Ärzten, Förstern und Landwirten, die in ihren ersten Lebensmonaten schwer unterernährt, extrem mager und für heutige Verhältnisse deutlich kleinwüchsig waren. Diese Kinder waren nicht die einzigen, die in der damaligen Zeit chronisch unterernährt waren. Eine solche Säuglingsernährung war um 1900 üblich, und man muss wohl davon ausgehen, dass ein Großteil der damaligen deutschen Akademiker in den ersten 1000 Tagen ihres Lebens chronisch mangelernährt war. 1000 Tage? Warum 1000 Tage? Das müssen wir kurz erklären. Hier liegt ein kleiner Nebenschauplatz der Weltgesundheitspolitik. Seit etwa 2017 wird über die Bedeutung der ersten 1000 Tage im Leben eines Kindes geschrieben. 1000 Tage ab Empfängnis. Die ersten 266 Tage sind also die Tage vor der Geburt. Die Rolle der ersten 1000 Tage, sprich die Zeit bis zum zweiten Geburtstag, wird insbesondere in der Literatur der Ernährungswissenschaftler sehr in den Vordergrund gestellt [89]:

> Die 1000 Tage von der Schwangerschaft bis zum zweiten Lebensjahr sind ein entscheidendes Zeitfenster, um eine bessere und gesündere Zukunft zu schaffen. Die ersten 1000 Tage sind eine Zeit mit enormem Potenzial und enormer Verletzlichkeit. Wie gut oder wie schlecht Mütter und Kinder in dieser Zeit ernährt und gepflegt werden, hat tiefgreifende Auswirkungen auf die Fähigkeit eines Kindes zu wachsen, zu lernen und zu gedeihen. Denn in den ersten 1000 Tagen beginnt das Gehirn eines Kindes zu wachsen und sich zu entwickeln, und es werden die Grundlagen für seine lebenslange Gesundheit gelegt.

Wenn Sie Kinder haben, müssten Sie jetzt ein schlechtes Gewissen kriegen. Wie oft wurden Ihre Kinder in den ersten 1000 Tagen mit Schokolade fehlernährt, wegen Aufsässigkeit und unter heftigem kindlichen Protest zurechtgewiesen. Wie oft lagen sie zu lange in der nassen Windel? Weltweit wird seit nicht einmal zehn Jahren immer neue Betroffenheit erzeugt, und die Mütter aller Kulturkreise werden ständig mit unseren westlichen Ernährungs- und Gesundheits- und Erziehungsprogrammen konfrontiert.

Seien Sie unbesorgt. Weder die geistige Entwicklung Ihrer Kinder noch die Entwicklung der Kinder des ausgehenden 19. Jahrhunderts haben in irgendeiner bedeutsamen Weise gelitten. Trotz der offensichtlichen und gut dokumentierten Mangelernährung haben es die Kinder der Bekannten von Herrn Camerer mit großer Sicherheit zu einer redlichen Beamten-, Juristen-, Kaufmanns- und Professorenlaufbahn gebracht. Es waren unsere Altvorderen.

Die unguten Empfehlungen zur frühen Säuglingsernährung hatten übrigens Tradition. Noch im Jahr 1912 – also mehr als eine Generation später, die Kinder vom alten Camerer hatten schon längst selber wieder Kinder – schrieb Reuss [90]:

> Ist keine Frauenmilch zur Verfügung, so steht man vor der Frage, ob man Kuhmilch zufüttern soll. Es scheint mir weniger von Belang zu sein, in welcher Form dieselbe gegeben wird, wenn ich auch der Ansicht bin, dass die gewöhnliche 1/3-, evtl. auch 1/2-Milchmischung ohne oder mit einem nur geringen Zusatz von Zucker die geeignetste ist und verschiedenen, derzeit sehr beliebten Konserven mit vorverdautem Eiweiß u. dgl. zumindest nicht nachsteht.

Mit anderen Worten, bis zum Beginn des 20. Jahrhunderts wurde zur Herstellung von Säuglingsmilchen offiziell eine Mischung von Kuhmilch, Wasser und Kohlenhydrat empfohlen, die keine Beimengung von Fett enthielt. Solche Milchmischungen decken nur knapp 50 % des normalen Nährstoffbedarfs eines Säuglings. Wir müssen mit Fug und Recht davon ausgehen, dass die meisten nichtgestillten Kinder in dieser historischen Epoche kalorisch unterernährt waren.

Wir lasen weiter und fanden immer wieder Ähnliches. Mangelernährung musste es gegeben haben, davon waren wir überzeugt, aber es wurde in der Zeit vor und nach dem Ersten Weltkrieg kaum thematisiert. Stattdessen ging es um das geradezu spektakuläre Aufholwachstum von chronisch mangelernährten deutschen Kindern aller sozialen Schichten nach dem Krieg. Hierzu Tausende Beispiele. Emil Abderhalden schreibt [91]:

Zahlreiche schweizerische und deutsche, in der Schweiz ansässige Persönlichkeiten schlossen sich zu Hilfsaktionen in den verschiedenen Kantonen zusammen. Gleichzeitig wurde ein Aktionskomitee ins Leben gerufen, das versuchen sollte, vor allem bei Deutsch-Amerikanern Geldmittel für Heime zu erlangen. Es gelang, eine ganze Reihe von Heimen zu unterhalten. Sie nahmen einesteils skrofulöse[7], anderteils tuberkulöse Kinder aus Deutschland auf. Die Erfolge übertreffen alle Erwartungen. Ein reiches Material liegt über den Einfluss des im Durchschnitt acht Wochen umfassenden Aufenthaltes von stark unterernährten Kindern in der Schweiz vor.

In diesen wenigen Wochen wuchsen die Kinder im Mittel um 3–5 cm. Abderhalden schreibt weiter:

Mindestens ebenso gross, wie die günstige Beeinflussung des körperlichen Befindens ist der Einfluss auf das Gemüt der Kinder. Halle an der Saale ist die Sammelstelle der nach der Schweiz fahrenden Kinder. Es ist leicht, die jedes Mal etwa 800 Kinder zählende Schar zu beherrschen. Still besteigen sie den Sonderzug. Fast kein Laut ertönt. Ein Zug des bittersten Elendes! Wie ganz anders vollzieht sich die Rückreise! Der Bundesbahnhof in Basel wiederhallt von dem Jubel der Kinder. Sie sind kaum zu bändigen. An Stelle der blassen, eingefallenen Wangen erblickt man fast durchwegs volle rote. Die Augen funkeln vor Übermut. Gesang ertönt! Schweizer Lieder mit Berliner-, Breslauer-, Münchener- usw. Mischung.

Die vormals schwer unterernährten Kinder singen, sind bester Laune und wunderbar gewachsen. Das bringt uns zu einer weiteren historischen Arbeit, und zwar zu der von Fritz Goldstein [92]. Er veröffentlichte Beobachtungen an 512 Waisenkindern und Kindern aus unterprivilegierten Familien. Auch hier geht es um Wiederauffütterung von chronisch unterernährten Kindern. Auch diese Kinder waren klein und leicht, aber bezogen auf die Körperhöhe waren sich nicht zu mager. Bei ihnen nahm die Wiederauffütterung einen ganz anderen Verlauf. Diese Kinder holten ihr Körperhöhendefizit nicht auf, sie hatten kein Aufholwachstum. Stattdessen wurden sie fett, besonders die pubertierenden Jugendlichen. Goldstein gibt detaillierte Informationen über die Ernährung – eine im Wesentlichen unauffällige übliche Mischkost, unter der diese Kinder hätten wachsen sollen. War aber nicht so.

Goldsteins Kinder waren keine Kinder, die vor dem Krieg in einem intakten sozialen Umfeld groß geworden waren, es waren Waisenkinder. Waisenkinder wachsen im Allgemeinen schlechter als Kinder aus intakten Familien. Die historischen Beobachtungen zeigen deutlich, dass sich der Kleinwuchs dieser Kinder nicht durch die Ernährung ausgleichen lässt. Es sind die sozialen Umstände. Und weil Goldsteins Waisenkinder trotz guter Ernährung Waisenkinder bleiben, nützt ihnen die bessere Ernährung auch nichts. Die Arbeit wiederholt auf eindrucksvolle Weise Schlesingers Beobachtung [93], dass

---

[7] Der Begriff „Skrofulose" wird heute nicht mehr verwendet und umfasste mehrere Krankheitsbilder, im Allgemeinen chronische Entzündungen der Lymphdrüsen und der Haut von Kindern, oft verursacht durch chronische Mittelohrentzündungen. Der Begriff wurde nicht immer klar von der Tuberkulose abgegrenzt.

das Längenwachstum des Kindes weitgehend unabhängig von Umfang und Art der Ernährung ist … Selbst bei schweren Ernährungseinschränkungen sind die Beeinträchtigungen des kindlichen Wachstums ausgesprochen gering und treten langsam und verzögert auf.

Auch in den folgenden Jahren erscheinen immer wieder Kommentare zu Wachstums- und Gewichtsentwicklung in Abhängigkeit von der Ernährung – aber grundsätzlich und immer wieder mit dem deutlichen Hinweis auf die episodenhafte, flüchtige und zeitlich begrenzte Natur der ernährungsbedingten Wachstumsstörung.

Natürlich fanden wir in den Magazinen der Bibliothek auch anderes, Erheiterndes und absonderliche historische Vorstellungen, die längst in Vergessenheit geraten sind. Das wollen wir Ihnen nicht vorenthalten, denn es zeigt, wie episodenhaft auch unser Wissen ist. Was heute als Wahrheit gilt, ist morgen überholt. Über den Pubertätsschwachsinn schrieb L. Scholz [94], was wenig später in der *Zeitschrift für Schulgesundheitspflege* aufgegriffen wird. Dort steht:

> Der Verfasser versteht darunter (dem Pubertätsschwachsinn – Anm. d. A.) einen selbständigen Krankheitsvorgang. Gleichzeitig mit oder bald nach der Pubertätsentwicklung bildet sich bei bisher ganz oder annähernd gesunden Individuen in verhältnismäßig kurzer Zeit ein dauernder Zustand geistiger Schwäche aus, der nicht etwa den Charakter einer einfachen Entwicklungshemmung (Imbecillität), sondern den eines wirklichen Rückganges trägt. Der Schwachsinn setzt bald schleichend ohne akute Symptome, bald mit mehr oder minder heftigen psychischen Reizerscheinungen ein und verläuft unter den verschiedensten Formen von vorwiegend expansivem, depressivem oder paranoischem Charakter; er kann auf jeder Stufe Halt machen und zu schwerer geistiger Verarmung teils sofort, teils nach und nach in einzelnen Schüben führen. Die Natur des cerebralen Vorganges ist unbekannt, erbliche Belastung nicht für alle Fälle zuzugeben. Die Pubertät bildet die Gelegenheitsursache, den Boden, welchem die Psychose manche eigentümlichen Symptome verdankt.

Und wir wollen diesen Abschnitt mit einem außerordentlich schrägen Beitrag beschließen, den wir beim Stöbern in derselben Zeitschrift von 1896 gefunden haben. Er hat mit Wachstum nichts zu tun, aber zeigt auf beeindruckende Weise, wie dicht beieinander großartige und nachhaltige Beobachtungen und groteske Verirrungen von Wahrnehmung und Interpretation liegen. In gewisser Weise ähnelt dieser Beitrag der bizarren Nobelpreisrede von Herrn Fogel von vor 30 Jahren. Wir hoffen nur, dass nicht in 100 Jahren Ähnliches auch über uns gesagt wird. Natürlich schreiben wir dieses Buch auf der Grundlage heutigen Verständnisses. Wir können noch nicht wissen, welche dieser Publikationen nachhaltig sein werden und welche in einigen Jahrzehnten ähnlich bizarr erscheinen. Nun aber zur Frage, warum Frauen nicht studieren sollten. Hier werden zwei der damals bekanntesten medizinischen Koryphäen zitiert: die Professoren Waldeyer aus Berlin[8] und Krafft-Ebing aus

---

[8] Heinrich Wilhelm Gottfried Waldeyer (1836–1921) war von 1898 bis 1899 Rektor der Friedrich-Wilhelms-Universität Berlin. Er war stellvertretender Vorsitzender der Berliner Gesellschaft für Anthropologie, Ethnologie und Urgeschichte, Ehrenmitglied dieser Gesellschaft, ordentliches Mitglied der Preußischen Akademie der Wissenschaften; korrespondierendes Mitglied der Bayerischen Akademie der Wissenschaften, Vorsitzender der Gesellschaft deutscher Naturforscher und Ärzte … die Liste seiner bei Wikipedia genannten Auszeichnungen ist noch länger.

Wien[9]. Und stören Sie sich nicht an der antiquierten Rechtschreibung - wir fanden das einfach nur charmant, es gehört zu den alten Texten.

Die Zulassung weiblicher Studierender zur Universität ist insofern auch eine Frage von hygienischer Bedeutung, als es zweifelhaft erscheint, ob das weibliche Geschlecht den Anforderungen des Studiums in geistiger und körperlicher Beziehung gewachsen ist. Der preussische Unterrichtsminister Dr. Bosse hat zwar vor kurzem einer Dame die Genehmigung zur Ablegung der Maturitätsprüfung in Sigmaringen erteilt und auch die Zulassung weiblicher Personen zu den Vorlesungen einzelner Universitätslehrer nicht ohne weiteres ausgeschlossen, es andererseits aber für nötig gehalten, in einem an den Oberbürgermeister von Köln gerichteten Schreiben vor einer Verallgemeinerung der humanistischen und späteren Fachstudien von Frauen dringend zu warnen. Zugleich haben zwei bekannte Professoren, der Anatom Waldeyer in Berlin und der Psychiater Krafft-Ebing in Wien, ihre warnende Stimme erhoben. Der erstere betonte auf dem jüngsten Anthropologenkongresse in Kassel die trotz aller Behauptungen der Emancipationsanhänger und Socialdemokraten bestehenden körperlichen Unterschiede zwischen Mann und Weib, vor allem in Bezug auf die Zusammensetzung und Menge des Blutes. Es ist eine der bestbegründeten Lehren in der Medizin, dass das Blut der Frauen specifisch leichter, wasserreicher und ärmer an wirksamen Bestandteilen, an roten Blutkörperchen und rotem Blutfarbstoff, ist als dasjenige der Männer. Diese Differenz ist nicht aus Verschiedenheiten in der Lebensweise, Ernährung usw. zu erklären, sondern in Anlage und Bau des Organismus begründet und dem Geschlecht als solchem eigentümlich ... Nun bildet aber das Blut einen Faktor, der für die Funktion des Gehirns von der höchsten Bedeutung ist. Von sämtlichen Körperorganen erscheint das letztere als dasjenige, welches bei ungenügender Blutversorgung am stärksten leidet und überhaupt auf Änderungen in der Verteilung, der Menge oder der Zusammensetzung des Blutes am empfindlichsten reagiert. Man beobachtet z. B. bei grösseren Blutverlusten Schwindel, Flimmern oder Schwarzwerden vor den Augen, Ohrensausen, Verminderung des Bewusstseins bis zur Ohnmacht. Analoge Verhältnisse finden wir bei Abnahme der Leistung des Herzens, sowohl infolge von eigentlichen Herzfehlern, als auch nach erschöpfenden Krankheiten, weil in diesem Falle die Blutversorgung des Gehirns durch die Herzthätigkeit nicht ausreicht. Endlich treten die genannten Störungen auch bei allgemeiner Blutarmut auf, mag dieselbe nun bedingt sein durch die Abnahme der Gesamtblutmasse, oder durch Verminderung der wirksamen Bestandteile des Blutes, der roten Blutkörperchen und des Blutfarbstoffes. Aus allem dem darf man schliessen, dass die Leistungsfähigkeit des weiblichen Gehirns für schwierige geistige Arbeiten im allgemeinen geringer als diejenige der männlichen ist. Professor Krafft-Ebing aber schliesst in seiner neuesten Abhandlung: Die gesunden und kranken Nerven eine Erörterung über die Frauenemancipation mit den Worten: „Mag auch das Weib virtuell befähigt sein, auf vielen Arbeitsgebieten mit dem Manne in Konkurrenz zu treten, so war doch seine Bestimmung bisher durch Jahrtausende eine ganz andere. Die zur Vertretung eines sonst dem Manne allein zukommenden wissenschaftlichen oder künstlerischen Berufes nötige aktuelle Leistungsfähigkeit des Gehirns kann vom Weibe erst im Laufe von Generationen erworben werden. Nur ganz vereinzelte, ungewöhnlich stark und günstig veranlagte weibliche Individuen bestehen schon heutzutage erfolgreich die ihnen durch die modernen socialen Verhältnisse aufgezwungene Konkurrenz mit dem Manne auf geistigen Arbeitsgebieten. Die grosse Mehrzahl läuft Gefahr, dabei zu unterliegen; die Zahl der Besiegten und Toten ist ganz enorm."

---

[9] Richard von Krafft-Ebing (1840–1902) war ein berühmter Psychiater, schrieb ein Lehrbuch der Psychiatrie, und sein wohl bekanntestes Buch, die *Psychopathia sexualis*, war ein Standardwerk des späten 19. Jahrhunderts zur Sexualität. Auch er war ein Mitglied zahlreicher wissenschaftlicher Gesellschaften.

Heute sehen wir den Beitrag der beiden Experten als eine absonderliche Verirrung, ein absurdes Gespinst unzulässiger Assoziationen, vergleichbar mit der Korrelation von Geburtenrate und der Anzahl von Störchen. Die niedrigere Zahl „an roten Blutkörperchen und rotem Blutfarbstoff", die bei Frauen tatsächlich anzutreffen ist, lässt selbstverständlich keine Rückschlüsse auf die „Leistungsfähigkeit für schwierige geistige Arbeiten" zu. Die Begründung für diese bizarre Schlussfolgerung – die ebenfalls unstrittige Tatsache, dass „bei größeren Blutverlusten Schwindel, Flimmern oder Schwarzwerden vor den Augen" auftritt – klingt ebenfalls eher wie die Legende vom Storch und dem Kinderkriegen. Allerdings müssen wir gestehen, wir wissen nicht, was diese renommierten Wissenschaftler zu diesen seltsamen Ansichten bewogen hat. Vielleicht haben sie wichtige Erfahrungen gesammelt, die verloren gegangen sind, oder sie sind nur einem Zeitgeist gefolgt, den wir schon seit Jahrzehnten nicht mehr akzeptieren.

Wir fanden sehr viel! Machen Sie sich die Mühe und gehen Sie selber in diese großartigen Bibliotheken! Es ist bedauerlich, dass sich fast niemand mehr in die Lesesäle dieser Einrichtungen verirrt. In den vier Tagen unseres Aufenthalts sahen wir einzelne Mitarbeiter mit einzelnen Büchern, die hin- und hergeschoben wurden. Die Millionen Bände alter Literatur auf den kilometerlangen Bücherregalen blieben unberührt. Sie sind vergessen. Sie sind nur zum kleinsten Teil digitalisiert und bisher über Suchmaschinen nicht erreichbar. Weder die törichten Veröffentlichungen noch die großartigen. Das Wissen von vor Mitte des 20. Jahrhunderts wird von modernen Wissenschaftlern meist nicht mehr wahrgenommen. Und so fängt in vielen Bereichen alles immer wieder von vorn an.

Was nach dem Lesen aller dieser Publikationen bleibt, ist, dass Psyche und Soziales das Wachstum der Menschen beeinflussen.

13. Faden: Die Psyche und das Soziale

Von Herrn Villermé, der schon vor über 200 Jahren die Schwierigkeiten, Mühen und Entbehrungen in der Kindheit und Jugend und die begleitenden Umstände der Armut als Ursachen für das Kleinsein erkannte

„Der König, der sein liebes Kind vor dem Unglück gern bewahren wollte, ließ den Befehl ausgehen, dass alle Spindeln im ganzen Königreiche verbrannt werden." So heißt es im Märchen. Aber wir schreiben kein Märchen, und hier geht es auch nicht um die 13. Fee, sondern um den 13. Faden. Das ist ein wichtiger Faden. Zu erfahren, dass weder Ernährung noch Genetik noch irgendeiner der vielen anderen guten und wohlbekannten Gründe plausible Erklärungen für die Variabilität des kindlichen Wachstums abgibt, wirkt frustrierend. Wir sahen, dass nicht einmal Krieg und Hungersnöte – sofern sie nicht über Jahrzehnte andauern – das Wachstum nachhaltig beeinflussen. Und nun sollen es Psychologie und Soziologie sein? Was haben Psychologen mit dem Wachstum der Knorpelzellen zu tun? Und warum sind die Leute aus der Oberschicht größer als die aus den unteren sozialen Schichten? Schon die Bronzezeit-Könige waren größer als ihr Volk [95]. Ist da nicht doch ein bisschen Ernährung im Spiel – oder alles zusammen? Auch wir wollten uns nicht mit diesem Stand der Erkenntnis zufriedengeben und sammelten weiter Literatur.

Unter den Ersten, die die soziale Komponente bei der Beschreibung von Wachstum hervorhoben, war neben Edwin Chadwick, den wir bereits erwähnten, auch der französische Hygieniker Louis René Villermé (1782–1863). Villermé war in der napoleonischen Zeit Militärchirurg. Basierend auf Militärdaten der Jahre 1812 und 1813 schreibt er 1829 [96]:

> Der Körper des Menschen wird höher, und sein Wachstum ist früher abgeschlossen, wenn das Land reich und Wohlstand weit verbreitet ist. Wenn Kleidung und vor allem Nahrung gut sind und wenn die Schwierigkeiten, Mühen und Entbehrungen in der Kindheit und Jugend gering sind. Mit anderen Worten: Armut, d. h. die sie begleitenden Umstände, führt zu einer geringeren Körperhöhe und verzögert die Periode der vollständigen Entwicklung des Körpers.

© Der/die Autor(en), exklusiv lizenziert an Springer-Verlag GmbH, DE, ein Teil von Springer Nature 2024
M. Hermanussen, C. Scheffler, *Größenwahn*, https://doi.org/10.1007/978-3-662-69580-7_17

Diese Beobachtung könnte aus einer modernen Publikation stammen. Natürlich wird die Ernährung genannt, aber auch die „Schwierigkeiten, Mühen und Entbehrungen in der Kindheit und Jugend" und die begleitenden Umstände der Armut werden erwähnt. Villermé hat erstmals die emotionalen und die sozialen Facetten des menschlichen Wachstums mit im Blick und bemerkt früh die Zusammenhänge zwischen den Körpermaßen von Menschen und ihren Lebensumständen, zwischen sozialer Herkunft, Beruf und Lebenserwartung. Schon er äußert sich zu seiner Zeit sehr kritisch zu den Zuständen in den damaligen Findelhäusern. Aber davon später.

14. Faden: Der „community effect on body height"

Von einem seltsamen Effekt, der Menschen ihre Körperhöhe aufeinander abstimmen lässt

Als „community effect on body height" bezeichnen wir den Effekt der sozialen Interaktion auf das Wachstum und die Körperhöhe von Mitgliedern derselben Gruppe. Dieser Effekt führt dazu, dass Menschen im Wachstumsalter ihre Körperhöhe aufeinander abstimmen. Mitglieder derselben Gruppe versuchen, auch hinsichtlich ihrer Körperhöhe ähnlich zu werden.

Wir sprachen bereits von der Variationsbreite der Körperhöhe. Sie beträgt üblicherweise etwa 3,5–3,7 % der Körperhöhe und ist – verglichen mit der Variation anderer Körpermaße – klein. 95 von 100 erwachsenen Personen desselben Geschlechts, die in räumlicher Nähe zueinander leben, variieren in der Körperhöhe um plus/minus 12–14 cm. Vergleichen Sie dies mit der Variation an Körpergewicht. Da wiegen manche deutlich über 100 kg, während andere kaum mehr als die Hälfte davon auf die Waage bringen.

Im 19. Jahrhundert waren die Europäer klein, und zwar alle Europäer. Auch unter ihnen variierte die Körperhöhe nicht mehr als um etwa plus/minus 12–14 cm. Weniger als 1 % der holländischen Rekruten von 1865 war größer als 180 cm, während heute kaum ein einziger gesunder junger Niederländer kleiner ist als 163 cm, was der mittleren Körperhöhe von vor 160 Jahren entspricht. Das Irritierende an dieser Feststellung ist, dass es den Leuten aus den oberen sozialen Schichten auch früher nicht schlecht ging. Sie hatten gut zu essen – wer versucht sich nicht gelegentlich an urgroßmütterlichen Rezepten, oder denken Sie an die vielen Bemerkungen zum üppigen Essen in den *Buddenbrooks* von Thomas Mann oder die Rezeptesammlung aus dem 19. Jahrhundert aus dem 9. Faden [43]. Diese Leute waren auch nicht chronisch krank, sie hatten dieselbe Genetik wie ihre großwüchsigen Nachfahren, und sie waren wohlhabend. Es gab also keinen ersichtlichen biologischen Grund für eine Wachstumsstörung. Trotzdem waren sie allesamt klein – wie die indonesischen Kinder in Abb. 7.

© Der/die Autor(en), exklusiv lizenziert an Springer-Verlag GmbH, DE, ein Teil von Springer Nature 2024
M. Hermanussen, C. Scheffler, *Größenwahn*,
https://doi.org/10.1007/978-3-662-69580-7_18

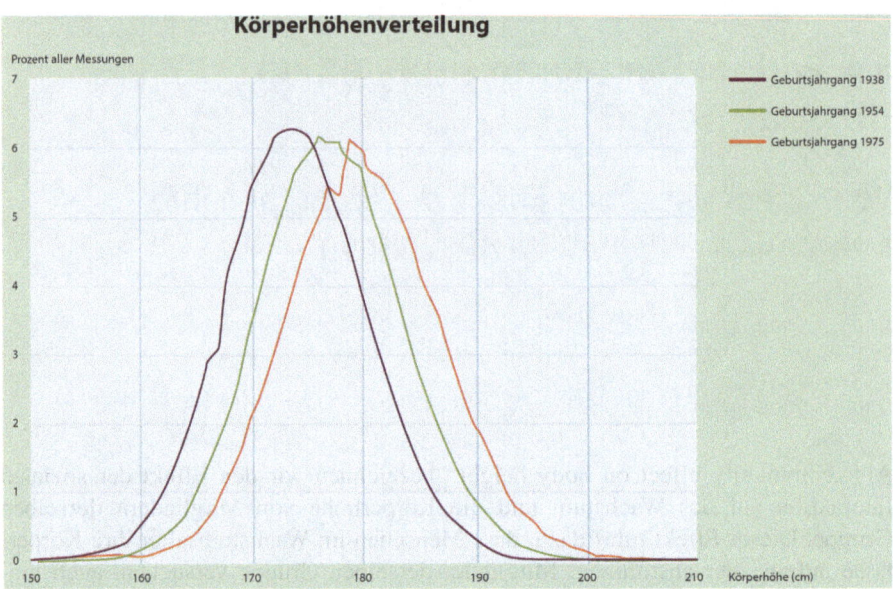

Abb. 9 Körperhöhenverteilungen westdeutscher Wehrpflichtiger der Geburtsjahrgänge 1938, 1954 und 1975. Die Abbildung illustriert den „community effect on height". Wie bereits von Sir Francis Galten beobachtet, hängen die Körperhöhen von Personen einer Gruppe voneinander ab. Wenn die mittlere Körperhöhe im Laufe der Zeit zunimmt, werden alle Personen größer, auch die, die gar nicht unmittelbar von den ökonomischen oder sozialen Segnungen der neuen Zeit profitieren. profitieren. Und eine kleine Nebenbemerkung: Die Abbildung gibt ein augenfälliges Beispiel für das in der Statistik so genannte „Gesetz der großen Zahl". Die Gaußschen Verteilungen der Jahrgänge 1938 und 1954 sehen sehr regelmäßig aus. Die Verteilung des Jahrgangs 1975 dagegen eher etwas zittrig. Während in den Geburtsjahrgängen der frühen Bundesrepublik fast alle jungen Männer gemustert wurden (das waren fast 400.000 des Jahrgangs 1938 und gut 300.000 des Jahrgangs 1954), waren es nur noch 180.000 im Jahrgang 1975

In Abb. 9 zeigen wir drei Körperhöhenverteilungen westdeutscher Wehrpflichtiger. Die Wehrpflichtigen des Geburtsjahrgangs 1938 waren im Mittel 174,0 cm groß, die Wehrpflichtigen des Jahrgangs 1954 waren 177,2 cm und die Wehrpflichtigen von 1975 waren 180,1 cm groß. Nur rund 6 % aller Wehrpflichtigen sind „mittelgroß", d. h. sie besetzen die mittlere Zentimeterklasse. Die anderen verteilen sich darüber und darunter. Abb. 9 zeigt die Unterschiede in den Mittelwerten und gleichermaßen die Konstanz in der Form der drei Verteilungen. Während im Jahrgang 1938 noch 29 % aller jungen Männer 170 cm oder kleiner waren, waren es im Jahrgang 1954 noch 15 % und im Geburtsjahrgang 1975 nur noch 8 %. Auf der Seite der Hochgewachsenen sehen wir das gegenläufige Bild: Nicht einmal einer von 100 der 1938 geborenen wurde größer als 190 cm, während von den 1975 geborenen bereits 2 genau 190 cm groß wurden und 5 von 100 noch größer. Früher war niemand wirklich groß, auch nicht die ganz Gesunden und ganz Wohlhabenden; heute bleibt niemand wirklich klein. Dieses seltsam gleich bleibende Verteilungsmuster der Körperhöhe zeigt sich weltweit und wurde erstmals 1863 von Elliot bei US-amerikanischen Soldaten beschrieben und auf einem Statistikerkongress in Berlin vorgetragen [97].

Wir hatten von den Musterungsuntersuchungen vor und nach der deutschen Wiedervereinigung und von den Überlegungen zu möglichen Effekten eines Sich-von-Angesicht-zu-Angesicht-Sehens gesprochen. Diese Idee hat uns nie losgelassen, aber in den 1990er-Jahren waren die Überlegungen noch zu früh, zumal niemand eine Vorstellung davon hatte, welcher physiologische Mechanismus einer solchen Regulation zugrunde liegen könnte. Was wäre, wenn Von-Angesicht-zu-Angesicht tatsächlich das Wachstum beeinflusst? Was wäre, wenn Kinder und Jugendliche „Strategien" entwickelten, um ihre Körperhöhen einander anzupassen? Dass man nicht „irgendwie groß" wird, sondern unter Berücksichtigung der Körperhöhe der Kumpels gezielt – wenn auch unbewusst – eine ganz bestimmte Größe anvisiert? Zwanzig Jahre später wagten wir einen Versuch. Wir baten einen Schweizer Kollegen um Daten aus der Ersten Züricher Longitudinalstudie[1] [98]. Der Züricher Kinderarzt und Endokrinologe Andrea Prader hatte in den Jahren 1954–1956 begonnen, gesunde Schweizer Kinder in halbjährlichen Abständen von Geburt bis zum Erwachsenenalter zu untersuchen. Es waren Daten zu Gewicht und Körperhöhe, zu Skelettalter und Pubertätsentwicklung. Alle Kinder kamen aus der Stadt Zürich, sie kannten sich eventuell persönlich – das ließ sich nicht mehr klären –, aber sie wuchsen auf jeden Fall in einem sehr ähnlichen Umfeld auf.

Wir diskutierten also mögliche Effekte auf das Wachstum, die von der „community", der sozialen Gruppe, gesteuert werden. Wir hatten die Vorstellung, dass Kinder und Jugendliche vermeiden, wesentlich größer oder wesentlich kleiner zu sein als ihre Gruppenmitglieder, ihre Peers. Sie orientieren sich am Mittelwert und praktizieren „social identity". Das ist das Zauberwort [99]. Tajfel und Turner schreiben in einem Buch von Worchel und Austin [100]:

> Soziale Identität ist der Teil des Selbstkonzepts einer Person, der sich aus der wahrgenommenen Zugehörigkeit zu einer relevanten sozialen Gruppe ergibt. Gruppenidentifikation und das Signalisieren von Identität erleichtern die Bevorzugung der eigenen Gruppe und die Abwertung der anderen Gruppe und formen gemeinsame Ziele und soziale Normen.

Gruppenidentifikation und Gruppennormen gelten nicht nur für Kleidung und Benimm, sondern auch für das Rauchen [101], das Trinkverhalten [102] und den Body Mass Index [101]. Wer neu dazustößt, passt sich an. Migrantenkinder orientieren sich sogar mir der Körperhöhe an der neuen Umgebung [103, 104].

Wir fanden rechnerische Hinweise, dass die Züricher Kinder Korrekturen ihrer Wachstumsraten vornehmen. Sie gleichen die Körperhöhen untereinander an, indem sie ihre Wachstumsgeschwindigkeit an die durchschnittliche Körperhöhe der Gruppe anpassen. Wer relativ groß ist, wächst im jeweils folgenden Jahr schlechter als der, der relativ klein ist. Die Korrektur ermöglicht ein „im Schwarm zu schwim-

---

[1] Longitudinale Wachstumsstudien sind Studien, in denen eine bestimmte Gruppe von Kindern über mehrere Jahre, bestenfalls von Geburt an, in bestimmten, zumeist jährlichen oder halbjährlichen Abständen untersucht und gemessen werden. Im Gegensatz zu den longitudinalen Studien gibt es auch so genannte Querschnittsstudien, bei denen Kinder und Jugendliche unterschiedlichen Alters, also ein Querschnitt aus der Bevölkerung, jeweils nur einmal gemessen werden.

men". Keiner wird zu groß, keiner bleibt zu klein [105]. Der „community effect on height" erklärt, warum Körperhöhen innerhalb einer Gruppe so wenig variieren, selbst wenn sich der Mittelwert der Körperhöhe deutlich ändert.

Allerdings gelingt eine solche Größenanpassung nicht immer allen. Sie kennen die Qual der Jugendlichen, die sich zu groß fühlen. Gerade bei den Frühreifen sieht man das: Sie ducken sich, ziehen den Kopf ein und möchten nicht als die Leuchttürme ihrer Gruppen angesehen werden.

In den folgenden Jahren mehrten sich die Hinweise, dass ein „community effect on height" nicht nur bei Züricher Kindern besteht, sondern auch bei Schweizer Wehrpflichtigen [106]. Die Wehrpflicht ist in der Schweiz seit 1875 obligatorisch, die Messmethode ist standardisiert. Bis heute müssen immer noch über 90 % aller jungen Männer zur Armee. Die Schweiz ist ein kleines und von Gebirgsketten und Seen zerteiltes Land. Politisch ist sie in 26 unabhängige Kantone und jeder Kanton in mehrere Bezirke unterteilt. Zwei Drittel der Bevölkerung sprechen deutsch, etwa 20 % französisch, etwa 7 % italienisch und weniger als 1 % rätoromanisch. Die ausgeprägten geografischen und sprachlichen Barrieren in Kombination mit der langjährigen politischen Stabilität machen die Schweiz zu einer idealen Region, um den Einfluss geografischer Barrieren und andererseits von nachbarschaftlicher Nähe, von Sich-jeden-Tag-Sehen-Können, auf die Körperhöhe zu untersuchen.

Wir nutzten Daten der Jahre 1884–1891, 1908–1910 und 2004–2009 und bauten eine kleine virtuelle „Modellschweiz": In einem ersten Schritt verbanden wir die 169 Bezirkshauptstädte mit den tatsächlich bestehenden Hauptstraßen. Über dieses virtuelle Netz von 345 Straßen wurden „Nachbarn erster Ordnung" definiert. Nachbarn erster Ordnung sind Bezirkshauptstädte mit direkter Straßenverbindung untereinander, und diese Verbindungen bestanden mit wenigen Ausnahmen bereits im späten 19. Jahrhundert, so dass sich das Modell problemlos über den Zeitraum von 1884–2009 rechnen ließ. Um die physische Verbundenheit noch besser widerzuspiegeln, ignorierten wir zehn hoch gelegene und wenig befahrene Passverbindungen. So entstand ein Netz von 169 Bezirkshauptstädten und 335 Straßen. Die Anzahl von Nachbarn pro Bezirkshauptstadt reichte von Null (Poschiavo liegt hinter den Bergen und ist nur über einen Pass erreichbar, den wir gestrichen hatten) bis 11 (Bern liegt gut vernetzt in der Ebene). Das Modell zeigt, dass Körperhöhe von nachbarschaftlicher Nähe abhängt. Bezirke mit geringer Körperhöhe grenzen an Bezirke mit geringer Körperhöhe, Bezirke mit großer Körperhöhe an solche, in denen die Menschen groß sind.

Sehr ähnliche Ergebnisse werden mittlerweile aus weiteren Ländern berichtet, zuletzt aus China [107]. Wer miteinander aufwächst, ist ähnlich groß. Wer viele Nachbarn hat, hält sich ans Mittelmaß, und wer allein ist, wird „irgendwie groß", weil kein Nachbar in sein Wachstum „hineinredet". Darum sind Wehrpflichtige aus Bezirken mit geringer Vernetzung – aus abgelegenen Gebirgsregionen oder auch von Inseln – „maßlos" groß oder „maßlos" klein. Ihnen fehlt die nachbarschaftliche Orientierung , und die Körperhöhen sind zufällig. Mal groß, mal klein. Lange galten die Appenzeller als Zwerge – es gab in den 1990er-Jahren sogar ein Pixi-Buch über die Appenzeller. Wir erinnern noch das Sprüchlein: „In Appenzell, dem Land der Zwerge, saß Kreti auf dem höchsten Berge." Das Phänomen von „besonders groß" und „besonders klein" in den entfernteren Bergregionen hatte schon im 19. Jahrhundert die Anthropologen irritiert: Die einen berichteten, wie klein die Bergbewohner der Schweiz seien – und erfanden gute Gründe für den Minderwuchs –, die anderen beobachteten das Gegenteil – allerdings aus anderen Tälern – und fanden auch dafür gute Gründe, andere Gründe.

Und wer wandert, orientiert sich neu. Migranten richten sich nach ihrem neuen Umfeld aus [104]. Junge Erwachsene, deren Eltern aus Vietnam nach Deutschland kamen, sind fast genauso groß wie ihre deutschen Freunde. Mädchen überragen ihre Mütter im Mittel um fast 4 cm, die Jungen ihre Väter um fast 8 cm [103]. Und als die jungen Leute aus der ehemaligen DDR ihre verhältnismäßig größeren Kumpels aus dem Westen kennenlernten, richteten sie die Körperhöhe nach der neuen Zielgruppe aus. Und die wohlhabenden Bürger des mittleren 19. Jahrhunderts waren allesamt klein, weil sie sich nur untereinander trafen und nicht mit ihren großwüchsigen Urururenkeln.

Ja, aber … Das erklärt doch noch lange nicht, warum die vormals so kleinen Holländer heute so groß sind. Ganz im Gegenteil, eigentlich sollte ein „community effect" zu einer Stabilisierung der Körperhöhen führen. Ist aber nicht so. Und wir haben lange an diesem Problem herumdiskutiert, ohne zu einer plausiblen Erklärung zu kommen. Aber dann kam die erlösende Publikation über Erdmännchen und ihr strategisches Wachstum. Kennen Sie Erdmännchen?

15. Faden: Strategisches Wachstum

Von Erdmännchen, die drei Monate lang zweimal täglich mit einem halben hart gekochten Ei gefüttert wurden, von Schulkindern indonesischer Kolonisten und von der Fähigkeit, das Körperwachstum vorsätzlich auf die soziale Position auszurichten

Strategisches Wachstum kennt man aus der Wirtschaft. Es bedeutet: vorsätzliches, beabsichtigtes Wachstum. Es ist das Ergebnis einer strategischen Initiative und nicht zufällig aufgrund unkontrollierbarer Marktkräfte. Auch Biologen verwenden diesen Begriff. Es geht um beabsichtigtes Wachstum – sofern man von bewusst und beabsichtigt bei Tieren sprechen kann. Die großartige Publikation über Erdmännchen und ihr strategisches Wachstum von Elise Huchard und ihren Kollegen aus der Arbeitsgruppe von Tim Clutton-Brock gab unseren Überlegungen eine völlig neue und unerwartete Wendung. Die Autoren hatten eine Arbeit zu konkurrierendem (kompetitivem) Wachstum bei Erdmännchen publiziert [108]. Es geht um soziale Hierarchien, um dominante und untergeordnete Tiere, man könnte sagen um Influencer und Follower. Und es ging darum, dass diese Tiere ihre Wachstumsraten nach sozialen Gesichtspunkten anpassen. Huchard schreibt:

> Bei wilden Kalahari-Erdmännchen (*Suricata suricatta*) reagieren untergeordnete Tiere beiderlei Geschlechts auf experimentell ausgelöste Wachstumssteigerungen eines gleichgeschlechtlichen Rivalen mit einem Wachstumsschub und gesteigerter Nahrungsaufnahme. Wenn Tiere einen dominanten Status erlangen, wachsen sie schneller, und das Ausmaß dieser Wachstumsbeschleunigung nimmt zu, wenn der Unterschied zwischen dem eigenen Gewicht und dem Gewicht des schwersten Rivalen in ihrer Gruppe gering ist. Individuen passen ihr Wachstum an die Größe ihres nächsten Konkurrenten an.

Grämen Sie sich nicht wegen des Wortlauts. Natürlich haben wir den Text schon ein bisschen vereinfacht, aber das Ganze bleibt schwer verständlich. Die Sprache von Wissenschaftlern ist eben doch ein bisschen wie Kirchenlatein. Aber der Text ist nicht nur sprachlich schwer verständlich, auch inhaltlich gibt er zu denken (Abb. 10).

© Der/die Autor(en), exklusiv lizenziert an Springer-Verlag GmbH, DE, ein Teil von Springer Nature 2024

M. Hermanussen, C. Scheffler, *Größenwahn*,
https://doi.org/10.1007/978-3-662-69580-7_19

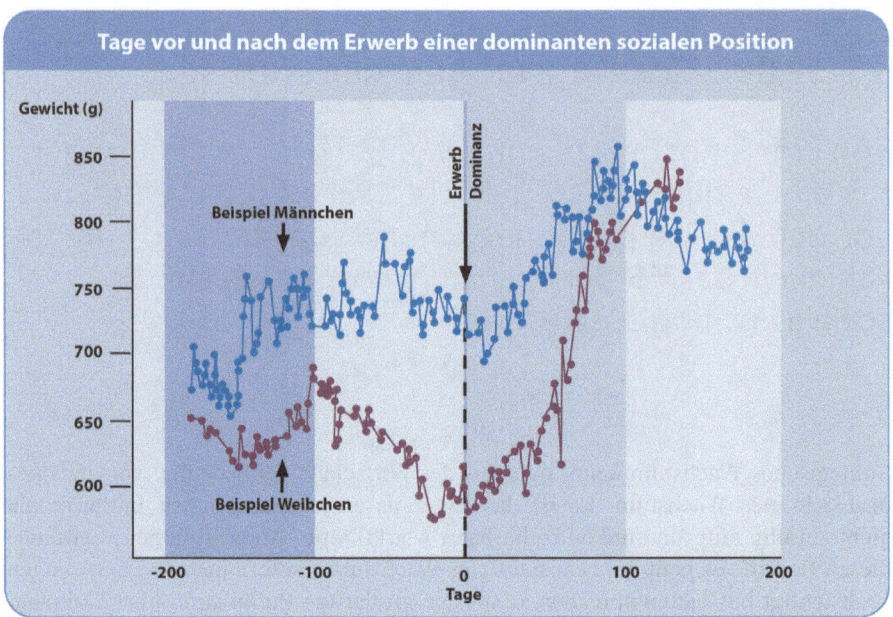

Abb. 10 Gewichtsentwicklung eines männlichen und eines weiblichen Erdmännchens vor und nach dem Erwerb einer dominanten sozialen Position. Das Bild zeigt beispielhaft, wie zeitnah – innerhalb weniger Wochen – bei diesen Tieren die Umsetzung von sozialer Dominanz in Wachstum erfolgt. (Verändert nach [108])

Er scheint nämlich dem zu widersprechen, was wir auf den vergangenen Seiten vorgetragen haben: Erstens die Kombination von Wachstum und Nahrungsaufnahme und zweitens die Tatsache, dass sich einzelne Tiere aus ihrer „community" lösen und schneller als die anderen wachsen. Wo, bitte schön, ist also der „community effect"?

Punkt 1 ist rasch zu erklären. So genannte „erwachsene" Erdmännchen sind zwar geschlechtsreif, aber sie sind nicht ausgewachsen. Viele kleine Säuger wachsen ein Leben lang – ihr Leben ist verhältnismäßig kurz, und die physiologisch mögliche Lebenserwartung der Knorpelzellen in ihren Epiphysenfugen ist länger als die Lebenserwartung des ganzen Tieres. Das klingt ein bisschen schräg, denn wie sollen die Knorpelzellen weiterleben, wenn das Tier verstirbt? Aber es geht hier um die mögliche Lebenserwartung. Am Lebensende eines Erdmännchens könnten seine Knorpelzellen noch weiterwachsen, wenn das betreffende Erdmännchen noch länger leben würde. Beim Menschen ist das anders. Wir werden so alt, dass unsere Epiphysenfugen schon lange vor dem Ende unserer persönlichen Lebenserwartung nicht mehr wachsen können. Wir erreichen unsere Endgröße im jungen Erwachsenenalter, Erdmännchen erreichen ihre Endgröße am Ende ihres Lebens.

Und dann zur Nahrung: Vorübergehende Überfütterung macht nicht nur dick, sondern beschleunigt auch den Wachstumsvorgang. Auch beim Menschen. Dicke Kinder sind im Allgemeinen große Kinder. Aber sie sind nicht dauerhaft größer als die anderen, sie reifen und altern schneller. Sie erinnern sich an den IGF-1-Mangel, der nicht nur den Zellstoffwechsel von Knorpelzellen auf Sparflamme laufen lässt, sondern auch den vieler anderer Zellen. Und die Lebenserwartung verlängert. Überfütterung macht das Gegenteil von Sparflamme, es macht Buschfeuer. Das ist einer der vielen Gründe, warum die mittlere Lebenserwartung von dicken Menschen geringer ist als die von den mageren. Dicke haben einen höheren Stoffwechsel, sie leben schneller und sind früher mit dem Leben fertig. „Pace-of-Life-Syndrom" (POLS) ist der Begriff dafür in der Fachwelt und kennzeichnet die Variation in der Geschwindigkeit, mit der gelebt wird: Individuen am „schnellen" Ende von POLS haben einen höheren Stoffwechsel und sterben früher als Individuen am „langsamen" Ende [109].

Punkt 2, dass sich einzelne Tiere aus ihrer „community" lösen und schneller als die anderen wachsen, ist genau der springende Punkt. Natürlich besteht der „community effect on height", aber innerhalb einer „community" sind nicht alle gleich. Wir erwähnten schon: Größe ist ein Signal. Größe signalisiert Führungsanspruch – gleichgültig, ob der Führer als Führer geeignet ist oder nicht. Der Führer tut so, als sei er der Führer. Und Frau Huchard bemerkte, dass die Verknüpfung von Groß und Führungsanspruch oder Dominanz auch andersherum gilt: Wer dominant ist und Führungsanspruch geltend machen will, wächst besser. Das ist aufregend und neu. Körpergröße lässt sich offenbar unter sozialen Gesichtspunkten strategisch nachbessern.

In dieser Arbeit berichten die Autoren aus einer seit 24 Jahren laufenden Studie an mehr als 60 Gruppen wild lebender Erdmännchen. Sie hatten die Tiere trainiert, auf elektronische Waagen zu klettern und sich auf diese Weise dreimal täglich wiegen zu lassen.

Weiter lesen wir bei Huchard:

> Erdmännchen leben in Gruppen von 3 bis 50 Individuen, wobei 90 % der Fortpflanzung von einem einzigen dominanten Paar bestritten wird. Untergeordnete Tiere beider Geschlechter tragen zu aufwendigen kooperativen Aktivitäten bei. Das beinhaltet die Fütterung von Jungtieren, Babysitten und Bewachung der Jungtiere. Erdmännchen bilden innerhalb ihrer Gruppen Hierarchien nach Alter und Gewicht. Stirbt das dominante Weibchen, rückt in der Regel das in der Hierarchie folgende älteste und schwerste Weibchen in die frei gewordene Position zur Fortpflanzung. Männchen verlassen üblicherweise ihre Geburtsgruppen, wenn sie zwei bis viere Jahre alt sind, und versuchen dann, in anderen Gruppen die Männchen zu verdrängen.

Es geht um das Wachstum dominanter und das Wachstum untergeordneter Tiere. Die Autoren suchten für ihre Studie gleichgeschlechtliche Geschwisterpaare aus jeweils denselben Würfen. Sie suchten je ein dominantes, schwereres und ein hierarchisch untergeordnetes, leichteres Tier. Das leichtere Tier wurde dann drei Monate lang zweimal täglich mit einem halben hart gekochten Ei gefüttert. Die Autoren verglichen die Gewichtsentwicklung des dominanten mit der des untergeordneten Geschwistertieres und verglichen beides mit der Entwicklung eines gleichaltrigen, gleichgeschlechtlichen Kontrolltieres aus einem anderen Wurf.

Und was geschieht? Aufgrund der Fütterung wächst das hierarchisch untergeordnete und zunächst leichtere Tier des Geschwisterpaares so gut, dass es sich dem dominanten, größeren Tier gewichts- und größenmäßig annähert. Und diese Größenentwicklung ist eine ernst zu nehmende Provokation für andere. Das domi-

nante Tier muss also gegenhalten und beginnt, ebenfalls Gewicht und Länge zuzu-
legen, und zwar deutlich mehr als die gleichaltrigen Kontrolltiere aus einem anderen Wurf, die nicht in dieses Spielchen von Größe, Dominanz und Konkurrenz eingebunden sind.

Weiter schreiben die Autoren,

> dass erwachsene Tiere, die eine dominante Position einnehmen, ihre Wachstumsraten stra-
> tegisch anpassen. Bei Weibchen nimmt die Dominanz mit der Differenz zwischen ihrem
> eigenen Gewicht und dem Gewicht des schwersten ihrer hierarchisch nachgeordneten
> Weibchen zu.

Und weiter schreiben sie,

> dass hierarchisch nachgeordnete Tiere Veränderungen von Wachstum und Größe potenziel-
> ler Konkurrenten wahrnehmen und mit einer Anpassung ihrer eigenen Gewichtsent-
> wicklung darauf reagieren.
>
> Das Hormonprofil von dominanten Erdmännchen unterscheidet sich von dem hierar-
> chisch nachgeordneter Tiere. Weibchen haben höhere Östradiol- und Progesteronspiegel,
> und bei beiden Geschlechtern haben die dominanten Tiere höhere Cortisolspiegel.

Es gibt also einen neuen Aspekt von „size matters!". Es ist nicht nur die Größe,
die Dominanz und Führungsanspruch signalisiert (Größe → Dominanz). Elise Huchard und ihre Kollegen zeigen, dass auch umgekehrt ein Führungsanspruch das
Wachstum anfeuert und letztlich zu mehr Größe führt (Dominanz → Größe). Dieser
letztere Mechanismus erscheint umso ausgeprägter, je kleiner der Unterschied zum
Konkurrenten ist. Logisch. Man muss sich ja vom Konkurrenten absetzen und „besser", sprich größer, sein.

Der letzte Punkt hebt die Bedeutung der Signalgebung hervor: Je qualifizierter
das Signal – also je größer der Unterschied zum Konkurrenten –, desto geringer die
Notwendigkeit, die Signalgebung zu steigern oder mit großem Risiko um dominante Positionen zu ringen. Andererseits: Je weniger qualifiziert das Signal, d. h. je
ähnlicher die Konkurrenten sind, desto mehr wird in die Optimierung der Signalgebung investiert, und desto härter wird um die Dominanz gerungen. Es kämpft nur
der, der für sich Chancen sieht. Wenn also empfangene Signale auf ein substanziel-
les Machtpotenzial eines Rivalen hindeuten, wird auf den Kampf weitgehend oder
sogar ganz verzichtet. Aber wenn Signale auf vergleichbare Machtpotenziale ver-
weisen, d. h. wenn es so aussieht, dass der Rivale nicht stärker ist als man selbst,
lohnt sich das Kämpfen. Das gilt nicht nur für Erdmännchen, sondern generell.
Peter Buston [110] schreibt – ebenfalls etwas umständlich:

> Bei vielen sozialen Wirbeltieren ist der Konflikt zwischen Individuen dann am intensivsten,
> wenn sie sich in Größe oder Konkurrenzfähigkeit am wenigsten unterscheiden, gerade die
> schärfsten Konkurrenten werden am heftigsten attackiert oder aus der Gruppe vertrieben.
> Aus diesem Grund kann, um das Risiko zu minimieren, das mit Aggression oder Vertrei-
> bung verknüpft ist, die Selektion[1] gerade solche Individuen begünstigen, die klein bleiben.

---

[1] Auslese.

Aha, Großsein muss nicht immer günstig sein. Es weckt Neider. Auch Kleinsein kann Vorteile haben: Man kennt seinen Platz und muss nicht mehr darum streiten.

Die Arbeiten zeigen: Wachstum ist formbar. Dominanz in einer Gruppe stimuliert Wachstum, aber es erhöht auch das Risiko, attackiert zu werden. Wachstum ist eine adaptive, plastische, d. h. formbare Reaktion auf ökologische Bedingungen. Wachstum zeigt „phänotypische Plastizität". Das ist die Fähigkeit, bei gleicher Genetik unterschiedliche Phänotypen zu entwickeln. Wachstum ist konkurrierend, kompetitiv, strategisch.

Was ist ein Phänotyp?
Der Phänotyp bezeichnet das Erscheinungsbild. Er umfasst die Menge aller individuellen Merkmale und bezieht sich nicht nur auf äußere Merkmale, sondern auch auf physiologische Eigenschaften und Verhaltensmerkmale eines Organismus. Der Phänotyp entwickelt sich durch das Zusammenwirken von Erbanlagen (Genexpression) und Umwelteinflüssen. Seit vielen Jahren kennt man die phänotypische Plastizität. Sie kennzeichnet die Fähigkeit eines Genotyps, unterschiedliche Phänotypen als Reaktion auf unterschiedliche Umweltbedingungen zu entwickeln [111, 112]. Als Genotyp bezeichnet man in der Genetik die Gesamtheit der Gene eines Organismus; das sind alle in einem Individuum vorhandenen Erbanlagen.

Wir behaupten an dieser Stelle: Das gilt genauso für uns Menschen. Auch Menschen wachsen strategisch.

Gorter und de Haas [113] berichteten über das Wachstum von 30.000 Schulkindern niederländischer Kolonisten in Indonesien aus der Zeit zwischen den Weltkriegen. Die niederländischen Kinder waren in allen Altersklassen zwischen 6 und 10 cm größer als die indonesischen Kinder und ebenfalls deutlich größer als Gleichaltrige aus den europäischen Niederlanden. Es waren die Kinder der „Herrschaften". Ihre Körperhöhe signalisierte Dominanz. Diese bereits zu Beginn des 20. Jahrhunderts in Indonesien geborenen Kinder waren sogar größer als noch Jahrzehnte später, in der Mitte des 20. Jahrhunderts, geborene Kinder aus den Niederlanden.

Wenn sich Lebensumstände ändern, ändert sich die Körperhöhe. Wenn Kindern und Jugendlichen aus den unteren sozialen Schichten die Vorstellung vermittelt wird, sie könnten sozial aufsteigen, sie könnten später mehr erreichen als ihre Eltern, wenn Hoffnungen auf eine rosige Zukunft entstehen – wir denken hier ganz politisch und haben die Revolutionen und gesellschaftlichen Umbrüche des 20. Jahrhunderts im Auge –, wenn Aussicht auf ein besseres und vor allem auf ein selbstbestimmteres Leben entsteht, dann werden diese Jugendlichen größer. Und denken Sie daran: Es geht um Jugendliche. Jugendliche nehmen ihre Lebensumstände sehr bewusst wahr, und sie wachsen noch. Wenn sich Jugendliche für etwas Besseres halten, wachsen sie besser als Jugendliche, die früh frustriert sind. Strategisches Wachstum ist beim Menschen naturgemäß auf die Wachstumsphase beschränkt.

Wir gehen davon aus, dass die Zeit, innerhalb derer junge Menschen bewusst ihre soziale Umwelt und ihre persönliche Position darin wahrnehmen bzw. eine Vorstellung von ihrer Zukunft in dieser sozialen Umwelt haben, mit der Pubertät bzw. in der frühen Adoleszenz beginnt. Das ist auch das Alter des so genannten pubertären oder adoleszenten Wachstumsschubes. Wer seine gesellschaftlichen Ambitionen erst im Erwachsenenalter, d. h. nach Abschluss des Wachstums, realisiert, kann neu erworbene soziale Positionen nicht mehr mit Hilfe der Körperhöhe signalisieren. Wir werden später noch einmal auf die Diskrepanz zwischen sozialer Stellung und biologischer Signalgebung eingehen, und zwar dann, wenn wir über moderne Autokraten und Despoten reden. Sie ahnten in ihrer Jugend ja noch nichts von ihrem politischen Werdegang und fühlen sich später gezwungen, den Mangel an natürlicher Signalgebung auf anderem Weg zu kompensieren.

Der stärkste säkulare Trend in Deutschland hat sich in den 1920er- und 1930er-Jahren etabliert, trotz Weltwirtschaftskrise und Inflation. Heute wissen wir es, und wir wiederholen es noch einmal: *Revolutionen sind die besten Stimulantien für das menschliche Wachstum.* Nach der Aufhebung der Leibeigenschaft in Russland 1861 stieg die mittlere Körperhöhe russischer Rekruten um mehr als 3 cm in den folgenden 25 Jahren [114]. Aber wir bleiben noch ein wenig bei den Tieren. Buston und Clutton-Brock [110, 115] schreiben weiter:

Strategisches Wachstum als Reaktion auf feine Veränderungen im sozialen Miteinander ist für viele Wirbeltiere belegt. Individuen können ihre aktuelle soziale Position zuverlässig einschätzen und auch ihre zukünftige vorhersagen: Langlebige Individuen und solche, die in stabilen Gruppen leben, können Informationen über Rivalen sammeln und Wachstum und Größe anpassen. Dabei überwiegen die Vorteile einer Wachstums- und Größenanpassung offenbar die „Kosten": Eine Wachstumsanpassung erfordert keine umfassende Umorganisation von sozialen Strukturen. Strategisches Wachstum in jede Richtung wird durch Selektion begünstigt. Strategisches Wachstum findet nicht nur bei sozialen Wirbeltieren statt, sondern auch bei Ameisen, Nesseltieren, Garnelen und Termiten.

Strategisches Wachstum betrifft nicht nur die Gesamtgröße eines Individuums, sondern kann auch einzelne Organe oder Körperteile betreffen. Buston und Clutton-Brock [110] geben zahlreiche Beispiele an, von denen wir nur einen kurzen Ausschnitt zeigen möchten:

Bei Orang-Utans (*Pongo spec.*) entwickeln die älteren und in der Gruppenhierarchie dominanten Männchen auffällige, fleischige Wangenwülste, die für Weibchen attraktiv sind. Daneben gibt es auch die kleineren „Satelliten"-Männchen, die durchaus genauso alt oder älter sein können, aber hierarchisch untergeordnet sind und diese sekundären Geschlechtsmerkmale[2] nicht zeigen (obwohl sie ebenfalls versuchen, sich zumindest heimlich mit

---

[2] Sekundäre Geschlechtsmerkmale sind abhängig von Sexualhormonen und kennzeichnen das geschlechtstypische Erscheinungsbild von weiblichen und männlichen Individuen. Sie steigern die Attraktivität gegenüber dem anderen Geschlecht, auch das Durchsetzungsvermögen gegenüber Rivalen, und bei Säugetieren dienen sie der Aufzucht von Jungtieren. Bei Frauen zählen die weibliche Fettverteilung, Brustdrüsen und Brustwarzen und das typisch weibliche Becken zu den sekundären Geschlechtsmerkmalen, bei Männern sind es die Bartbehaarung, die tiefe Stimme und bei beiden Geschlechtern das Auftreten von Scham- und Achselbehaarung. Sekundäre Geschlechtsmerkmale können ganz erheblich divergieren – man spricht von „Sexualdimorphismus". Denken Sie an Hahnenkamm, Pfauenfedern und Hirschgeweihe.

empfangsbereiten Weibchen zu paaren). Erst wenn ein dominantes Männchen stirbt, nimmt das hierarchisch nächsthöhere Satellitenmännchen an Größe zu und entwickelt ebenfalls Wangenwülste und das entsprechende Imponiergehabe.

Beim Puku (*Kobus vardoni*) – einer afrikanischen Antilope aus der Gattung der Wasserböcke, bei der die Männchen ressourcenbasierte Territorien verteidigen – zeigen Männchen, die neue Territorien erwerben, eine Zunahme von Größe, Gewicht und Aussehen und wirken damit anziehender für die Weibchen.

Beim Iberischen Rothirsch (*Cervus elaphus hispanicus*) haben Männchen in Populationen mit relativ gleichem Geschlechterverhältnis, in denen ein intensiver Fortpflanzungswettbewerb herrscht, ein größeres Geweih als in Populationen, in denen die Weibchen überwiegen und der Wettbewerb unter Männchen geringer ist. Experimente mit in Gefangenschaft gehaltenen Hirschen, bei denen die Männchen entweder gemeinsam mit Männchen oder mit Weibchen untergebracht sind, zeigen, dass die Männchen, wenn sie mit fortpflanzungsfähigen Rivalen zusammen untergebracht waren, größere Geweihe entwickeln.

Ähnliches Verhalten beim Zylindrischen Sandbarsch (*Parapercis cylindrica*) zeigt, dass Männchen ihre Größe und die Ausprägung ihrer sekundären Geschlechtsmerkmale auf die Intensität des reproduktiven Wettbewerbs abstimmen können.

Ähnliche Veränderungen von Wachstum und Größe als Reaktion auf eine drohende Vertreibung sind auch bei sozialen Fischen zu beobachten, die um Brutplätze wetteifern. Bei der Smaragdkorallengrundel (*Paragobiodon xanthosomus*) gibt es ebenfalls eine nicht zufällige Verteilung des Größenverhältnisses zwischen im Rang benachbarten Individuen. Bei inszenierten Wettbewerben zeigte sich, dass Untergebene eher aus der Gruppe verdrängt werden, wenn sie ihren Dominanten in der Größe ähnlicher sind. Ähnliche Muster, mit einigen Nuancen, finden sich bei Tanganjikasee-Buntbarschen (*Neolamprologus pulcher*).

Interessant sind Bemerkungen zum Fehlen von strategischem Wachstum bei solchen Tieren, die kaum oder keine zusammenhängenden sozialen Strukturen entwickeln:

Wir konnten keine experimentellen Belege für strategisches Wachstum bei Amphibien und Reptilien finden, obwohl adaptive Wachstumsplastizität als Reaktion auf veränderte ökologische Bedingungen bei diesen Gruppen gut dokumentiert ist. Dies könnte daran liegen, dass es bei diesen Arten nur wenige Langzeitstudien über markierte Individuen gibt oder dass die Bildung von zusammenhängenden sozialen Gruppen selten ist.

Die Fähigkeit, das Körperwachstum auf die soziale Position auszurichten, ist eine Fähigkeit, die von der Evolution offenbar streng konserviert wird. Natürlich haben auch Menschen diese Fähigkeit. Das ist überhaupt nicht die Frage. Man fragt sich nur, warum es bisher niemand bemerkt hat.

Oder doch?

Wir nehmen den 16. Faden auf.

16. Faden: Zeitgeist

Von Herrn Kant und der Französischen Revolution

Wir haben angefangen mit dem Kommentar einer Dreijährigen, die größer werden möchte als die Mama, mit den Wünschen der Eltern, dass ihre Kinder gut wachsen, und dem alten Spruch „Ihr müsst tüchtig essen, damit ihr groß und stark werdet". Wir sind dann zur Wahrnehmung von Körperhöhe gekommen und zu den Erwartungen, die aus der Körperhöhe abgeleitet werden. Wir fragen uns, was macht denn das Großsein so attraktiv? Und für diese Fragen müssen wir ein bisschen ausholen. Denn Großsein war nicht immer attraktiv. In der mittelalterlichen Literatur wird über Körperhöhe gar nichts geschrieben. Man findet lediglich Darstellungen, aus denen hervorgeht, wer wichtig ist und wer nicht, Bilder von gewaltigen Madonnen, unter deren Mantel sich ein verängstigtes Volk von Zwergen drängelt. Oder allegorische Darstellungen riesiger Helden. Die Verknüpfung von Wichtigkeit und Körpergröße war so selbstverständlich, dass sie nicht einmal kommentiert wurde. Es wehte ein anderer Zeitgeist als heute.

Der moderne Blick auf die Körperhöhe eines einzelnen Menschen und die Betrachtung ihrer Wirkung auf das gesellschaftliche Umfeld haben irgendwann mit der Aufklärung seinen Anfang genommen – und auch nur sehr langsam. Erst im 18. Jahrhundert hat man begonnen, sich mit dem Einzelnen zu beschäftigen, mit seinen Bedürfnissen, seinen Abhängigkeiten und seiner Unmündigkeit in den feudalen Hierarchien. Es begann also irgendwann mit den Worten von Herrn Kant [116]:

Aufklärung ist der Ausgang des Menschen aus seiner selbst verschuldeten Unmündigkeit. Unmündigkeit ist das Unvermögen, sich seines Verstandes ohne Leitung eines anderen zu bedienen. Selbstverschuldet ist diese Unmündigkeit, wenn die Ursache derselben nicht am Mangel des Verstandes, sondern der Entschließung und des Muthes liegt, sich seiner ohne Leitung eines andern zu bedienen. *Sapere aude!* Habe Muth dich deines eigenen Verstandes zu bedienen! ist also der Wahlspruch der Aufklärung.

© Der/die Autor(en), exklusiv lizenziert an Springer-Verlag GmbH, DE, ein Teil von Springer Nature 2024
M. Hermanussen, C. Scheffler, *Größenwahn*,
https://doi.org/10.1007/978-3-662-69580-7_20

Es folgte die Französische Revolution: Freiheit, Gleichheit, Brüderlichkeit. Und seitdem haben uns diese Gedanken nicht mehr verlassen. Sie sind so tief in uns verwurzelt, dass wir gar nicht mehr darüber nachdenken – das ist alles längst Wahrheit geworden. Wir sind überzeugt, dass wir alle gleich sind und uns nicht bevormunden lassen sollen. Wir glauben an unsere Individualität und daran, dass wir stark, gesund und glücklich und natürlich groß sein sollen – ja, geradezu ein Recht darauf haben. Wir sollen Mut haben und kämpfen. Es geht um unsere Freunde, unsere Kollegen, aber auch um unsere Konkurrenten und Widersacher. Mit Beginn dieser neuen Sichtweise werden in diesen Jahren erstmals auch Unterschiede in der Körperhöhe dokumentiert und die Bedeutung dieser Unterschiede wahrgenommen. Wir erinnern uns an Villermé. Er schrieb schon 1829:

> Armut, d. h. die sie begleitenden Umstände, führt zu einer geringeren Körperhöhe und verzögert die Periode der vollständigen Entwicklung des Körpers.

Und mit diesen Gedanken kamen die ersten roten Fäden des Zweifels, Zweifel an der Rechtmäßigkeit feudaler Ordnungen, Zweifel an Inhalten, die die Kirche vertritt, Zweifel an der Einmaligkeit des Schöpfungsaktes. Das war kein plötzliches Aufwachen, sondern ein sehr langsamer Prozess des Sichbewusstwerdens, den wir im Folgenden versuchen nachzuzeichnen.

17. Faden: Die Umwelt und Lamarck

Vom Hals der Giraffe und dem traurigen Ende des Wollhaarmammuts und der Bedeutung des Klimas

Der britische Ingenieur William Smith bemerkt beim Bau eines Kanals, dass manche Fossilien ausschließlich in bestimmten Schichten zu finden sind. Das passt nicht mit den biblischen Quellen zusammen, und er beginnt Gesteinsschichten aufgrund ähnlicher Merkmale zu klassifizieren. 1815 stellt er eine geologische Tafel zusammen [117]. Es wird deutlich, dass sich die Erde ändern kann und mit ihr die Tier- und Pflanzenwelt. Nicht unmittelbar seit gestern und vorgestern, aber in langen Zeiträumen, die die biblischen Vorstellungen von wenigen 1000 Jahren seit Beginn der Schöpfung sehr weit hinter sich lassen.

Diese Gedanken teilt auch Jean-Baptiste de Lamarck (1744–1829), ein französischer Botaniker und Zoologe, und erläutert diese Dynamik bereits 1809 in seinem berühmten Buch *Philosophie zoologique* [118]. Auf der einen Seite bemerkt er, dass Tiere und Pflanzen an ihre jeweilige Umwelt angepasst sind, auf der anderen Seite weiß er, dass diese Umwelt kein Dauerzustand ist. Vulkane explodieren, Flüsse treten über die Ufer und ändern ihren Verlauf, vormals regenreiche Gebiete verdorren, Landschaften und Klimazonen ändern sich. Und er folgert, dann müssen sich Pflanzen und Tiere anpassen und sich ebenfalls ändern:

> Die Umstände haben einen Einfluss auf die Form und die organische Struktur der Tiere. Das bedeutet, dass die Umstände, wenn sie sich signifikant verändern, im Laufe der Zeit sowohl die Form als auch die organische Struktur selbst proportional verändern.
>
> Es ist also klar, dass eine bedeutende Veränderung der Umstände, sobald sie für eine Tierrasse konstant wird, diese Tiere zu neuen Gewohnheiten führt.

Und er formuliert Gesetze:

> Bei jedem Tier, das die Grenze seiner Entwicklung nicht überschritten hat, stärkt der häufigere und anhaltende Gebrauch eines Organs dieses Organ allmählich, entwickelt es, vergrößert es und verleiht ihm eine Kraft, die der Dauer dieses Gebrauchs entspricht; wohingegen der ständige Nichtgebrauch eines solchen Organs es unmerklich schwächt, es verfallen lässt, seine Fähigkeiten allmählich verringert und schließlich zum Verschwinden bringt.

© Der/die Autor(en), exklusiv lizenziert an Springer-Verlag GmbH, DE, ein Teil von Springer Nature 2024
M. Hermanussen, C. Scheffler, *Größenwahn*, https://doi.org/10.1007/978-3-662-69580-7_21

Lamarcks zweites Gesetz:

Alles, was die Natur den Individuen durch den Einfluss der Bedingungen, denen ihre Rasse
lange Zeit ausgesetzt war, und folglich durch den Einfluss des vorherrschenden Gebrauchs
eines Organs oder durch den Einfluss des ständigen Nichtgebrauchs dieses Organs zu erwerben oder zu verlieren gegeben hat, bewahrt die Natur durch Fortpflanzung in den neuen
Individuen, die aus ihnen hervorgehen.

Zu Lamarcks berühmtesten Beispielen zählt der Hals der Giraffe (Abb. 11):

In dieser Frage der Gewohnheiten ist es bemerkenswert, das Ergebnis in der eigentümlichen
Form und Höhe der Giraffe (*Camelo pardalis*) zu beobachten. Wir wissen, dass dieses Tier,
das größte der Säugetiere, im Inneren Afrikas lebt und sich dort aufhält, wo der Boden fast
immer trocken und ohne Gras ist, was das Tier dazu zwingt, das Laub der Bäume zu fressen
und sich ständig zu bemühen, dieses Laub zu erreichen. Infolge dieser Gewohnheit, die sich
bei allen Individuen ihrer Rasse über lange Zeit erhalten hat, sind die vorderen Gliedmaßen
des Tieres länger geworden als die hinteren, und der Hals hat sich so weit verlängert, dass
die Giraffe, ohne sich auf die Hinterbeine zu stellen, ihren Kopf hebt und eine Höhe von bis
zu 6 m erreicht.

Lamarck beobachtet, hat aber keine Erklärung für das Weiterreichen von Form-
änderungen an die Nachkommen und wiederholt lediglich:

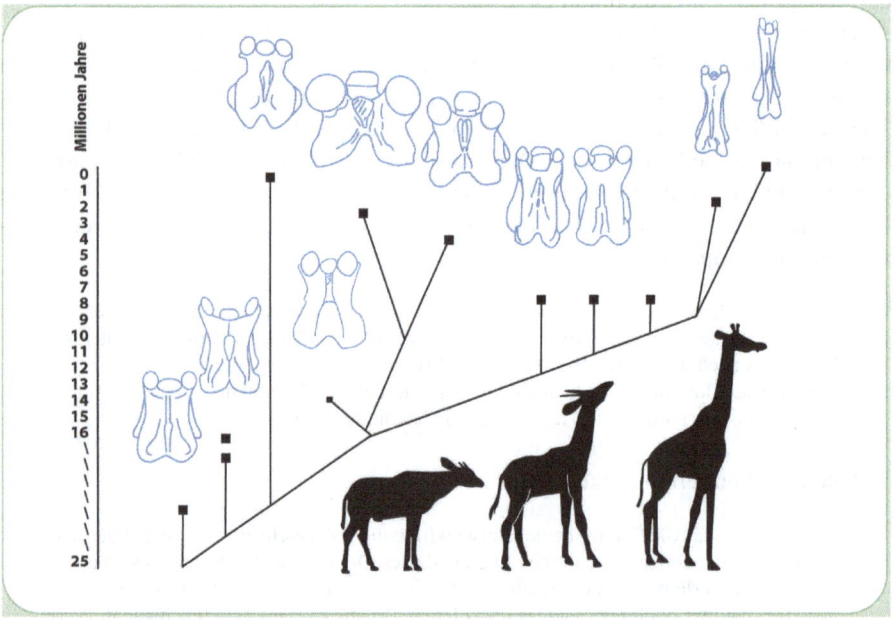

Abb. 11 Die Evolution des Giraffenhalses. Man erkennt die Veränderungen des dritten Hals-
wirbels über die vergangenen 25 Millionen Jahre und sieht, wie sich seit etwa 14 Millionen Jahren
die Entwicklung von extrem verlängerten Halswirbeln beschleunigt hat. Die mit den kleinen Qua-
draten endenden Linien zeigen ausgestorbene Varianten der heute lebenden Giraffen. (Verändert
nach [119])

Schließlich geht diese Veränderung auf alle nachfolgenden Individuen über, die denselben Umständen ausgesetzt sind, ohne dass sie die Veränderung auf dieselbe Weise erwerben müssen, wie sie entstanden ist.

Lamarcks Schrift ist revolutionär. Hier kommen erste Vorstellungen von einer Veränderlichkeit der natürlichen Umwelt und die daraus folgende Notwendigkeit einer Anpassung. Das ist Evolution. Und das widerspricht den damals vorherrschenden Lehrmeinungen von Schöpfung. Allerdings war er nicht der Einzige. Man denke nur an den Baron Georges Léopold Chrétien Frédéric Dagobert Cuvier (1769–1832), der die Meinung vertrat, große erdgeschichtliche Katastrophen haben wiederholt einen Großteil der Lebewesen vernichtet, und aus den verbliebenen Arten sei dann das neue Leben entstanden. Oder an den berühmten Pariser Akademiestreit 1830 zwischen Cuvier und Étienne Geoffroy Saint-Hilaire, ob die Naturgeschichte einem einheitlichen Bauplan folge oder nicht. Aber das wollen wir jetzt nicht vertiefen.

Auch in der Ökonomie brechen neue Zeiten an. Kennen Sie den britischen Nationalökonomen und Sozialphilosophen Thomas Robert Malthus (1766–1834), einen pessimistischen anglikanischen Pfarrer und Professor für Geschichte und Ökonomie? Auch er macht sich Gedanken über Veränderungen von Lebensbedingungen, allerdings über Lebensbedingungen von Menschen, und diskutiert in seinem „Essay on the Principle of Population" [120] bereits 1798, was passiert, wenn sich alle Leute hemmungslos vermehren:

Ich denke, ich kann durchaus zwei Postulata aufstellen. Erstens ist Nahrung für die Existenz des Menschen notwendig. Zweitens ist die Leidenschaft zwischen den Geschlechtern notwendig und wird nahezu in ihrem gegenwärtigen Zustand bleiben.

Und dann gibt er ein Beispiel:

Die Bevölkerung der Insel wird auf etwa 7 Millionen geschätzt, und wir gehen davon aus, dass die gegenwärtige Bevölkerungszahl dem Unterhalt einer solchen Zahl entspricht. In den ersten 25 Jahren würde die Bevölkerung 14 Millionen betragen, und wenn auch die Nahrungsmittel verdoppelt würden, wären die Lebensunterhaltsmittel dieser Zunahme gleich. In den nächsten 25 Jahren würde die Bevölkerung 28 Millionen betragen, und die Mittel zum Lebensunterhalt würden nur dem Lebensunterhalt von 21 Millionen entsprechen. In der nächsten Periode würde die Bevölkerung 56 Millionen betragen usw.

Das waren damals hochmoderne Überlegungen aus hochmodernen Ländern, die allerdings nicht überall Gehör fanden. In den deutschen Fürstentümern blieben diese Gedanken weitgehend unbeachtet. Noch knapp 40 Jahre später fabuliert der deutsche Anatom und Physiologe Carl Georg Bergmann (1814–1865), von 1852 bis 1865 ordentlicher Professor an der Universität Rostock, ein angesehener Wissenschaftler, von „grossen Thieren in früheren Schöpfungsperioden" [121]. Er konnte sich eine Evolution nicht vorstellen. Darum erfand er mehrfache Schöpfungen, um das Ende des Wollhaarmammuts zu verstehen, das während der letzten Eiszeit vor etwa 100.000 bis 15.000 Jahren auf der Nordhalbkugel von Spanien bis Alaska weit verbreitet war. Die letzten Exemplare starben vor etwa 4000 Jahren auf der Wrangel-

Insel aus [122, 123]. Mammutfunde wurden bereits Anfang des 19. Jahrhunderts mehrfach beschrieben. Bergmann kannte sie.

Bergmann war nicht dumm. Ihm ging es um Klima und Wärmeökonomie. Größere Tiere haben im Verhältnis zur Masse weniger Körperoberfläche und verlieren deswegen weniger Wärme. Darum war es für ihn selbstredend, dass Mammuts, die in den gemäßigten und in arktischen Regionen beheimatet waren, größer waren als ihre Verwandten in den wärmeren Klimazonen. Man kennt diesen Zusammenhang als Bergmann'sche Regel, aber selbst ein Prof. Bergmann konnte sich noch Mitte des 19. Jahrhunderts nicht von der Bibel distanzieren.

18. Faden: Der Kampf ums Dasein

Warum die Taubenzüchter für Herrn Darwin so bedeutsam waren, von den düsteren Ansichten des Herrn Malthus, von der Schlacht des Lebens und der Vernichtung der Schwächeren

Dann kommt Charles Darwin (1809–1882), mehr als ein halbes Jahrhundert später. Er kann die losen Fäden aus dem Anfang des 19. Jahrhunderts miteinander verknüpfen. Und seine Beobachtungen zu den Finken der Galapagos-Inseln waren sicherlich auch überzeugender als die eher theoretischen Überlegungen von Lamarck. Die Zeit war reif für ihn, und er hat den Nerv dieser Zeit getroffen. Es ist das Jahrhundert der Expansion, der Kolonialisierung, des Eisenbahn- und Brückenbaus, des immer deutlicher werdenden technischen Größenwahns. Der Eiffelturm war von 1889 bis 1930 das höchste Bauwerk der Menschheit, bis es vom Chrysler- und ein Jahr später vom Empire-State-Building mit 443 m Höhe abgelöst wurde. Einzelne Bürgerliche begannen ab der Mitte des 19. Jahrhunderts in nur wenigen Jahren astronomische Vermögen anzuhäufen, wie die Rockefellers, die Carnegies und die Vanderbilts in den Vereinigten Staaten [124]. Es ist eine Zeit des aufblühenden Individualismus.

Mit Darwin beginnt Großsein endgültig attraktiv zu werden. Es wird gesellschaftlich akzeptiert, dass der Malthus'sche Kampf ums Dasein die Chancen für die Starken bessert. Wenn es am Futtertrog zu eng wird, wird „jede auch nur im Geringsten schädliche Veränderung rigoros vernichtet". Punkt. So Darwin in der *Entstehung der Arten (On the Origin of Species)* [32], und damit begründet er die Vorstellung von einer natürlichen Auslese (natural selection) durch das Überleben der bestangepassten Individuen (survival of the fittest[1]):

Auch gibt es viele kleine Unterschiede, die man als individuelle Unterschiede bezeichnen kann, wie sie häufig bei den Nachkommen der gleichen Eltern vorkommen oder von denen man annehmen kann, dass sie auf diese Weise entstanden sind, da sie häufig bei den Individuen der gleichen Spezies, die den gleichen begrenzten Ort bewohnen, beobachtet wurden.

---

[1] Mit „survival of the fittest" im Darwin'schen Sinn ist nicht das Überleben der kräftigsten oder anderweitig bevorzugten Individuen gemeint, sondern bezieht sich auf den Vermehrungserfolg. „Fittest" ist derjenige, der die meisten Nachkommen hat.

© Der/die Autor(en), exklusiv lizenziert an Springer-Verlag GmbH, DE, ein Teil von Springer Nature 2024

M. Hermanussen, C. Scheffler, *Größenwahn*,
https://doi.org/10.1007/978-3-662-69580-7_22

Niemand nimmt an, dass alle Individuen einer Art aus dem gleichen Guss sind. Diese individuellen Unterschiede sind für uns von großer Bedeutung, da sie der natürlichen Auslese
Material liefern, das sie anreichern kann.

Und aus diesen vielen kleinen Unterschieden wird ausgewählt:

Andererseits können wir sicher sein, dass jede auch nur im Geringsten schädliche Veränderung rigoros vernichtet würde. Diese Bewahrung von günstigen Variationen und die Zu-
rückweisung von schädlichen Variationen nenne ich natürliche Auslese. Variationen, die
weder nützlich noch schädlich sind, werden von der natürlichen Auslese nicht beeinflusst
und bleiben ein schwankendes Element.

Darwin war mit Taubenzüchtern bekannt und mit den Möglichkeiten vertraut,
über mehrere Generationen Merkmale zu züchten, die es vorher nicht gegeben
hatte. Selektion war das Zauberwort:

Die große Macht dieses Selektionsprinzips ist nicht hypothetisch. Es ist sicher, dass mehrere unserer herausragenden Züchter selbst innerhalb eines einzigen Lebens einige Rinder-
und Schafrassen in hohem Maße verändert haben. Die Züchter sprechen gewöhnlich von
der Organisation eines Tieres als etwas ganz Plastischem, das sie fast nach Belieben modellieren können. Youatt spricht vom Prinzip der Selektion als demjenigen, der es dem Land-
wirt ermöglicht, den Charakter seiner Herde nicht nur zu modifizieren, sondern ganz und
gar zu verändern. Es ist der Zauberstab des Magiers, mit dem er jede beliebige Form und
Gestalt ins Leben rufen kann. Sir John Sebright, der geschickteste Züchter, pflegte in Bezug
auf Tauben zu sagen, dass „er jede beliebige Feder in drei Jahren hervorbringen kann, aber
er braucht sechs Jahre, um Kopf und Schnabel zu erhalten".

Züchtung ist ein menschlicher Vorgang, das Äquivalent in der Natur ist die natürliche Selektion. Darwin schreibt:

Infolge dieses Kampfes um das Leben wird jede Veränderung, wie gering sie auch sein mag
und welche Ursache sie auch haben mag, wenn sie für ein Individuum einer Art in seinen
unendlich komplexen Beziehungen zu anderen organischen Lebewesen und zur äußeren
Natur in irgendeiner Weise vorteilhaft ist, zur Erhaltung dieses Individuums beitragen und
im Allgemeinen an seine Nachkommen vererbt werden. Ich habe dieses Prinzip, durch das
jede geringfügige Veränderung, wenn sie nützlich ist, erhalten bleibt, mit dem Begriff der
natürlichen Auslese bezeichnet, um seine Beziehung zur menschlichen Fähigkeit des Züch-
tens zu kennzeichnen.

Das passt zu Malthus und seiner pessimistischen Auffassung von Leben. Auch
Darwin bringt ein Zahlenbeispiel:

Aus der hohen Vermehrungsrate aller organischen Lebewesen folgt zwangsläufig ein
Kampf ums Dasein. Jedes Lebewesen, das während seines natürlichen Lebens mehrere Eier
oder Samen produziert, muss während einer bestimmten Periode seines Lebens und während einer bestimmten Jahreszeit oder eines bestimmten Jahres vernichtet werden, sonst
würde seine Zahl nach dem Prinzip der geometrischen Vermehrung schnell so übermäßig
groß werden, dass kein Land das Produkt ernähren könnte.
Der Elefant gilt als der langsamste Züchter aller bekannten Tiere, und ich habe mir die
Mühe gemacht, seine wahrscheinliche Mindestrate der natürlichen Vermehrung abzu-
schätzen: Es wird unter dem Strich liegen, wenn man annimmt, dass er im Alter von 30 Jah-

ren erstmals und bis zum Alter von 90 Jahren Nachwuchs hat, wobei er in dieser Zeitspanne drei Paare von Jungtieren zur Welt bringt; wenn das so ist, würden am Ende des fünften Jahrhunderts 15 Millionen Elefanten leben, die von dem ersten Paar abstammen.

Und wo sollten denn die 15 Millionen Elefanten leben? Das also ist die „große Schlacht des Lebens" [32]:

> Da Arten derselben Gattung in der Regel eine gewisse Ähnlichkeit in Gewohnheiten und Konstitution und immer auch in der Struktur aufweisen, wird der Kampf zwischen Arten derselben Gattung, wenn sie miteinander konkurrieren, in der Regel härter sein als zwischen Arten verschiedener Gattungen.

Diese Vorstellungen folgen nicht nur den Ausführungen von Thomas Hobbes [125] zum Krieg aller gegen alle aus der Mitte des 17. Jahrhunderts, sondern sie passen wie der Deckel auf den Topf der allgemeinen Weltanschauung des ausgehenden 19. Jahrhunderts: Darwin wird noch zu Lebzeiten berühmt. Die Aussagen zur Tierwelt werden hemmungslos auf den Menschen übertragen mit all ihren fürchterlichen Konsequenzen von knappen Ressourcen und den Fantasien von der Notwendigkeit des Überlebenskampfes.

Aber Sie haben auch bemerkt, dass sich mit dieser Vorstellung noch etwas ganz anderes geändert hat. Sozusagen unmerklich. Bei Lamarck und Bergmann lag das Augenmerk auf der Umwelt. Auch bei Cuvier, es ging um Katastrophen, in denen Tiere in großer Zahl umkommen. Die Tiere sind gezwungen, sich einer veränderten Umwelt anzupassen, wenn sie nicht ausgemerzt werden wollen. Giraffen – und zwar alle Giraffen der Gruppe – müssen den Hals verlängern, weil das Futter zunehmend höher hängt. Das Futter hängt nicht nur für die einzelne, sondern für alle Giraffen zu hoch. Alle Mammuts mussten in der Kälte riesengroß werden, denn die Kälte betrifft nicht nur den Einzelnen. Bei Darwin ist das anders. Es geht um „die Abhängigkeit eines Wesens von einem anderen" und um „den Erfolg beim Hinterlassen von Nachkommen". Wir sagten es schon: „Survival of the fittest" bezieht sich auf den Vermehrungserfolg des Einzelnen. Darwin richtet das Augenmerk vom Überleben einer Spezies in einer restriktiven Umwelt auf das Überleben des Einzelnen im Kampf mit seinesgleichen. Es geht um das Individuum, um den persönlichen Platz an der Futterquelle und um die persönliche Nachkommenschaft. Darwins Sichtweise nähert sich der Kant'schen Vorstellung von persönlichen Entscheidungen „ohne Leitung eines andern". Auch bei Kant geht es um den Einzelnen, nicht um die Gruppe. Das hat Darwins Ideen im 19. Jahrhundert so sexy gemacht und zu ihrer unvorstellbar raschen Ausbreitung geführt. Die Zeit war reif für das Individuelle. Natürlich sind Darwins Ideen berechtigt. Das Gerangel zwischen Rivalen derselben Spezies ist offensichtlich, aber dieser so genannte „Kampf" ist, wenn man genau hinschaut, nicht das, was wir gemeinhin unter einem Kampf verstehen – ein Einzelner mit Waffen gegen einen anderen Einzelnen. Es ist in den meisten Fällen nämlich nur ein Rangeln. Auch die Waffen sind nicht das, was man gemeinhin unter Waffen versteht. Und damit kommen wir zu einem Wendepunkt, nämlich zu einer ernst zu nehmenden Kritik an der Darwin'schen Argumentation, die übrigens auch nicht neu ist. Aber eins nach dem anderen.

Erstens: die Züchtung. Züchtung ist ein rascher, dynamischer Vorgang. Auf die Auslese, die Selektion, folgt die gezielte Vermehrung der ausgelesenen Genetik. Darwin selbst benennt Sir John Sebright, der, wie er sagte, jede beliebige Feder in drei Jahren hervorbringen kann. Darwin wusste also um das Tempo von gezielten Zuchterfolgen und, auf der anderen Seite, um die ungeheure Trägheit von natürlicher Auslese. Das Wollhaarmammut hat es über einen Zeitraum von 300.000 Jahren nicht geschafft, sich dem Klima anzupassen [123]. Züchtung und evolutionäre Anpassung unterscheiden sich ganz offensichtlich in ihrem Tempo.

Zweitens, und hier lässt Darwin gar nicht locker, denn er ist seinem Zeitgeist verhaftet, schreibt er:

> Im Allgemeinen werden die kräftigsten Männchen, die am besten für ihren Platz in der Natur geeignet sind, die meisten Nachkommen hinterlassen. Aber in vielen Fällen hängt der Sieg nicht von der allgemeinen Stärke ab, sondern von der Ausstattung mit besonderen Waffen, die nur dem männlichen Geschlecht vorbehalten sind. Ein Hirsch ohne Geweih oder ein Hahn ohne Sporen hätte kaum eine Chance, Nachkommen zu hinterlassen.

Bei Darwin geht es um den Kampf. Es ist das Jahrhundert der europäischen Welteroberung. Für Darwin ist der Kampf zwischen Rivalen der Kernpunkt seiner Vorstellung von Evolution. Hier entscheidet sich, wer seine Gene an die Nachkommen weitergeben kann. Die Selektion, die Auslese des „Besseren", ist eine Auslese auf der Ebene des Individuums, nicht auf der Ebene der Gruppe. Es überleben und vermehren sich bevorzugt die Gene des Siegers. Wer unterliegt, hat keine oder deutlich weniger Nachkommen. Wir kommen ein wenig später noch einmal auf diesen Gedanken zurück, wenn es um den Begriff der Gruppenselektion geht und um die Frage, ob es so etwas wie Gruppenselektion überhaupt gibt.

Wer kämpft, braucht Waffen, zumindest braucht er beeindruckende Accessoires, luxurierende Körperteile, die den Gegner einschüchtern, und diese Accessoires entscheiden den Kampf. Wer so denkt, muss riesige Herden von starken, gesunden und glücklichen Kampfmaschinen erwarten, die sich im Laufe der Jahrmillionen entwickelt haben. Aber wo sind diese Kampfmaschinen? Weder Hirsch noch Giraffe noch Pfau sehen danach aus. Es fehlen die Kampfmaschinen in der Evolution.

Beide Kritikpunkte waren Darwin bekannt und sind auch bereits seinen Zeitgenossen aufgefallen. Aber Darwin hat diese Punkte nicht ausreichend thematisiert. Dass sich die natürlichen tierischen Waffen nicht wirklich zum Kämpfen eignen, wird schon wenige Jahre später von anderen beschrieben. 1885 sagt Charles Morris [126]:

> Die vorherrschende Tendenz im tierischen Leben ist nicht mehr, eine Rüstung anzunehmen, sondern sie abzulegen und zum ungeschützten Zustand zurückzukehren. Diese Tendenz war in ihrer Wirkung ebenso ausgeprägt wie die anderen, wie ein kurzer Überblick zeigen wird.

Und er führt dann aus:

> Die Reptilien sind in der Regel geschuppt, aber mit Ausnahme der Krokodile und Schildkröten sowie einiger weniger fossiler Arten scheinen sie nie mit einem Knochenpanzer be-

kleidet gewesen zu sein. Bei den späteren Wirbeltierklassen, den Vögeln und Säugetieren, ist jeder Verteidigungspanzer verloren gegangen, die Bedeckung mit Haaren und Federn dient nur noch dem Schutz vor Kälte.

Wie konnte das tierische Leben lange Zeit ohne Schutzhülle existieren, sich dann einen Verteidigungspanzer aneignen und ihn zu einem außergewöhnlichen Grad entwickeln, um schließlich diesen Panzer langsam abzulegen und zum ungeschützten Zustand zurückzukehren?

Und er fasst schließlich zusammen:

In der Urepoche gab es wahrscheinlich nur Tiere mit weichem Körper, und die Angriffswaffen waren Tentakel, Fadenzellen, Saugscheiben und ähnliche harmlose Abwehrsysteme. Zu einem späteren Zeitpunkt wurde Panzerung allgemein zur Verteidigung eingesetzt, und der Zahn wurde zur wirksamsten Angriffswaffe. Noch später wurde die Panzerung abgelegt, und Flucht oder Verstecken wurden zu den wichtigsten Methoden des Ausweichens und die schnelle Verfolgung zum Prinzip des Angriffs, während zu den Zähnen Krallen als Angriffswaffen hinzukamen. Schließlich wurde die Intelligenz zum wirksamsten Mittel sowohl im Angriff als auch in der Verteidigung, und es begann eine besondere Entwicklung des Geistes.

Man braucht zum Kämpfen Schwert und Schild, Gewehr und Panzerung, Waffen für den Angriff und Schutz für die Verteidigung. Aber den meisten Arten fehlt der Schutz, und die Waffen sind monströs und in ihrer Monstrosität zumeist für einen wirkungsvollen Angriff untauglich. Das macht eigentlich nachdenklich, und trotzdem, obgleich früh publiziert, sind diese Überlegungen erst Jahrzehnte später wieder aufgegriffen worden. In der öffentlichen Wahrnehmung ist die Darwin'sche Evolution ein dauerhafter Kampf „jeder gegen jeden" geblieben. Und um ehrlich zu sein, die tägliche Erfahrung lässt eine solche Wahrnehmung durchaus plausibel erscheinen. Man muss nicht Malthus sein, um die ständigen Raufereien um Futter, Weibchen und Anerkennung zu bemerken – auch in der menschlichen Gesellschaft.

So breitet sich die neue Lehre Darwins wie ein Lauffeuer aus. Endlich ist die Schöpfung der Welt kein Einakter mehr, es gibt eine Evolution zu Höherem, Besserem, basierend auf Konkurrenz. Wer im Kampf siegt, muss der Bessere sein, der Vornehmere. Diejenigen, die heute leben, haben höhere Qualitäten, denn ihre Vorfahren haben die besseren und stärkeren Gene weitergeben können. Kampf ist legitim, er veredelt Eigenschaften und führt zur Vervollkommnung. Schon 13 Jahre später, also noch zu Lebzeiten Darwins, ist diese neue Weltanschauung bis in deutsche Ratgeber für Mütter und Lehrer vorgedrungen. Carl Ernst Bock aus Leipzig [127] schreibt in seinem *Buch vom gesunden und kranken Menschen*:

Ganz besonders großen Einfluß auf die Umänderung der Organismen hat aber der Kampf um's Dasein oder die Mitbewerbung um die nothwendigen Existenzbedürfnisse. Jeder Organismus kämpft nämlich von Anbeginn seiner Existenz mit einer Anzahl von feindlichen Einflüssen, kämpft mit Thieren, welche von diesem Organismus leben, und mit anorganischen Einflüssen der verschiedensten Art (Temperatur, Witterung) und ganz besonders mit den ihm ähnlichsten und gleichartigen Organismen wegen der Mittel zum Lebensunterhalt. Die Erfahrung lehrt nun, daß alle pflanzlichen und thierischen Individuen weit mehr Nachkommen erzeugen, als Nahrung für diese vorhanden ist.

Ebenso wie der Kampf um's Dasein wirkt aber auch der Kampf um die Ehe bei den Thieren vervollkommnend auf die Formen derselben ein und zwar insofern, als diejenigen Männchen, welche die kräftigsten sind und muthiger um das Weibchen kämpfen können oder die ihrer Farben, ihres Schmuckes und Gesanges etc. wegen vom Weibchen bevorzugt werden, durch Fortpflanzung ihre Vorzüge (Farben, Schmuckanhänge) auf ihre Nachkommen vererben.

Mütter und Lehrer haben diese Weltanschauung an ihre Kinder weitergegeben. Und das sind die Kinder, von denen so grauenhaft viele Anfang des 20. Jahrhunderts versucht haben, das, was hier steht, praktisch umzusetzen: Krieg und Vernichtung der „Schwächeren".

19. Faden: Demonstration und Dekoration

Warum so viele Waffen ungeeignet sind, von Mutationen in Omas Gebärmutter und der erweiterten Synthese der Evolutionstheorie

Erst von modernen Biologen sind die Frage der ungeeigneten tierischen Bewaffnung und die damit verknüpften Zweifel am Nutzen derartiger Körperstrukturen für die Verwendung als Waffen wieder aufgegriffen worden. Douglas J. Emlen [128] schreibt

> von einer reinen Bewaffnung hin zu Strukturen, die zunehmend Schau- oder andere Bewertungsfunktionen erfüllen. Diese Bewertungsfunktionen könnten dann jede der zahlreichen möglichen Ausarbeitungen der Waffenform begünstigen, vorausgesetzt, dass diese neuen Versionen die Fähigkeit der Individuen verbessern, ihren Status oder ihren Zustand den Gegnern (oder den Kameraden) leicht mitzuteilen. Die nichttödliche Bewaffnung kann viele Formen annehmen. Sicherlich erleichtern visuell auffällige Strukturen diesen Prozess. Aber das gilt auch für ritualisiertes oder stereotypes Kampfverhalten.

Es geht nicht primär um Kampf, sondern um Demonstration und Dekoration, um gesehen zu werden. Ganz nach Friedrich Nietzsche: *Die Menschen drängen sich zum Lichte*, nicht um besser zu sehen, sondern um besser zu glänzen [129].

Und nun müssen wir noch ein bisschen mit der Wortwahl ringen. Jeder versteht den Begriff „Kampf", aber das Miteinander ist nicht notwendigerweise eine Messerstecherei unter Streithähnen mit Siegern und blutigen Opfern. Es geht eher um Gerangel, Balgerei, Rauferei, Händel – es geht um ritualisiertes Verhalten und um ritualisierte Kämpfe, so genannte Kommentkämpfe, bei denen die Verletzungsgefahr der Kontrahenten relativ gering ist. Oder einfach nur um soziales Miteinander, wie beim Kartenspiel am Samstagabend. Es ist ein Miteinander irgendwo im Graubereich zwischen Konfrontation und Kooperation. Unter diesem Gesichtspunkt werden auch die Ausführungen von Alexandre Palaoro und Paulo Peixoto [130], klarer, wenn sie explizit betonen:

> Spezies, die Waffen tragen, zeigen fast immer visuelle/taktile Zeichen, bevor sie sich auf einen Körperkontakt einlassen.

© Der/die Autor(en), exklusiv lizenziert an Springer-Verlag GmbH, DE, ein Teil von Springer Nature 2024
M. Hermanussen, C. Scheffler, *Größenwahn*,
https://doi.org/10.1007/978-3-662-69580-7_23

Man zeigt also Spielkarten und keine Waffen. Mittlerweile hat sich das moderne Verständnis von Evolution weit von den ursprünglichen Vorstellungen Darwins entfernt. Der Waffengang, damals das zentrale Thema überhaupt, wird heute nur noch unter Fernerliefen gelistet. Die moderne „synthetische Evolutionstheorie" ist ein Konzept, das seit den 1940er-Jahren versucht, die Vielzahl der Einflüsse auf die Evolution zu charakterisieren.

Gerd Müller [131] fasst den Stand der vorherrschenden Ideen zusammen. Er nennt Mutationen und das immer wieder neue Zusammensetzen der genetischen Information als eine der Ursachen für genetische Unterschiede. Er nennt aber auch die Bedeutung des Genflusses, der Wanderung bestimmter Gene durch Migration, durch Auslese oder dadurch, dass Populationen, die sich räumlich voneinander getrennt haben, nicht mehr treffen und die jeweilige Genetik in getrennten Gruppen ihre jeweils getrennten Wege geht. Er nennt die Unterschiede im äußeren Erscheinungsbild aufgrund von Anhäufung genetischer Varianten, und er erwähnt die klassische Vorstellung, dass die natürliche Selektion der einzige richtungsweisende Faktor in der Evolution sei. Schließlich diskutiert er die moderneren Anschauungen zur „extended evolutionary synthesis", der erweiterten Synthese der Evolutionstheorie.

Mutationen

Mutationen sind genetisch übertragbare Veränderungen in der Sequenz des Genoms. Sie werden von der Mutterzelle auf die Tochterzelle und von den Eltern auf das Kind übertragen. Mutationen können eine einzelne Base betreffen. Basen sind die Grundbausteine von DNA[1]-Strängen, sozusagen die einzelnen „Perlen", aus denen die Gesamtkette des Genoms besteht. Wenn es bei der Zellteilung zum Austausch einer solchen „Perle" gegen eine andere „Perle" kommt – man nennt das Basensubstitution –, kommt es zu einer Änderung im genetischen Code. Mutationen können aber auch umfangreicher sein. Es kann zu irrtümlichen Vervielfältigungen ganzer DNA-Abschnitte (Amplifikation) kommen oder zum Verlust größerer Teile des Genoms (Deletion). Chromosomen können brechen und in kleineren Stückchen vorliegen, die, wenn sie sich wieder zusammenfügen, auch verkehrt herum liegen können und nicht mehr von vorn nach hinten, sondern „neselegba nrov hcan netnih nov" (von hinten nach vorn abgelesen) werden. Von solchen DNA-Abschnitten wird Unsinn abgelesen.

Und es gibt noch manches mehr, was uns aber jetzt nicht interessieren soll. Wir beschränken uns auf die Basensubstitution, die Veränderung einer einzelnen „Perle". So etwas passiert nicht selten. Wenn die Perle Teil einer wichtigen Information ist, ist jede Veränderung fast immer schädlich. Und zwar sofort. Das Ablesen einer „falschen" Information führt zu einem „falschen" Re-

---

[1]Die Desoxyribonukleinsäure, meist abgekürzt als DNA (deoxyribonucleic acid) trägt die Erbinformation bei allen Lebewesen und den DNA-Viren.

sultat. Allerdings können Veränderungen auch „stumm" bleiben. Das passiert, wenn sie in einem Bereich liegen, der nicht fürs Ablesen vorgesehen oder nicht wirklich wichtig ist. So als ob ein Stück vom Buchrücken fehlt oder sich im Namen des Mörders ein Schreibfehler eingeschlichen hat – dann können Sie Ihren Krimi immer noch lesen. Stumme Veränderungen fallen nicht auf und sie wandern in die folgenden Generationen. In diesem Fall hat sich eine Genvariante entwickelt. Man nennt eine solche Variante ein Allel. Nur ganz selten bringt eine solche Mutation einen wirklichen Vorteil.

Mutationen, die von Eltern auf ihre Kinder weitergegeben werden, sind Mutationen, die in der Fortpflanzungslinie auftreten, d. h. zwischen dem befruchteten Ei und der sich nach einigen Tagen entwickelnden Keimzelle des neuen Embryos. Das heißt nichts weiter, als dass relevante Mutationen für ein Individuum in Omas Gebärmutter stattgefunden haben.

Verstanden? Nein; das verstehen auch Studenten nicht auf Anhieb. Aber weil es sich um ein etwas skurriles Detail aus der Genetik handelt, wollen wir es Ihnen nicht vorenthalten. Hier also noch einmal Schritt für Schritt: Wenn eine bestimmte Mutation in einer Keimzelle auftritt, ist diese Keimzelle noch Teil eines Embryos. Irgendwann wird dieser Embryo geboren, und wenn es ein Mädchen ist, könnte es später einmal Mutter werden. Dieses Mädchen trägt in einer seiner Keimzellen die Mutation. Erst wenn es erwachsen ist und einen Mann findet und mit ihm ein Kind haben möchte, wird es interessant: Dann wird aus der Keimzelle mit der Mutation ein Kind. Aha! Die Mutation, die für dieses Kind bedeutsam ist, ist also in der Gebärmutter seiner schwangeren Großmutter entstanden.

Bei Männern ist das anders. Spermien werden nicht im Embryo angelegt wie die Eizellen einer Frau, sondern fortlaufend über viele Jahrzehnte produziert. Die Fortpflanzungslinie bei Männern dehnt sich also über einen deutlich längeren Zeitraum aus. Daher ist auch die Anzahl von DNA-Verdopplungen bei der Entstehung von Spermien deutlich größer, und entsprechend gibt es mehr väterliche als mütterliche Mutationen. Rund 75 % der Keimbahnmutationen sind väterlichen Ursprungs, und dieser Anteil nimmt mit dem Alter der Väter noch zu [132, 133]. Bei Menschen tritt etwa eine Mutation pro Generation und 120 Millionen Basenpaare auf. Das klingt nach sehr wenig, aber wenn wir noch ein bisschen weiterrechnen – das menschliche Genom umfasst etwa 3,1 Milliarden Basenpaare [134] –, kommen wir darauf, dass mit jeder neuen Generation von Kindern viele neue Mutationen entstehen. Und diese Mutationen werden auch weitergegeben. Mutationen sind ein nie versiegender Strom von Veränderung im Genom.

Die Evolution ist ein konstruktiver Vorgang. Laland fasst das so zusammen [135]:

Konstruktive Entwicklung bezieht sich auf die Fähigkeit eines Organismus, seinen eigenen Entwicklungsverlauf zu gestalten, indem er ständig auf interne und externe Zustände reagiert und diese verändert. Der sich entwickelnde Organismus kann nicht auf trennbare Komponenten reduziert werden, von denen z. B. das Genom die ausschließliche Kontrolle über den Phänotyp ausübt. Vielmehr fließen die Ursachen auch von höheren Ebenen der Organisation des Organismus zurück zu den Genen.

Unstrittig ist nach wie vor, dass es zwischen Rivalen Gerangel gibt, aber es wird Abstand davon genommen, dieses Gerangel als einfachen oder gar als einzigen Faktor der Selektion zu definieren. Zumal es neben dem Gerangel überall Kooperation gibt, die sich mit der Vorstellung von einem immerwährenden Kampf ums Dasein nicht gut verträgt. Vielmehr geht es bei der natürlichen Auslese um das Überleben in einer Umwelt, an die man sich anpassen muss. Die erweiterte evolutionäre Synthese beschreibt einen hochdynamischen Vorgang, in dem die selektierbare Variation durch das Miteinander von individueller Entwicklung und dem Umfeld, dem das Individuum ausgesetzt ist, bestimmt wird. Es gibt ein Wechselspiel von Kooperation, von Konflikten und von Interessenausgleich zum Vorteil von Gruppen. Es geht um „evolutionär stabile Strategien". Auch unter diesem Gesichtspunkt bleibt das Individuum das „Bauteil" der Evolution, aber das Individuum ist Teil eines kooperativen „Spieles". Es lassen sich Überlegungen aus der Spieltheorie anwenden. Das machen wir auch – dazu kommen wir aber etwas später.

Evolutionär stabile Strategien
Das Konzept der evolutionär stabilen Strategie wurde Anfang der 1970er-Jahre von John Maynard Smith und George R. Price [136] eingeführt. Es beinhaltet Strategien, die eine Population robust gegen Eindringlinge macht. Sofern ausreichend viele Mitglieder einer Population eine solche Strategie anwenden, wird sie zur vorherrschenden Strategie. Die meisten Betrüger, die gegen eine solche Strategie verstoßen, haben dann keine systematischen Vorteile mehr. Für „Schürzenjäger" wird es zunehmend schwieriger, ihre Gene zu verbreiten. Das Konzept findet vielfach Verwendung, nicht nur in der Evolution, sondern besonders in der Spieltheorie und auch in den Wirtschaftswissenschaften.

Wir sehen, wie Sie bereits die Augen verdrehen. Das gehört alles in biologische Lehrbücher, und Sie wollen kein Lehrbuch lesen. Sie wollen mit uns weben. Und darum nehmen wir jetzt die bereits vorhandenen Fäden auf und weben sie zusammen zu neuen Streifen in unserem Tuch. Und diese neuen Streifen heißen Spiel und Strategie. Spiele haben Regeln, Regeln müssen eingehalten werden, und das Miteinander im Spiel beinhaltet Kommunikation und Strategie. Die einfachste Art zu kommunizieren, ist Signalisieren.

20. Faden: Signale

Von Quarantäneflaggen und Signalen im Allgemeinen

Als kleiner Junge stand ich (MH) stundenlang mit meiner Großmutter in Cuxhaven an der Alten Liebe, einem historischen Anleger mit Aussichtsplattform und einer wunderbaren Sicht über die Elbmündung. Wir betrachteten Schiffe, und ich träumte den Traum aller kleinen Jungs vom Seefahren, zumal meine Ahnen Kapitäne waren und meine Großmutter davon erzählte. Und wir beobachteten die Beflaggung: die rote Flagge, die den Transport gefährlicher Güter anzeigt, manchmal auch eine gelbe Flagge, die Quarantäneflagge. Und dann stellte ich mir die verseuchten Matrosen vor, ausgezehrt und gelb im Gesicht, die unten in ihren Kojen vor sich hindämmerten. Und wenn drüben am Steubenhöft die *Hanseatic* wieder ablegte zur Fahrt über den Atlantik, hing oben der Blaue Peter – Zeit zum Auslaufen. Ich lernte das Flaggenalphabet. Und ohne mir damals Gedanken zu machen, lernte ich, das Prinzip von Signalen zu verstehen.

Oder denken Sie an die Lichtsignale an Kreuzungen oder an die früheren Verkehrspolizisten, inmitten des Verkehrs, auf einem kleinen Podest, mit signalisierenden rudernden Armbewegungen, die heutzutage oft längst vergessen sind, nicht nur bei den Autofahrern.

Das ist alles trivial, aber genau darum geht es in diesem Buch. Es geht um das triviale Weiterleiten von Information, nicht um verseuchte Matrosen oder armrudernde Polizisten. Es geht um Signale und um Kommunikation im Allgemeinen. Signale sind immer dann von Nutzen, wenn es einen Empfänger gibt und dieser Empfänger in diesem Signal einen definierten Sinn erkennen kann. Signale sind essenzielle Bestandteile von Leben. Eigentlich besteht Leben nur aus Signalen. Unter Knorpelzellen ging es um kleine Geschenke, Botenstoffmoleküle, Hormone und Wachstumsfaktoren. Unter Individuen geht es um Kooperation, Konfrontation, Vertreibung von Nebenbuhlern – oder um das Verstehen eines philosophischen Vortrags als eine sehr komplexe Form von Kommunikation.

Signalisieren beinhaltet, dass ein Sender und mindestens ein Empfänger vorhanden sind. Wenn das Signalisieren keine Einbahnstraße sein soll, sondern Information hin und her gehen soll, setzt Signalisieren Gemeinsamkeiten in der Signal-

© Der/die Autor(en), exklusiv lizenziert an Springer-Verlag GmbH, DE, ein Teil von Springer Nature 2024
M. Hermanussen, C. Scheffler, *Größenwahn*,
https://doi.org/10.1007/978-3-662-69580-7_24

erzeugung und der Signalerkennung voraus. Signale funktionieren also nur unter solchen, die entweder von Natur aus zu annähernd gleicher Signalerzeugung und Signalerkennung fähig sind, oder solchen, die mittels eines Lernprozesses das Signalerzeugen und das Dechiffrieren der entsprechenden Signale gelernt haben.

Im Gegensatz zu wirklichen Geschenken sind die meisten Signale nur Versprechungen. „Sexy" und „Size" sind Versprechungen. Sie versprechen Fertilität, aber auch Kraft, Gesundheit und Glücklichsein. Beide Signale sind nützlich, denn sie machen den wirklichen Kampf um die besseren Vermehrungschancen oder sogar um die physische Existenz weitgehend entbehrlich. Wir lasen bei Peter Buston und Tim Clutton-Brock [110], dass ein Konflikt unter Individuen dann am intensivsten ist, wenn sie sich in Größe oder Konkurrenzfähigkeit am wenigsten unterscheiden. Das hat schon Darwin bemerkt, und diese Beobachtung zeigt die Bedeutung von Signalen. Je klarer die Signale – zwei, die gleich groß und gleich sexy sind, können ihren Konflikt nicht durch das Zeigen von Kraft und Fruchtbarkeitssignalen entscheiden –, desto geringer die Versuchung, kämpferische Risiken einzugehen. Was nützt das Signal „Schau her, ich bin fruchtbar", wenn es sich vom Signal des Unfruchtbaren nicht unterscheidet? Man muss ein eindeutig prächtigeres Geweih oder eine eindeutig imponierendere Körperfülle zeigen, um bejubelt und ausgewählt zu werden – oder man hat nichts zum Zeigen und wird in die Ecke gestellt.

Die Befähigung zum Signalisieren von Körpergröße, d. h. die Befähigung, Körpergröße strategisch nach sozialen Kriterien einzurichten, gehört zu den hochkonservierten evolutionär stabilen Strategien. Und die Befähigung, nach Bedarf sexuelle Signale zu senden, ist sogar noch länger konserviert. Und der Ort, an dem diese Signale erzeugt werden, ist in beiden Fällen der Hypothalamus. Und darum kommen wir jetzt noch einmal auf diesen Teil des Zwischenhirns zu sprechen.

Kombiniert die Signale: Wir verdrillen den 7. und den 20. Faden

Von Hahnenkamm, Pfauenfedern und Hirschgeweihen und davon, wie die Neuropeptide des Hypothalamus das metabolische Drinnen mit dem sozialen Draußen verknüpfen und warum es keine guten Herrschergene gibt

Wir verdrillen die Fäden Hypothalamus und Signalgebung. Körpergröße hängt vom Wachstum der Knorpelzellen ab, was wiederum vom hypothalamischen Releasing-Hormon GHRH[1] abhängt. GHRH verknüpft das soziale „Draußen" mit dem metabolischen[2] „Drinnen". Die Körpergröße signalisiert „bin kräftig" und „habe was Wichtiges zu sagen". Wenn das GHRH ausbleibt oder nicht ausreichend produziert wird, bleibt die Wachstumsfuge träge, die Körpergröße bleibt mickrig, das Signal bleibt mickrig und kommuniziert „habe nichts zu sagen". Sie haben das Interview mit der Gärtnerin gelesen.

Entsprechendes gilt für die sekundären Geschlechtsmerkmale. Ein Geweih ist beeindruckend und signalisiert „bin potent" und „kann viele Nachkommen haben". Perückenböcke[3] sind nicht sexy und versprechen nichts (Abb. 12).

Sie merken, wohin die Reise geht: Wir sprechen von Hormonen, die eine Außenwirkung haben. Das betrifft längst nicht alle Hormone. In der Tat haben die meisten Hormone keine Außenwirkung. Denken Sie an die Regelung des Blutzuckerspiegels. Man sieht dem Diabetiker nicht an, wenn sein Blutzuckerspiegel außer Kontrolle ist. Und die vielen Hormone des Magen-Darm-Traktes machen hungrig oder satt, aber auch das kann man von außen nicht erkennen, abgesehen von den gierigen Blicken beim Öffnen einer Schokoladenpackung oder die schlechte Laune, wenn man sich die Schokolade verbieten möchte. Oder die Hormone, die den Blutdruck regeln. Allenfalls bemerken Sie den Bluthochdruck am roten Gesicht, aber das ist nur ein sehr indirektes Zeichen, und wenn Sie im Winter vom Rodeln kommen – sofern es überhaupt noch einmal einen kalten Winter geben sollte –, haben auch Sie ein rotes Gesicht.

---

[1] Growth Hormone Releasing Hormone.

[2] Metabolismus ist Stoffwechsel.

[3] Ein Perückenbock ist ein Rehbock, der aufgrund des Fehlens von Testosteron (z. B. durch Krankheit, Verlust oder Hodenverletzung) nicht mehr in der Lage ist, ein normales Geweih auszubilden.

© Der/die Autor(en), exklusiv lizenziert an Springer-Verlag GmbH, DE, ein Teil von Springer Nature 2024
M. Hermanussen, C. Scheffler, *Größenwahn*,
https://doi.org/10.1007/978-3-662-69580-7_25

Abb. 12 Ein gesunder Rehbock (**links**) und ein „Perückenbock" (**rechts**), der keine ausreichende Testosteronproduktion hat und statt des schlanken Gehörns ein eher etwas krautiges Gewächs auf dem Kopf trägt

Also. Körpergröße - Höhe und Gewicht - ist ein sehr deutliches Signal, Brustentwicklung und Bartwuchs ebenfalls – wir müssen das nicht weiter auseinanderdröseln. Sie kennen viele Beispiele von großkotzig und sexy. Und weil beides fürs Überleben und Nachwuchszeugen so essenziell ist, wollen wir wieder ein bisschen tiefer abtauchen. Und dabei kommen wir auf das Huhn.

Huhn oder Ei. Ist das Huhn ein kompliziertes Wunderwerk, um Eier zu erzeugen – oder ist das Ei ein kompliziertes Wunderwerk, um Hühner zu erzeugen? Ist eine stattliche Körpergröße („Drinnen") ein Wundersignal, um soziale Dominanz („Draußen") zu erzeugen, oder ist soziale Dominanz ein Wundermittel, um stattliche Körpergröße zu erzeugen?

Unlängst ist die Verknüpfung zwischen dem „Draußen" und der Aktivität der Zellen des Hypothalamus, also dem „Drinnen", von Mäusen näher untersucht worden. Stagkourakis und seine Mitarbeiter [137] schreiben:

> Aggression zwischen Männchen dient dazu, den sozialen Rang zu bestimmen. Mehrere Populationen von Nervenzellen sind an dieser Aggression beteiligt. Wir zeigen, dass Neurone in verschiedenen Kerngebieten des Hypothalamus, die Dopamintransporter [4] herstellen, zielgerichtete Aggression bei männlichen Mäusen organisieren.

---

[4] Dopamin ist ein Neurotransmitter, also ein Botenstoff, der die Erregung von einer Nervenzelle auf eine andere Nervenzelle überträgt.

Das ist Spezialwissen. Das weiß auch nicht jeder Mediziner und Biologe aus dem Stehgreif. Wir halten hier nur fest: Kerngebiete des Hypothalamus sind durch Nervenzellen eng miteinander vernetzt, die auch in die Produktion von GnRH[5] involviert sind. Und damit ist der Bogen geschlagen zwischen sozialem Status, Verhalten, hypothalamischen Neuropeptiden und den sichtbaren körperlichen Signalen von Stärke und Fitness, die wieder zurück auf den sozialen Status wirken. In der Arbeit von Stagkourakis geht es um das GnRH, aber wir sind uns sicher, dass analoge Verhältnisse auch für das GHRH gelten. Strategisches Wachstum lässt sich nur über eine solche neuroendokrine Nachrichtenkette verstehen [138].

Dominant ist also, wer dominant erscheint. Aber auch diese Weisheit macht uns nicht wirklich schlauer. Warum ist es so wichtig, unter genetisch Gleichen, oder zumindest fast Gleichen, soziale Hierarchien herzustellen?

Darwin war davon überzeugt, dass der Gewinner im Existenzkampf die besseren Qualitäten hat und diese Qualitäten an seine persönlichen Nachkommen weitergibt. Wenn wir herumfragen, hören wir, dass diese Ansicht immer noch, auch bei einem Großteil unseres Freundes- und Bekanntenkreises, vorherrscht. In der Tat glauben ja auch wir an Selektion im Alltag: Wir glauben an gute Examina. Wer das beste Examen hat, wird auch der beste Doktor, Jurist, Wirtschaftler etc. sein – oder? Das Prinzip „Leistung" ist in unserer Gesellschaft fest verankert und unterhält den ständigen Wettbewerb um die Besten.

Auch wir denken immer noch zutiefst darwinistisch, obgleich wir seit Langem wissen, dass es gar keine „guten Herrschergene" gibt, weshalb man sie auch nicht weitervererben kann. Und gerecht sind Leistungsprinzip und ständiger Wettbewerb auch nicht [139].

Sie merken, es ist nämlich ganz anders: Es sind gar nicht die Gene für eine größere Körperfülle oder das stattlichere Geweih, die im evolutionären Prozess ausgelesen werden, sondern *es ist die Fähigkeit, Körperfülle und Geweih nach strategischen Gesichtspunkten einzurichten. Diese Fähigkeit wird im evolutionären Prozess selegiert und perfektioniert.*

Zurück zum Rangeln. Warum also dieses ewige Gerangel? Warum dieses Show-Geschäft? Warum Körperfülle und hübsches Geweih? Wenn wir darüber nachsinnen, was das Show-Geschäft so attraktiv macht, müssen wir anarchisch, gegen den Strich, denken. Aber wir wollen nicht vorgreifen. Erst einmal einige Worte zum Herumrangeln. Wir wissen, dass herumgerangelt wird, auch wenn es im Augenblick noch keinen unmittelbar überzeugenden Sinn macht. Denken Sie an Ihre Grundschulzeit. Denken Sie an die 1. Klasse. Und wenn Sie es nicht mehr erinnern, denken Sie an Schulklassen beim Ausflug in Bahnen und Bussen. Es wird gerangelt. Hier geht es nicht um Butterbrote, es geht auch nicht um die besten Plätze. Jeder Grundschullehrer kennt das. Es geht um das Who is Who: Wer hat was zu sagen und wer hat nichts zu sagen. Konfrontation wechselt mit Koalition. Gerangelt wird bis ins höhere Alter. Aber vergessen Sie nicht die Epiphysenfuge: Das

---

[5] GnRH (Gonadotropin Releasing Hormone) ist das LH- und FSH-stimulierende Hormon des Hypothalamus. GnRH reguliert Fertilität und die Freisetzung der Sexualhormone und damit das äußere männliche oder weibliche Erscheinungsbild.

Umsetzen von Rangelerfolg und Misserfolg, von Gewinnen und Verlieren, kann nur bis zum Ende der Wachstumsphase in Körperhöhe umgesetzt werden. Wer ausgewachsen ist, kann rangeln, so viel er will – es bringt keinen Millimeter mehr.

An diesem Punkt wollen wir nun andersherum fragen: Warum denn bitteschön will man das Gerangel schlechtreden? Hat rangeln Nachteile? Oder hat – ganz im Gegenteil – Rangeln auch Vorteile? Rangeln führt zur Ausbildung von biologischen Signalen. Der Show-Charakter solcher Signale garantiert – zumindest auf lange Sicht – ein risikoarmes Miteinander: „Zeig mir Deine Karten und ich gebe mich geschlagen." Oder: „Du gibst dich geschlagen." Deutlicher gesagt: Offenbar gibt es gute Gründe zu rangeln. Rangeln ersetzt das wirklich Kämpfen.

Das Besondere an der Rangelei ist die Konsequenz derselben: Am Ende gibt es ein Oben und ein Unten. Selbst wenn die Rangelei spontan und ohne einen benennbaren Grund begonnen wurde, ist die Konsequenz stets das Oben und Unten. Man gewinnt oder verliert den Kampf um die besten Nahrungsquellen – das ist die existenzielle Variante von Rangelei –, oder man gewinnt oder verliert beim Kartenspiel am Samstagabend – das die spielerische Variante von Rangelei. Oder denken Sie an die vielen Kampfsportarten, wie Judo, Karate, Boxen, Ringen usw., die eigentlich auch nichts anderes sind als eine Rangelei nach Regeln. Immer entwickelt sich am Ende eine irgendwie geartete Top-down-Struktur mit einem oder wenigen Gewinnern und vielen Verlierern. *Bottom-up-Phänomene können Top-down Strukturen erzeugen.*

All das ist Gruppendynamik. Während wir beim Betrachten von Kämpfen immer die einzeln kämpfenden Individuen vor uns sehen, verlassen wir beim Betrachten des Rangelns die Ebene der Individuen, und wir sehen die Gruppe vor uns. Beim Rangeln entwickeln sich anfangs strukturlose Gruppen zu strukturierten Gruppen mit Gruppenführern und Gefolgsleuten. Mit „Influencern" und „Followern". Mit Königen und Vasallen. Mit Leitwolf und Rudel, Leithengst und Herde. Dabei sind diese Rollenzuweisungen nicht einmal von Dauer. Gruppenstrukturen sind unbeständig, wandelbar. Führungspositionen wechseln. Dauerhaft ist nur die Tatsache, dass sich in einer Gruppe immer wieder neue Führungspositionen entwickeln. Gesellschaften können sich ändern, aber immer gibt es Bonzen und immer die folgsamen Parteimitglieder. Und der Hypothalamus generiert die Signale dieser Gruppendynamik. Seit Hunderten von Jahrmillionen.

Die Fäden Nummer 21 und 22: Zwei uralte Dolmetscher – die Releasing-Hormone GHRH und GnRH

Wunderliches aus uralten Zeiten, von der Fortpflanzung der Zebrafische und von Versprechungen der Show-Master

Ohne Stoffwechsel können Zellen nicht leben. Das intrazelluläre Miteinander von DNA, RNA, Proteinen, Signalmolekülen, den zellulären Baumaterialien und den „Treibstoffen" Zucker, Fett und Aminosäuren besteht seit Anbeginn allen Lebens.

Bereits im Paläoproterozoikum – das ist die Zeit etwa zwischen 2,5 und 1,6 Milliarden Jahren – gibt es die ersten Eukaryonten[1]. Diese Lebewesen lebten jedes für sich allein. Das änderte sich aber irgendwann. Rotalgen aus der Zeit vor ca. 1200 Millionen Jahren sind die ersten einfachen fadenförmigen Strukturen. Schon damals schlossen sich einzelne Zellen zusammen und bildeten mehrzellige Ketten. Die ersten Organismen mit einer dreidimensionalen Anordnung von Zellen – also nicht nur als Kette, sondern auch als Kugel – traten vor rund 800 Millionen Jahren auf. Und seitdem einzelne Zellen sich zu mehrzelligen Organismen zusammengefunden haben – als Ausdruck dafür, dass der Gewinn an Überlebensfähigkeit der kleinen Organismen den Verlust an „persönlicher" Vermehrungsfähigkeit aufwiegt –,gibt es nicht nur Anker, Klemmen und Kleber, die den Verband von einzelnen Zellen zusammenhalten (man spricht von Adhäsionsmolekülen), sondern auch Informationsaustausch zwischen den Zellen. Die einzelnen Zellen kommen miteinander „ins Gespräch". Zellen kommunizieren [140]. Kommunikation ist wichtig, denn unter den Vielen hat nicht mehr jede Zelle den gleichen Zugang zu Nahrung und Sauerstoff. Manche liegen „drinnen" und müssen sich mit Signalen verständigen, damit sie weiter am Leben „draußen" teilnehmen können.

Und nun geht es weiter: Schon wenig später – sofern man in diesen astronomischen Zeitbegriffen von „wenig später" reden kann – fangen auch die mehrzelligen Organismen an, untereinander zu kommunizieren: Sie tauschen Signale aus. Mit anderen Worten, das, was die einzelnen Zellen in einem Organismus untereinander

---

[1] Eukaryonten sind Lebewesen, deren Zellen über einen Zellkern verfügen, der mit einer Doppelmembran umhüllt ist und den überwiegenden Teil der Erbinformation enthält.

© Der/die Autor(en), exklusiv lizenziert an Springer-Verlag GmbH, DE, ein Teil von Springer Nature 2024
M. Hermanussen, C. Scheffler, *Größenwahn*,
https://doi.org/10.1007/978-3-662-69580-7_26

treiben – nämlich kommunizieren –, treiben nun die Mehrzeller auf der nächst-höheren Ebene, auf der Gruppenebene. Sie kommunizieren unter Gruppenmit-gliedern. Und mit dieser Signalgebung sind wir bei den Releasing-Hormonen. Die ersten Urwelttiere hatten noch keinen Hypothalamus. Sie produzierten ihre Releasing-Hormone an anderer Stelle, aber sie produzierten sie. Sie produzierten Hormone, um unter ihresgleichen signalisieren zu können. Die „Technik", diese Peptide zu synthetisieren, ist also uralt. Das GnRH gibt es seit 500–700 Millionen Jahren [141–143]. Jeder heute lebende Wurm hat das. Und das GHRH existiert in der Reihe der Wirbeltiere seit mindestens 400 Millionen Jahren [144–146].

Fangen wir bei dem etwas jüngeren GHRH an. Seine Aufgabe ist, einem Gruppenmitglied zu gestatten, ein bisschen größer oder ein bisschen kleiner zu sein als andere Gruppenmitglieder. Hier geht es nicht um die absolute Größe. Ob Arten insgesamt groß oder klein sind, wird genetisch geregelt. Wale sind riesenhaft, Mäuse winzig. Wale haben wegen ihrer Größe eigentlich keine natürlichen Feinde, Mäuse können überall unterkriechen. Großsein hat Vorteile, Kleinsein hat auch Vorteile. Größenunterschiede vom Vieltausendfachen sind für die Evolution ein Kinderspiel. Warum also gibt es eine über Hunderte von Millionen Jahren konservierte Zusatzregulation, die es den Mitgliedern derselben Art ermöglicht, nur ein kleines bisschen größer oder ein kleines bisschen kleiner als die anderen Artgenossen zu sein?

Es ist viel spekuliert worden: Vielleicht hat der eine oder andere ein bisschen weniger zu fressen und kommt, wenn er ein bisschen kleiner bleibt, mit ein bisschen weniger Kalorien aus … wir hatten das Thema schon einmal: „Small but healthy" hieß diese Theorie, die mittlerweile und zum Glück wieder in den Schubladen des Vergessens verschwunden ist. Aber hier geht es nicht um „small but healthy", es geht um etwas ganz anderes. Es geht um eine andere Ebene. Es geht nicht primär um das Individuum – ob es „größer, kleiner, stärker, schwächer, hübscher oder wie auch immer" sein sollte –, es geht um die Gruppe. So, wie sich in einem Organismus die einzelne Zelle der Struktur des gesamten Organismus anpasst und unterordnet, so kann sich ein Mitglied einer Gruppe der Struktur und seiner Funktion in der Gruppe anpassen und unterordnen. Es geht um Plastizität, Formbarkeit. Es geht nicht darum, dass der Stärkste den größten Bissen aus dem Futtertrog zieht, sondern um das Funktionieren der Gruppe als soziale Gemeinschaft. Es scheint sich zu lohnen, diese Fähigkeit zur Anpassung zu optimieren und für astronomisch lange Zeiträume zu konservieren – über Zeiträume, in denen unsere Vorfahren Kiemen und Flossen verloren haben und längst auf dem Trocknen wandeln.

Wir wollen es noch einmal klar ausdrücken: Nicht das Größer-, Kleiner-, Stärker-, Schwächer-, Hübscher-, Oder-wie-auch-immer-sein wird in der Evolution favorisiert, sondern die Fähigkeit, das Größer-, Kleiner-, Stärker-, Schwächer-, Hübscher-, Oder-wie-auch-immer-sein unter strategischen Gesichtspunkten innerhalb der Gruppe anzupassen. Diese Fähigkeit braucht einen „Dolmetscher", denn es müssen Sinneseindrücke vom gesellschaftlichen „Draußen" in körpereigene „Sprache" übersetzt werden, d. h. in eine Sprache, die vom „Drinnen" des Stoffwechsels verstanden wird. Es müssen die Sinneseindrücke von Augen, Ohren, Gefühlen, etc. in Stoffwechselsignale übersetzt werden. Genau das geschieht im Hypothalamus.

Die Neurone des Hypothalamus empfangen Sinneseindrücke und setzen diese Eindrücke in Releasing-Hormone um. Sie „dolmetschen".

Das Dolmetschen findet in der üblichen Weise statt: Die Nervenzelle erfährt eine elektrische Erregung. Über einen intrazellulären Signalweg wird diese Erregung auf die DNA im Kern der Nervenzelle übertragen, die nun an entsprechender Stelle abgelesen wird. Es werden RNA-Kopien angefertigt, die dann zur Produktion der entsprechenden Aminosäurekette Anlass geben ... Sie erinnern diese grundsätzlichen biologischen Mechanismen vielleicht noch aus Ihrem Biologieunterricht. Natürlich ist das ein komplizierter Vorgang, aber keine Sorge, wir wollen uns hier nicht weiter in Details verlieren. Wir wollen nur hervorheben, dass sich genau die DNA-Sequenzen der Dynamik der Evolution bisher weitgehend entzogen haben, die für die Anpassung der Körperhöhe an Sinneseindrücke von „draußen" notwendig sind.

Hypothalamische Releasing-Hormone sind „zuständig" für die Steuerung von Wachstum und für das äußere weibliche oder männliche Erscheinungsbild. Sie sind das zentrale Element in dem „sozio-metabolischen Netzwerk" [138], das das soziale „Draußen" mit dem „Drinnen" des Stoffwechsel verbindet. Diesen Zusammenhang und seine Bedeutung klarzustellen, war der Grund für unseren Ausflug in die Evolution.

All das klärt aber noch nicht, warum die Fähigkeit zur Plastizität für das Fortbestehen einer Art so wichtig ist. Warum wurden die Gene für das Show-Geschäft konserviert?

Die Frage ist nicht trivial, und die Lehrbücher schweigen sich bisher dazu aus. Die Wahrheit kennen wir natürlich auch nicht. Aber wir sehen einen Weg zu einer plausiblen Erklärung – hoffnungsvollerweise einen Weg, der in einigen Jahrzehnten nicht genauso bizarr klingt wie die Ausführungen zu Bettlern und Obdachlosen, die Erläuterungen zum Pubertätsschwachsinn oder die anderen historischen Erklärungsversuche.

Um diesen Weg zu verstehen, rufen wir uns noch einmal zwei Umstände ins Gedächtnis:

1. Die Auseinandersetzungen zwischen Individuen derselben Art sind in der Regel härter als zwischen Individuen verschiedener Arten (das sagte schon Darwin, und er hatte recht).
2. Tiere, die Waffen tragen, beginnen eine Auseinandersetzung nicht sofort mit einem ernsten Waffengang, sondern zeigen fast immer visuelle/taktile Zeichen, bevor sie sich auf einen Körperkontakt einlassen (auch das sagten bereits die Evolutionstheoretiker des ausgehenden 19. Jahrhunderts).

Waffen werden also nicht primär als Waffen genutzt, sondern als Signale, die man dem anderen zeigt. Sie signalisieren das Ressourcenhaltepotenzial[2]. Solche

---

[2] Die Fähigkeit eines Tieres, einen Kampf zu gewinnen – sofern es zu einem Kampf kommen sollte –, bezeichnet man in der Biologie als „Ressourcenhaltepotenzial" (resource holding potential, RHP). Der Begriff „Potenzial" weist darauf hin, dass das Individuum mit dem größeren RHP den Kampf aber nicht unbedingt gewinnen muss.

Signale haben einen klaren Vorteil: Man weiß, woran man ist. Mit Show-Waffen kann man einen Kampf entscheiden, ohne kämpfen zu müssen. Besser ist es, sein Messer oder auch nur die Attrappe eines Messers zu zeigen, als das Messer zu benutzen. Selbst wenn die biologischen Signale extrem unpraktisch sind – denken Sie einfach an die knöchernen Gerüste, die die Hirsche monatelang mit sich herumschleppen müssen –, so sind sie für die biologische Fitness, also die Zahl potenzieller Nachkommen, letztlich offenbar wirkungsvoller als alle echten Waffen. Und sie sind meist weniger gefährlicher.

Signale wie Großsein oder aufwendige äußere Geschlechtsmerkmale versprechen Stärke, Dominanz, Potenz und Nachkommenschaft. Aber es sind nur lärmende Versprechungen. Dieser Lärm fehlt in den Abbildungen der Lehrbücher und darum sind Releasing-Hormone auch immer nur als die obersten Regulatoren am oberen Bildrand dargestellt. Das entspricht unserem Zeitgeist: Von oben kommen die Befehle. Vertraute Top-down-Weltbilder: Wenn der Kapitän von Bord geht, sinkt das Schiff.

Sie merken, wir drehen uns ein wenig im Kreis. Es wird gerangelt; es werden Signale gezeigt, um das Rangeln weniger gefährlich zu machen; das Rangeln führt zu einer Strukturierung der Gruppe; die Position des Einzelnen in der Gruppe kann durch äußerlich sichtbare, strategische Merkmale wie Körpergröße und spezifische sekundäre Geschlechtsmerkmale gefestigt werden; strategische Merkmale erlauben, auf wiederkehrende gefährliche Rivalenkämpfe zu verzichten …

Das Show-Geschäft hilft also, die Verluste bei Rivalenkämpfen zu begrenzen. Das ist ein gewichtiges Argument, wenn es um den Fortbestand einer Art geht. Aber vermutlich sind Sie in diesem Moment nicht wirklich zufrieden. Zumal diese Aussage nicht erklärt, warum denn nun allenthalben gerangelt wird. Wir waren mit dieser Aussage auch nicht wirklich zufrieden. Zumal es Hinweise gibt, dass beide Neuropeptide – GnRH und GHRH – für das Zeugen von Nachkommen entbehrlich sind. Das ist zwar nicht die Regel, aber Nachkommenschaft hängt nicht zwingend von den beiden Neuropeptiden ab.

Kathleen Whitlock und ihre Mitarbeiter fragten sich: Ist GnRH für die Zeugung von Nachkommen entbehrlich? Sie beginnen konventionell und ganz naheliegend mit der Feststellung, dass „die allgemeine Funktion von GnRH bei allen Wirbeltieren in hohem Maße konserviert" ist [147]. Sie führen dann aus, dass die Evolution nicht nur ein einziges GnRH-Gen konserviert hat, sondern dass

> im Genom der heutigen Wirbeltiere die Anzahl der GnRH-Gene variiert. Das GnRH1-Gen ist bei den meisten Arten vorhanden. Das GnRH2-Gen ist ebenfalls von Fischen bis hin zum Menschen zu finden, nur bei Nagetieren ist es verloren gegangen. Das GnRH3 findet sich nur bei Knochenfischen.

Das klingt nach Reserverädern. Zwei Reserveräder für die Fertilität. Zwar variieren die „Reservegene" geringfügig in ihrer DNA-Sequenz, nicht aber in ihrer Funktion. Das ist wie beim Auto: Räder können sich unterscheiden durch Größe und Profil, aber sie haben immer dieselbe Funktion. So auch bei den Tieren. Auch sind nicht alle Arten gleichermaßen mit GnRH ausgerüstet. Es gibt einige, denen das eine oder das andere „Reserverad" fehlt. Das macht aber offensichtlich nichts, und es beeinträchtigt auch nicht die Fertilität.

Nun kommen also Kathleen Whitlock und ihre Kollegen und fragen sich, was passiert, wenn man den Tieren, die aus irgendwelchen Gründen ohnehin nur mit einem GnRH-Gen leben müssen – Zebrafische gehören zu diesen reserveradlosen Zeitgenossen –, auch dieses eine und letzte Gen wegnimmt, und sie schreiben:

> Das Ausschalten von GnRH3 führt bei Zebrafischen, denen bereits das GnRH1-Gen fehlt, zu keiner Einschränkung der Gametogenese[3] und Fortpflanzungsleistung, weder bei Männchen noch bei Weibchen.
>
> Diese Ergebnisse deuten darauf hin, dass der Zebrafisch einen anderen, nicht auf GnRH basierenden Mechanismus zur Steuerung der Fortpflanzung nutzt. Wenn es GnRH1 im Zebrafisch nicht gibt und seine Funktion nicht durch GnRH2 oder GnRH3 gewährleistet ist, welches Peptid hat dann seinen Platz eingenommen?

Die Autoren nehmen ihren Zebrafischen die zentrale Signalfunktion „Ich kann Nachkommen haben" weg. Und trotzdem funktioniert die Fortpflanzung. Warum also hat der Zebrafisch über Jahrmillionen etwas konserviert, was für seine Fertilität zumindest entbehrlich ist?

Auch wenn diese Studie nur an einer Art gemacht worden ist und der Komplexität der hypothalamischen Regulationen sicher nicht gerecht wird, rüttelt sie an fest geglaubtem Wissen. Sie zeigt, dass die Aussage „Ich bin sexy" nicht gleichbedeutend mit der Aussage „Ich kann Nachkommen haben" ist, dass aber „Ich bin sexy" derartig wichtig ist, dass es über 700 Millionen Jahre konserviert wurde. Ohne das soziale Signal scheint auf lange Sicht die Arterhaltung nicht zu funktionieren.

Dasselbe gilt auch für das GHRH. Vorläufer des heutigen GHRH existieren seit 650 Millionen Jahren. Auch das heutige GHRH betreibt seine signalgebende Funktion – „Schau mal, ich bin der Größere" – seit gut 400 Millionen Jahren. Leo Lee und eine Reihe von französischen Koautoren beschäftigen sich mit der Ähnlichkeit dieses Neuropeptids unter den Säugetieren. Auch GHRH hat keine Bedeutung für die Fertilität, auch nicht bei Menschen [18].

Das Gemeinsame beider Releasing-Hormone ist also nicht nur, dass sie in einer herkömmlichen Top-down-Regulation an einem oberen Ende stehen (das lassen wir jetzt mal so stehen und kommen dann später noch einmal auf das „obere Ende" zu sprechen – denken Sie nur an Huhn und Ei), sondern dass sie eine Außenwirkung haben. GnRH lässt weibliche Wesen nach außen hin als weibliche Wesen und männliche Wesen nach außen hin als männliche Wesen erscheinen. GnRH regelt die Sexualhormone, und die Sexualhormone regeln, ob man sexy aussieht. GnRH codiert ein Versprechen. Ein prächtiges Geweih verspricht einen prächtigen Testosteronhaushalt. Perückenböcke sind nicht sexy. Analoges gilt für das wachstumshormonstimulierende Hormon GHRH. Auch Großsein ist nur ein Versprechen. Es verspricht Gesundheit, körperliche Unversehrtheit, es geht ums Imponieren. Der bessere Show-Master gewinnt, und wer gewinnt, hat mehr Nachkommen.

---

[3] Gametogenese benennt die Bildung von Spermien bei Männchen und Eizellen bei Weibchen jeweils aus den Urkeimzellen.

Es entsteht auch die Frage: Wie steht es denn mit den anderen Signalen von sozialer Bedeutung? Was ist mit den populären Sängern, Schauspielern, Künstlern, den Show-Mastern, die normal groß sind? Was ist mit den Hochstaplern und Angebern (Angeber haben mehr vom Leben [148]), die soziale Signale setzen, die wichtiger sind als ihre Körperhöhe?

Genau darum geht es. Menschen entwickeln Traditionen und Kulturen, deren Signalgebungen im Laufe unserer Geschichte wesentlich bedeutsamer geworden sind und weit über die rein biologischen Zeichen hinausgehen. Es sind die bekannten Insignien fürstlicher und königlicher Macht wie Kronen, Zepter, Purpur, auch die Pelze, die Uhren und Krawatten, die großen Autos der modernen Menschen, die Liste solcher kulturellen Symbole lässt sich beliebig erweitern. Diese Signale beinhalten soziale Strategien. Die Evolution von Neuropeptiden ermöglicht die Verknüpfung von Stoffwechsel und sozialen Strategien.

23. Faden: Die Gruppenführer und das Kollektiv

Von Großmäulern und Prahlhänsen und warum die Mitglieder einer Gruppe miteinander rangeln

Es wird Sie nicht verwundern, dass es lange gedauert hat, bis uns allmählich ein Licht aufging, nämlich dass es in diesem ganzen Herumgerangel gar nicht um den einzelnen starken Herdenführer geht, den Show-Master, der sich im Kampf ums Dasein durchsetzt, sondern um die Gruppe. Wir waren – wie die meisten um uns herum – versponnen in den Vorstellungen des 19. Jahrhunderts. Wir dachten an die Gruppenführer als die Hauptspermaspender, und es kam uns nur sehr tröpfchenweise in den Sinn, dass sich Gruppenführergene in gar nichts von den Genen der Geführten unterscheiden, dass Gruppenführer lediglich erfolgreicher sind beim Rangeln, beim Beißen und beim Zeigen ihrer Signale. Prahlhans ist der Führer und hat die meisten Nachkommen. „Natural selection" von Großmäulern und Wichtigtuern.

Und damit sind wir wieder bei den hypothalamischen Fäden: Prahlhans ist am größten, hat die dicksten Muskeln und die schönsten Federn. Prahlhans prahlt mit genau den körperlichen Merkmalen, die ihm über seine Releasing-Hormone vermittelt werden. Und das ist genau der Stoffwechselweg, der seit Hunderten von Millionen Jahren konserviert ist. Nur dass diese Signale beim Menschen vielfältiger geworden sind und inzwischen vornehmlich von kultureller und weniger von hypothalamischer Prägung. Aber es sind die hypothalamischen Signale, die uns hier vor allem interessieren – denn sie sind trotz aller Kultur nicht untergegangen, sondern wirken unverändert weiter in den Tiefen unseres Daseins.

Zurück zur Gruppe. Es geht um das Kollektiv als Ganzes. Joan Silk schreibt:

> Nach der Theorie der Verhaltensökologie entwickelt sich Sozialität, wenn der Nettonutzen einer engen Verbindung mit Artgenossen die Kosten einer solchen Verbindung übersteigt.

Es geht, wie bei anderen Verhaltensmustern im Tierreich, so auch beim Sozialverhalten, um die Abwägung von „cost and benefit" – von Kosten und Nutzen. Der Nettonutzen ist das Weiterführen des Genpools in der Gruppe. Ein Genpool ist dann

© Der/die Autor(en), exklusiv lizenziert an Springer-Verlag GmbH, DE, ein Teil von Springer Nature 2024
M. Hermanussen, C. Scheffler, *Größenwahn*,
https://doi.org/10.1007/978-3-662-69580-7_27

am sichersten, wenn er nicht von Individuum zu Individuum, sondern gruppenweise von Generation zu Generation weitergegeben werden kann. So wie sich die Einzeller vor einer knappen Milliarde Jahren zu Mehrzellern zusammenschlossen und Zwischenzellsignale entwickelten, so haben schon kurz nach ihrer Entstehung die Mehrzeller analoge Signale ausgebildet, was ihnen Vorteile bei der Strukturierung von Gruppen verschaffte. Es geht also um die Entstehung von Gruppenstrukturen.

Es gibt kaum Raum für Individualisten. Individualisten sind die Ausnahmen. Einsiedler wie der heilige Hieronymus sind Außenseiter im evolutionären Abseits. Sie vermehren sich nicht, machen keine Politik und spielen in der Evolution keine Rolle. Manche pflegen Außenseiterkulte; Honjok ist die südkoreanische Kunst, glücklich mit sich allein zu leben [149], aber in der Evolution geht es um Fitness und um die Gruppe. Es geht um Schwarm, Herde, Rudel und ihre Schwarm-, Herden- und Rudelführer, und aus diesem Grund hat sich die Bildung von Gruppen schon früh entwickelt. Die Vorteile von Gruppenbildung sind vielfältig. Gruppen sind widerstandsfähiger gegenüber kurzfristigem Stress. Die Vorteile umfassen nicht nur die gemeinschaftliche Verteidigung, den Schutz vor Raubtieren, die sie z. B. durch den Vielaugeneffekt[1] verwirren können. Es geht auch um die Abwehr von Parasiten, Vorteile bei der Nahrungssuche und gemeinsames Jagen, Partnerwahl, Wärmehaltung – die Liste ist lang und soll hier gar nicht vervollständigt werden [150]. Die Vorteile hinsichtlich Fitness der Gesamtgruppe gegenüber der Fitness einzelner Individualisten sind also seit Langem bekannt [151, 152]. Dann darf der Einzelne auch gern altruistisch[2] sein und auf eigene Nachkommen verzichten. Gerade bei Menschen sind Altruismus und Solidarität in Gefahrensituationen ganz besonders deutlich ausgeprägt. Nettonutzen kann sogar heißen, dass es zu einer Verringerung der Nachkommen kommen kann, wenn in Mangelsituationen zu viele Kostgänger das Überleben der gesamten Gruppe gefährden. Patrick Kennedy [153] und seine Kollegen schreiben:

> Die Evolution des Altruismus – kostspielige Selbstaufopferung im Dienste anderer – hat Biologen seit Darwin vor ein Rätsel gestellt. Ein halbes Jahrhundert lang wurde versucht, den Altruismus zu verstehen, und zwar auf der Grundlage des Konzepts, dass Altruisten ihren Verwandten zu mehr Nachkommen verhelfen, um gemeinsame Gene zu verbreiten. Das wird „inclusive fitness" genannt. Wir zeigen, dass Altruisten den langfristigen Erfolg ihres Genotyps aber auch dann erhöhen können, wenn sie vorübergehend die Anzahl der von ihren Verwandten produzierten Nachkommen verringern.

Mit diesen Überlegungen kommen wir zurück zu unserer Frage: *Warum rangeln die Mitglieder einer Gruppe, wenn es nicht um das Individuum geht, sondern um die Gruppe als Ganzes?* Warum werden Zweikämpfe zwischen Gruppenmitgliedern geführt, wenn es keine „Herrschergene" gibt? Warum rangeln Mitglieder einer

---

[1] Der Vielaugeneffekt bezeichnet den Verwirreffekt von vielen Augen z. B. in einer Gnuherde oder in einem Fisch- oder Vogelschwarm, durch den sich ein Raubtier nicht mehr auf eine bestimmte Beute konzentrieren kann.

[2] Uneigennützigkeit, Selbstlosigkeit, durch Rücksicht auf andere gekennzeichnete Denk- und Handlungsweise. Hier: Energie in die Aufzucht nicht von eigenen Nachkommen, sondern von Nachkommen enger Verwandter stecken.

Gruppe, wenn beide Kontrahenten genetisch annähernd gleich sind? Mit anderen Worten: Warum wird gerangelt, wenn die Stärkeren, die Gesünderen und die Glücklicheren mit denselben Genen wie die Schwachen und Unglücklichen ausgestattet sind? *Warum der zusätzliche Aufwand mit den hormonellen Signalen*, die den Ausgang von Rivalenkämpfen sogar ohne Kampf ermöglichen, wenn doch der Kampf zu keiner, zumindest zu keiner nennenswerten, „Verbesserung" des Genpools führt? Denken wir doch nur an die Mammuts, die es in 300.000 Jahren trotz Herumgerangel – auch Mammuts werden wohl Rivalenkämpfe ausgefochten haben – nicht geschafft haben, sich den Veränderungen des Klimas anzupassen. Warum brauchen wir den Prahlhans?

Wenn wir jetzt gemein sind, sagen wir einfach: Weil zentralisierte hierarchische Netzwerke im Sinne von Netzwerkmathematik effizient sind. Aber das ist an dieser Stelle nicht verständlich. Sie müssen sich noch etwas gedulden. Die Auflösung kommt mit dem 31. Faden.

An dieser Stelle wollen wir erst einmal die vorhandenen Fragengeflechte Stück für Stück aufdröseln. Warum also rangeln die Mitglieder einer Gruppe? Warum wird überhaupt gekämpft?

Sie denken vielleicht immer noch ein bisschen an Darwin und antworten: Das ist doch längst klar.

Und wir: Was ist denn daran klar?

Und Sie: Das hat doch schon der alte Malthus formuliert [120]:

Erstens ist Nahrung für die Existenz des Menschen notwendig. Zweitens ist die Leidenschaft zwischen den Geschlechtern notwendig und wird nahezu in ihrem gegenwärtigen Zustand bleiben.

Sie sagen vielleicht: Es geht um das Oben und das Unten, es geht um den Besseren. Das wurde doch alles schon gesagt. Aber sind Sie sich wirklich sicher? Wir sind uns nämlich nicht sicher. Wieso weiß der Schüler der 1. Klasse, dass die Klasse einen Klassensprecher oder einen Klassenkasper oder irgendeinen anderen Influencer oder Führer braucht? Die Selektion eines Gruppenführers ist das Resultat des ewigen Gerangels, aber kann aus logischen Gründen nicht die Ursache sein.

Wir müssen doch noch einmal einen Schritt zurückgehen, und zwar zu den Mutationen. Und wir müssen uns immer wieder darüber klar werden, dass es nicht um das einzelne Individuum geht, sondern um die Gruppe. Wir haben schon davon gesprochen, dass Mutationen nur extrem selten vorteilhaft sind. Nur der allerkleinste Anteil lohnt, weitergegeben zu werden, aber trotzdem findet sich immer wieder bei irgendeinem Gruppenmitglied irgendeine genetische Variation, ein Allel, das nicht unmittelbar nachteilig ist und darum erhalten bleibt.

So sammeln sich im Laufe der Zeit an verschiedensten Stellen des Genoms Allele. Salopp gesprochen: Die Genetik der Gruppe wird bunter. Die Gruppenmitglieder werden von Generation zu Generation immer etwas unterschiedlicher. Natürlich ist das ein sehr, sehr langsamer Prozess, denn die meisten Mutationen sind schädlich. Die Giraffe brauchte gut 14 Millionen Jahre für ihren langen Hals.

Nun machen wir ein kleines Gedankenexperiment: Wir denken ans Gerangel und daran, dass irgendein Individuum sich zum Führer emporrangelt und vorzugsweise sein persönliches Genom in die nächste Generation getragen wird. Angenommen, er verbreitet ein Allel, das von nun an – weil es tatsächlich für „Führungsfunktionen" so wertvoll ist – vorzugsweise auch in die nächstfolgenden Generationen weitergereicht wird. Ein solcher Vorgang würde im Prinzip der Taubenzüchterei von Sir John Sebright entsprechen. Bisher hieß es immer, dies sei ein Vorteil, denn nun verbreitet sich ein vorteilhaftes Gen. Das ist nicht ganz unrichtig. Aber es hat einen Haken: Die vornehmliche Verbreitung des Genoms eines einzelnen Führers führt zwangsläufig dazu, dass die bunte Mischung an Allelen dieser Gruppe in den kommenden Generationen etwas farbärmer wird. Denn es werden ja vornehmlich nur die Gene weitergereicht, die der Führer in Umlauf bringt. Es ist sicherlich übertrieben, von einer „Monokultur" von Siegergenen zu sprechen. Aber die bevorzugte Verbreitung von Genen eines Einzelnen oder einer einzelnen Familie könnte die genetische Vielfalt der Gruppe reduzieren. Eine Reduktion der genetischen Vielfalt macht eine Gruppe anfällig. Wir kennen das von manchen hochgezüchteten Tier- und Pflanzenarten und den Monokulturen in unserer Landwirtschaft.

Wenn nun aber ein Sieger im Kampf genetisch nicht „besser" ist als der Verlierer, sondern den Kampf nur aufgrund seiner Großmäuligkeit gewonnen hat, wird er zwar einmalig zum bevorzugten Genspender, aber schon in der Folgegeneration haben seine Nachfahren keine Vorteile mehr. Es gibt ja keine Siegergene, die sich in der Gruppe anreichern und weitervererben lassen. Es bleibt also die ursprüngliche Vielfalt an Allelen in der Gruppe bestehen. Die Gruppe behält damit ihre Flexibilität, um sich in einer veränderlichen Umwelt gegebenenfalls immer wieder optimal anzupassen.

Rangeln und Signalisieren erlauben also, der Selektion ein Schnäppchen zu schlagen. Es kann eine Vielfalt an Allelen von Generation zu Generation weitergetragen werden, obgleich es Herdenführer gibt, die einen Vermehrungsvorteil haben – wenn auch nur für eine Generation. Der Nachteil ist natürlich, dass auf diese Weise eine rasche „Verbesserung" des Genpools nicht möglich ist. Das hat das Wollhaarmammut erfahren müssen.

Nun fragen Sie zu Recht: Wenn der Sieger keine besseren Gene verbreiten kann, weil er in der Regel keine besseren Gene hat, dann könnte sich die Evolution das Rangeln eigentlich ganz schenken, oder?

Offenbar nicht. Denn es scheint beim Rangeln ausschließlich um die soziale Interaktion zu gehen. Es scheint sogar unerheblich zu sein, ob konfrontativ oder, wie am Samstagabend, spielerisch gerangelt wird. Es scheint nur darum zu gehen, dass sich ein Herdenführer herausbilden kann. Eine kleine Anekdote am Rand: Ich (MH) hatte wieder Besuch von den Enkeln. Klein-N ist anderthalb, Klein-M ist zweieinhalb. Beide wollen den Puppenwagen schieben, werden sich aber nicht einig über die Richtung. Es gibt heftiges Gezerre und Geschrei. Klein-M ist stärker, Klein-N wird lauter. Irgendwann greift einer der Väter ein, trägt die zeternde

Klein-N fort – ohne den Wagen –, und plötzlich wird es still. Klein-M steht allein mit dem Wagen. Nichts passiert. Da erlischt das Interesse, und sie lässt Wagen und Puppe stehen. Zehn Minuten später sitzen beide wieder friedlich beieinander und schieben kleine Holzautos über den Teppich. Es ging nicht um den Puppenwagen. Es ging um das Miteinandersein. Wer rangelt, ist nicht allein. Im Gegensatz zur Malthus'schen Vorstellung vom beständigen Kampf ums Dasein betrachten wir die Furcht vor der Einsamkeit als eine der wesentlichen Triebfedern für das Miteinanderrangeln. Niemand möchte allein sein.

24. Faden: Die Furcht vor der Einsamkeit

Von den Schrecken der Einsamkeit, von Findelhäusern und vernachlässigten Säuglingen

Jetzt haben wir die ersten zwei Dutzend Fäden aufgenommen. Und dazu noch einige rote Fäden des Zweifels und einige Glitzerfäden. Furcht ist der 24. Faden. Furcht vor der sozialen Isolation bestimmt das Leben im gesamten Tierreich – mit Ausnahme der Einzeller und weniger nichtsozialer Arten und der wenigen heiligen Hieronymusse in ihren Höhlen, den Einsiedlern, den Mönchen und den Südkoreanern, die Honjok praktizieren [149]. Viele Lebewesen verbringen die längste Zeit ihres Lebens als Mitglieder einer mehr oder weniger sozialen Gruppe. Der Nutzen von Gruppenbildung unter Artgenossen ist ganz allgemein anerkannt, weil er, wie schon gesagt, höher ist als der Aufwand und die Einschränkungen – die Verhaltensökologie spricht von Kosten –, die mit dem Leben in einer Gruppe verbunden sind [154]. Wir haben die Vorteile der Gruppenbildung genannt. Gruppenbildung ermöglicht einen besser gesicherten Übergang des Genpools von einer Generation zur nächsten. Neben den geringeren Kosten für den Lebenserhalt – dies ist sozusagen ein allgemeines Argument – ist die Haupttriebfeder für die Gruppenbildung Angst, die Angst vor der Isolation – dies ist das individuelle Argument, sich zusammenzufinden. In Isolation befindliche soziale Säuger zeigen eine Vielzahl von offensichtlichen Verhaltensauffälligkeiten wie Stress, aber auch Stoffwechselveränderungen und erhöhte Krankheitsanfälligkeit, wenn sie vereinsamen. Nicht nur Säuger, alle Wirbeltiere reagieren auf Isolation, und nicht nur die Wirbeltiere. Sarah Dalesman und Ken Lukowiak [155] schreiben:

> Auch wirbellose Tiere reagieren auf soziale Isolation mit verzögerter Entwicklung, einer verringerten Bildung neuronaler Verknüpfungen und einer geringeren Reaktionsfähigkeit. Bei Fruchtfliegen in Isolation findet sich eine geringere Lebenserwartung, eine geringere Stressresistenz und ein deutlich aggressiveres Verhalten.

Und sie präsentieren eigene Untersuchungen an Schnecken. Akiko Koto und seine Kollegen [156] untersuchten den Effekt von sozialer Isolation auf die Lebenserwartung von Ameisen und schreiben:

© Der/die Autor(en), exklusiv lizenziert an Springer-Verlag GmbH, DE, ein Teil von Springer Nature 2024
M. Hermanussen, C. Scheffler, *Größenwahn*,
https://doi.org/10.1007/978-3-662-69580-7_28

Soziale Isolation wirkt sich negativ auf die Gesundheit aus und verkürzt die Lebenserwartung. Anhand von Kolonien von *Camponotus fellah*, einer Ameisenart aus dem mediterranen bis afrikanischen Raum, zeigen wir, dass soziale Isolation Hyperaktivität auslöst, die Raumnutzung der Tiere verändert und ihre Lebenserwartung durch Anhäufung von Sauerstoffradikalen[1] verkürzt. Mit Hilfe medikamentöser Manipulationen zeigen wir, dass der Oxidations-Reduktions-Stoffwechselweg ursächlich für die schädlichen Auswirkungen der sozialen Isolation auf das Verhalten der Ameisen und ihre Lebenserwartung ist.

Isolation ist für soziale Wesen eine komplette Katastrophe, auch für Menschen [157]. Alleinlebende sind gesundheitlich gefährdet und haben eine geringere Lebenserwartung [158], besonders Männer [159]. Und noch gefährdeter sind Menschen, die ganz außerhalb der sozialen Ordnung leben, wie z. B. Obdachlose, deren Lebenserwartung um viele Jahre verkürzt ist [160, 161]. Isolation stört den Schlaf und führt zu Stress und zu neuronalen und sogar zu epigenetischen[2] Veränderungen [156].

Wir kehren noch einmal in die alten Zeiten zurück. Zu den europäischen Findelhäusern. In seiner *Chronik der Kinderheilkunde* berichtet Albrecht Peiper [162] vom Schicksal der Waisenkinder des 18. und 19. Jahrhunderts. Deprimierende Statistiken über Findelkinder. Im frühen 19. Jahrhundert waren Findelkinder an der Tagesordnung. In Lissabon wurden von 100 Neugeborenen 26 an Findelhäuser übergeben, in Madrid 25, in Rom 28, in Paris 21, in Wien 23, in Petersburg fast jedes zweite Neugeborene. Und diese Kinder starben wie die Fliegen; die Sterberaten schwankten zwischen etwa 50 % und über 70 %. In Dublin starben 98 von 100 Kindern in den Findelhäusern. Viel wurde über Pflege und Reinlichkeit und die Fütterung mit künstlicher Ernährung geschrieben, aber das waren im Allgemeinen nicht die wirklichen Ursachen. Johann Friedrich Osiander (1787–1855) war ordentlicher Professor der Medizin in Göttingen und schreibt über seinen Besuch des Wiener Findelhauses [162]:

> Die Sterbelisten beweisen, dass die Findelhäuser mehr notwendige Übel großer Städte als wohltätige Institute sind.

Und er nennt Zahlen: Im Wiener Findelhaus starben während des ersten Lebensjahres in den besten Zeiten 70 %, in den mittleren 80 % und in den schlechten 90 % der Kinder, obgleich man sich gerade in Wien große Mühe gibt, die Sterblichkeit zu verringern. Und trotzdem ändert sich die Sterblichkeit nur dann, wenn man die Kinder in Außenpflege bringt. Osiander schreibt explizit [162]:

---

[1] Sauerstoffradikale sind sehr reaktive Sauerstoffmoleküle, die in größeren Konzentrationen oxidativen Stress verursachen. Mit oxidativem Stress bezeichnet man einen Zustand, bei dem Zellen oder biologische Funktionen Schaden durch Oxidation nehmen.

[2] Als Epigenetik wird die strukturelle Veränderung im Bereich von Chromosomen bezeichnet, die nicht auf Veränderung der DNA-Sequenz beruhen. DNA-Methylierung ist eine der wichtigsten epigenetischen Modifikationen.

Sooft ich das Findelhaus besucht habe, auch im Winter, fand ich morgens die Zimmer in
Ordnung und gelüftet; jede Amme hatte so viel reine Wäsche für ihre Kinder unter Händen,
als sie nur immer auf den Tag brauchen konnte, die Kinder lagen in reinlichen Betten ...
Dennoch wollten die Kinder keineswegs gedeihen.

Es sind nicht mangelnde Reinlichkeit und Pflege, die am Misserfolg dieser An-
stalt schuld sind. Es ist die emotionale Vernachlässigung der kleinen Seelen. Die
Psychologie des Säuglingsalters wurde erst mehr als 100 Jahre später von René
Spitz systematisch beschrieben. Hospitalismus nannte er die schweren körperlichen
Begleitfolgen des Entzugs von emotionaler Zuwendung im Säuglingsalter:

Wie Osiander berichtet, wäre es nach dem Geburtshelfer Boer besser, wenn es gar keine
Findelanstalt gäbe, sondern der Staat die Mütter durch Geld oder auf andere Weise unter-
stützte, damit sie ihre Kinder selbst verpflegen könnten.

Emotional vernachlässigte Säuglinge sterben, auch in frischen Windeln. Auch ältere emotional vernachlässigte Kinder zeigen schwere Entwicklungsstörungen, sie
wachsen schlecht und bleiben klein – seit Langem bekannt als psychosozialer
Kleinwuchs [163].

Nachdem ich (CS) in meiner Vorlesung den Studierenden das erzählt hatte, kam
anschließend eine Studentin und erzählte mir von ihren Eltern, die regelmäßig
Pflegekinder aufnehmen und sich gerade gewundert hatten, dass zwei Kleinkinder,
die sie jetzt gerade pflegen, so unglaublich schnell wachsen. Das ist dasselbe Aufholwachstum, wie man es nach den Hungerperioden des frühen 20. Jahrhunderts
gesehen hat: „emotionaler Hunger". Oder denken Sie an die kleinen buddhistischen
Mönche. Erwachsene mögen dort freiwillig unter einfachsten Bedingungen in ihrer
mehr oder weniger strikten mönchischen Isolation leben. Aber die kleinen Jungen,
die bereits im Alter von sechs Jahren ins Kloster geschickt werden, wachsen
schlecht. Wir sagten es schon: *Der Glückliche wächst besser als der Unglückliche.*

25. Faden: Sozial heißt Isolation meiden

Von antisozialen und prosozialen Strategien

Isolation meiden heißt nicht, in Schmusegruppen verharren. Es heißt einzig und allein: sozial interagieren. Es geht um soziales Engagement. Und dieses Engagement kann kooperativ (Plus-Engagement) oder konfrontativ (Minus-Engagement) sein. Dabei ist es für die Gestaltung der Sozialstruktur offenbar einerlei, ob es sich um ein Plus- oder um Minus-Engagement handelt. Isolation wird durch beide Formen von Engagement vermieden. Paul Gilbert und Jaskaran Basran [164], beschreiben die zwei Dimensionen des sozialen Engagements:

> Es gibt gute Gründe, zwei Dimensionen des sozialen Wettbewerbs zu berücksichtigen. Die erste wird als „antisoziale Strategie" bezeichnet. Sie neigt dazu, egozentrisch, bedrohungsempfindlich und aggressiv zu sein und Taktiken wie Mobbing, Bedrohung und Einschüchterung von Untergebenen oder sogar Verletzung oder Tötung von Konkurrenten einzuschließen. Die ausgesandten sozialen Signale stimulieren bei den Empfängern Gefühle von Stress und Bedrohung.
>
> Im Gegensatz dazu zielen „prosoziale Strategien" darauf ab, entspannte und sichere soziale Interaktionen zu schaffen, die gemeinsame, kooperative und sich gegenseitig unterstützende Beziehungen ermöglichen. Die ausgesendeten freundlichen und bedrohungsarmen sozialen Signale stimulieren physiologische Systeme wie z. B. das Oxytocin[1], das die Verarbeitung von Bedrohung herunterreguliert, das Immunsystem stärkt und neuronale Prozesse im Frontalhirn sowie das allgemeine Wohlbefinden fördert.

Isolation meiden schließt beide Dimensionen ein. Es können Kämpfe um Nahrung, um Weibchen, um die Existenz oder kooperative und liebevolle Beziehungen sein. Sie kennen alle die kleinen Grüppchen von zwei oder vielleicht drei Kleinkindern, die gemeinsam in der Sandkiste sitzen – Rücken an Rücken –, und jedes für sich, doch mit körperlichem Kontakt zueinander, im Sand spielt. Oder Klein-N und Klein-M im Zank um den Puppenwagen. Manchmal wird kooperiert, manchmal ge-

---

[1] Oxytocin ist ein weiteres hypothalamisches Neuropeptid und gilt als das „Kuschelhormon". Unser 33. Faden beschäftigt sich damit.

© Der/die Autor(en), exklusiv lizenziert an Springer-Verlag GmbH, DE, ein Teil von Springer Nature 2024
M. Hermanussen, C. Scheffler, *Größenwahn*,
https://doi.org/10.1007/978-3-662-69580-7_29

stritten, aber der physische Kontakt bleibt. Und die Erwachsenen? „Pack schlägt sich, Pack verträgt sich" heißt es und weist in dieselbe Richtung.

Den Existenzkampf, von dem Darwin glaubte, er führe zur Selektion von Starken, Gesunden und Glücklichen, betrachten wir lediglich als eine der möglichen Strategien, Isolation zu vermeiden. Der Show-Kampf ist soziale Interaktion. Es ist ein Miteinander-im-Kontakt-Sein, das primär keine Wertung im Sinne von gut oder schlecht, stark oder schwach etc. enthält. Das Miteinander-im-Kontakt-Sein ist weder antisozial noch prosozial und beinhaltet keine Festlegung, ob kooperiert oder gestritten wird. Aber es verhindert die Isolation. Wir betrachten die Angst vor Isolation als den eigentlichen Motor für die Strukturierung von sozialen Gruppen.

Mitglieder einer Gruppe rangeln, um nicht allein zu sein. Und wir müssen noch einmal fragen: Warum der ganze Aufwand mit den hormonellen Signalen? Und wieder denken Sie ein bisschen an die klassischen Erklärungen und antworten vielleicht: Das ist doch längst klar.

Und wir: Was ist daran klar?

Und Sie: Das ist doch jetzt alles gesagt: Signale ermöglichen eine Entscheidung im Rivalenkampf, ohne den Kampf im Waffengang auszufechten. Das reduziert das kampfbedingte Risiko.

Und wir (gehässig): Wie schön, dass Sie sich erinnern.

Und damit sind wir wieder bei einem neuen Faden. Natürlich erinnern Sie sich. Jeder von uns erinnert sich, und auch, ob er den letzten Rivalenkampf gewonnen oder verloren hat. Nicht nur wir. Alle, auch Karpfen, Würmer und Schnecken.

Pause

Dies ist Ihre letzte Chance, nicht weiterzulesen. Sie kennen die, die im düsteren Auge keine Träne haben und am Webstuhl sitzen. Es sind Häretiker, Anarchisten. Leute wie Heinrich Heine. Sie kennen das Weberlied, das er 1844 anlässlich des Aufstands der schlesischen Weber dichtete [165]:

> Im düstern Auge keine Träne
> Sie sitzen am Webstuhl und fletschen die Zähne:
> Deutschland, wir weben dein Leichentuch,
> Wir weben hinein den dreifachen Fluch –
> Wir weben, wir weben!

Heine meint das Leichentuch derer, die auf der Gewinnerseite gelebt haben. Wer gewonnen hat, gewinnt auch weiterhin. Das wissen wir seit Jahrtausenden. Wir haben es sogar im Konfirmandenunterricht gehört. Es steht in der Bibel, bei Matthäus im Neuen Testament:

> Denn wer da hat, dem wird gegeben werden, und er wird die Fülle haben; wer aber nicht hat, dem wird auch, was er hat, genommen werden (Matthäus 25:29).

Wir weben an einem etwas anderen Leichentuch. Wir tragen lieb gewordene Vorstellungen zu Grabe. Viele lieb gewordene Vorstellungen. Unsere Sargträger sind die Winner-Loser-Effekte. Das ist die wissenschaftliche Form von „wer da hat".

26. Faden: Die Winner-Loser-Effekte

Von Wettkämpfen und den Fußballern der Bundesliga, von Siegern und Verlierern

In der modernen Literatur wird dieses Prinzip „state dependent feedback" (zustandsabhängige Rückkopplung) genannt. Oder eben „winner-loser effects" (Gewinner-Verlierer-Effekte). Die Chancen zu gewinnen, steigen, wenn man bereits gewonnen hat, die Chancen zu verlieren steigen, wenn man bereits zu den Verlierern gehört. Wir kennen den Begriff der Pechsträhne. Die Fußballer der Bundesliga können ein Lied davon singen. Lee Alan Dugatkin schreibt [166]:

> Gewinner- und Verlierereffekte werden in der Regel definiert als eine erhöhte Wahrscheinlichkeit, zum Zeitpunkt T zu gewinnen, basierend auf einem Sieg zum Zeitpunkt T minus eins, T minus zwei usw. bzw. eine erhöhte Wahrscheinlichkeit, zum Zeitpunkt T zu verlieren, basierend auf Niederlagen zum Zeitpunkt T minus eins, T minus zwei usw.

Gemeinsam mit Ivan Chase und Costanza Bartolomeo [167] untersuchen sie, wie oft Gewinner gewinnen, wie lang Gewinn- oder Pechsträhnen sind. Sie schreiben:

> Bei vielen Arten ist belegt, dass frühere soziale Erfahrungen das Ergebnis nachfolgender aggressiver Interaktionen beeinflussen. Während der Verlierereffekt, bei dem ein Individuum, das eine Begegnung verliert, wahrscheinlich auch die nächste verliert, relativ gut verstanden ist, sind Studien zum Gewinnereffekt, bei dem ein Sieg die Wahrscheinlichkeit erhöht, auch das nächste Mal zu gewinnen, nicht eindeutig. Bisher wurde untersucht, ob es Gewinnereffekte gibt und, wenn ja, wie lange sie anhalten. Unklar ist, inwieweit der zeitliche Abstand zwischen den Interaktionen und das Auswahlverfahren von beteiligten Individuen eine Rolle spielen.

Jüngere Studien von Rui Oliveira und seinen Koautoren [168] versuchten am Beispiel des Buntbarsches zu klären, warum Gewinner weiterhin gewinnen und welche Mechanismen daran beteiligt sind. Sie schreiben:

© Der/die Autor(en), exklusiv lizenziert an Springer-Verlag GmbH, DE, ein Teil von Springer Nature 2024
M. Hermanussen, C. Scheffler, *Größenwahn*,
https://doi.org/10.1007/978-3-662-69580-7_30

Weil Androgene[1] auf soziale Interaktionen reagieren, indem ihre Spiegel bei Siegern ansteigen und bei Verlierern abnehmen, stellten wir die Hypothese auf, dass vorübergehende, sozial bedingte Änderungen des Androgenspiegels ursächlich durch Gewinner-/Verlierereffekte bedingt sein könnten. Um die Hypothese zu testen, inszenierten wir Kämpfe zwischen zwei größengleichen Buntbarschmännchen (*Oreochromis mossambicus*). Jeweils nach dem ersten Kampf wurden die Sieger mit dem Antiandrogen Cyproteronacetat[2] behandelt, während die Verlierer ein Androgen erhielten.

Zwei Stunden nach dem Ende des ersten Kampfes wurden gleichzeitig zwei Wettkämpfe zwischen dem Sieger des ersten Kampfes und einem neuen Männchen und zwischen dem Verlierer des ersten Kampfes und einem weiteren neuen Männchen inszeniert. Die Mehrheit (88 %) der Sieger des ersten Kampfes gewann auch den zweiten, aber nur 13 % der Männchen, die den ersten Kampf verloren hatten, was auf das Vorhandensein von Gewinner- und Verlierereffekten bei dieser Art hindeutet. Nach dem ersten Sieg erhöhten Sieger ihre Initiative, einen neuen Kampf zu beginnen, während ein ähnlicher Trend bei den Verlierern nicht sicher beobachtet wurde. Sieger begannen auch deutlich mehr zweite Kämpfe gegen bisher neutrale Artgenossen als die Verlierer.

Der Erfolg der mit Antiandrogen behandelten Sieger im zweiten Kampf nahm statistisch deutlich ab und erreichte nur das Zufallsniveau von fifty-fifty. Der Erfolg androgenisierter Verlierer war dagegen nicht deutlich gebessert.

Yuying Hsu und Kollegen aus den USA [169] beschäftigten sich ebenfalls mit den Mechanismen und den Ergebnissen von aggressiven Auseinandersetzungen zwischen Artgenossen. Sie schreiben:

Die Erfahrung in aggressiven Auseinandersetzungen wirkt sich häufig auf das Verhalten während und den Ausgang späterer Auseinandersetzungen aus. Wir untersuchen die Unterschiede in den Methoden, die zur Untersuchung solcher Effekte verwendet werden, und die Bedeutung und Dauerhaftigkeit von Sieger- und Verlierererfahrungen unter Artgenossen und zwischen Individuen verschiedener Arten. Wir recherchieren die Literatur über neuroendokrine[3] Mechanismen. Verhaltensänderungen bei Auseinandersetzungen, die frühere Erfahrungen widerspiegeln, lassen sich unterteilen in „Verlierererfahrungen“, die die Bereitschaft verringern, sich an weiteren Kämpfen zu beteiligen, und „Siegererfahrungen“, die die Bereitschaft erhöhen, Kämpfe eskalieren zu lassen.

Die Autoren entwickeln Rechenmodelle. Das machen wir auch, aber dazu kommen wir später. Winner-Loser-Effekte finden sich überall in der Natur, und sie strukturieren soziale Gemeinschaften. Grundlage für derartige „zustandsabhängigen Rückkopplungen“ sind neuronale Netzwerke. Schaltkreise von Nervenzellen, Nervenzellverknüpfungen. Dabei spielen die Synapsen eine entscheidende Rolle.

---

[1]Androgene sind männliche Sexualhormone.

[2]Antiandrogene sind Substanzen, die die Wirkung von männlichen Sexualhormonen aufheben. Cyproteronacetat ist ein solches Antiandrogen. Manche Frauen nehmen es gegen starke Körperbehaarung, auch gegen Haarausfall, und es ist in einigen Anti-Baby-Pillen enthalten.

[3]Neuroendokrine Zellen stammen aus dem Nervensystem und schütten Hormone aus. Sie sind die „Dolmetscher“ zwischen Information aus dem Nervensystem und dem Stoffwechsel des Organismus.

27. Faden: Die Synapsen

Von synaptischer Plastizität und warum ein Hund auf einen Glockenton mit Speichelfluss reagiert

Synapsen sind die „Stecker" zwischen Nervenzellen. In den Synapsen erfolgt die Informationsübertragung von einer Nervenzelle auf eine andere Nervenzelle. Synapsen sehen aus wie kleine Füßchen am Ende einer Nervenzelle. Hier wird das elektrische Signal in einen chemischen Botenstoff übersetzt (Neurotransmitter), der durch den synaptischen Spalt, den Zwischenraum zwischen den Nervenzellen, wandert und auf der anderen Seite auf die Nachbarnervenzelle trifft und zu einem Einstrom von Natriumionen führt. So entsteht wieder ein elektrisches Signal. Dieser Prozess ist eine Einbahnstraße, es geht nur in Richtung von der einen zur anderen Nervenzelle und nicht umgekehrt. Abb. 13 zeigt beispielhaft den Aufbau einer solchen Einbahnstraße für Information.

Sobald eine elektrische Erregung am synaptischen Spalt des präsynaptischen Neurons – das ist die Nervenzelle vor der Synapse – eintrifft, öffnen sich kleine Bläschen, die die Neurotransmitter enthalten und sie in den synaptischen Spalt entleeren. Sobald die Neurotransmitter den synaptischen Spalt durchwandert haben und auf das postsynaptische Neuron treffen – das ist die Nervenzelle hinter dem synaptischen Spalt –, verursachen sie den Einstrom von positiv geladenen Natriumionen, wodurch es zu einer Veränderung der elektrischen Spannung über der postsynaptischen Membran kommt. Diese elektrische Spannungsänderung wird nun entlang der postsynaptischen Nervenzelle weitergeleitet. So „springt" die elektrische Erregung einer Nervenzelle mit Hilfe chemischer Signale, der Neurotransmitter, über den Zwischenzellraum auf ihre Nachbarnervenzelle. Informationen werden auf diesem Wege von Nervenzelle zu Nervenzelle universell in einer Art „körpereigener Sprache" weitergeleitet.

Synapsen können sich „erinnern". Die Informationsübertragung zwischen zwei Nervenzellen ist modifizierbar. Die Antwort einer Synapse ist „plastisch" und hängt davon ab, wie aktiv die Synapse in der Vergangenheit gewesen ist. Synapsen, die oft benutzt worden sind, „antworten" anders als Synapsen, die in der Vergangenheit eher verschlafen waren. Das heißt, auch wenn Synapsen identische elektrische Information empfangen, senden sie nicht grundsätzlich dieselbe Menge an Neurotransmitter in den synaptischen Spalt.

© Der/die Autor(en), exklusiv lizenziert an Springer-Verlag GmbH, DE, ein Teil von Springer Nature 2024
M. Hermanussen, C. Scheffler, *Größenwahn*, https://doi.org/10.1007/978-3-662-69580-7_31

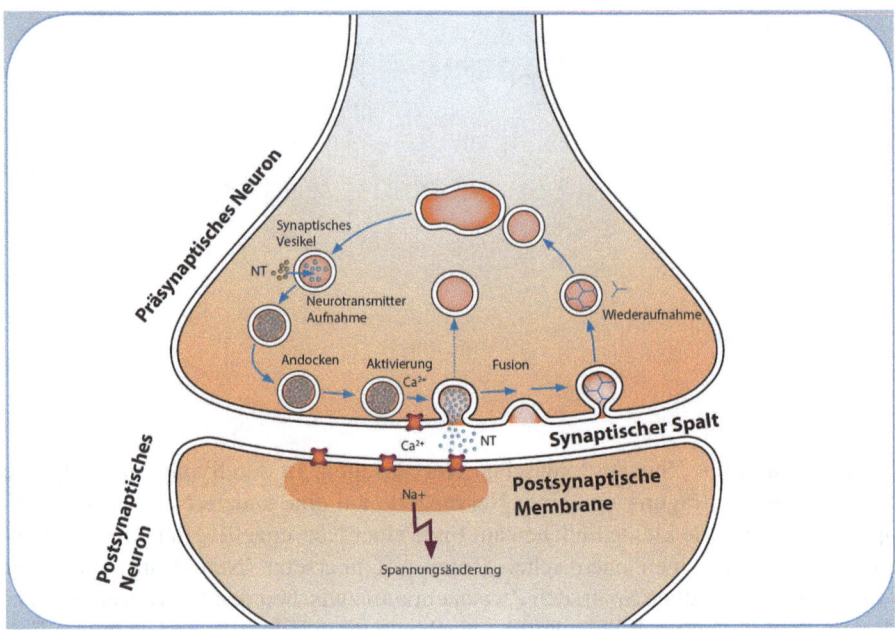

Abb. 13 Schematische Zeichnung einer Synapse. Oben liegt das präsynaptische Neuron, die Nervenzelle, über die die Erregung ankommt; unten liegt das postsynaptische Neuron, die Nervenzelle, die die Erregung empfängt und weiterleitet. Im präsynaptischen Neuron werden Neurotransmitter (NT) gebildet und in kleine Tütchen, so genannte synaptische Vesikel, verpackt. Die Tütchen gelangen an den synaptischen Spalt und entleeren sich, sobald die Nervenzelle elektrisch erregt wird. Kalzium (Ca^{2+}) spielt dabei eine wichtige Rolle. Die Tütchen werden nach der Entleerung am Spalt teilweise wiederverwendet. Nach der Entleerung wandern die Neurotransmitter durch den synaptischen Spalt und treffen auf spezielle Rezeptoren. Dadurch werden „Natriumschleusen" (Na+) geöffnet. Das sind winzige Kanäle, durch die Natrium-Ionen in das postsynaptische Neuron einströmen. Weil Natrium-Ionen positiv geladen sind, ändern sich die Spannungsverhältnisse an der postsynaptischen Membran, was eine elektrische Erregung des postsynaptischen Neurons auslöst, die nun weitergeleitet werden kann (mit freundlicher Genehmigung von Reinhard Jan nach https://www.mpg.de/synapse)

Ami Citri und Robert C. Malenka [170], schreiben:

Erfahrungen jeglicher Art modifizieren, zumindest teilweise, das folgende Verhalten einer Synapse, indem sie die Stärke der synaptischen Antwort beeinflussen. Das Gehirn codiert Ereignisse als komplexe, räumlich-zeitliche Aktivitätsmuster in großen Gruppen von Neuronen, die als „neuronale Schaltkreise" bezeichnet werden, die durch die Muster ihrer synaptischen Eigenschaften gekennzeichnet sind. Sobald die Aktivität in einem Schaltkreis eine dauerhafte Veränderung in diesem Muster bewirkt, können Informationen gespeichert werden, und es entsteht Erinnerung. Die Entstehung einer Gedächtnisspur nach der Erkennung von zwei übereinstimmenden Ereignissen ist also das Resultat von synaptischer Plastizität, die zelluläre Grundlage für wiederkehrende Verhaltensphänomene.

Dass Synapsen innerhalb von neuronalen Schaltkreisen „Erinnerungsvermögen" zeigen und mit ihrer Fähigkeit zu synaptischer Plastizität Information speichern können, wurde sehr ausführlich von Tomonori Takeuchi und seinen Mitarbeitern [171] an Meeresschnecken beschrieben:

> Studien an Meeresschnecken ergaben die ersten experimentellen Hinweise auf synaptische Plastizität. Die Entdeckung der Langzeitpotenzierung[1] gab diesem Konzept einen weiteren Impuls, nicht zuletzt, weil die Langzeitpotenzierung erstmals in einem Hirnareal, dem Hippocampus, entdeckt wurde, der aufgrund klinischer Beobachtungen als wichtig für das Erinnerungsvermögen erkannt worden war.

Wir wollen Sie hier nicht mit Neurophysiologie quälen, wir wollen lediglich zeigen, wie fest Winner-Loser-Effekte mit den Eigenheiten des Informationsflusses von Nervenzelle zu Nervenzelle verknüpft sind. Winner-Loser-Effekte setzen synaptisches „Erinnerungsvermögen" voraus. Und weil synaptisches Erinnerungsvermögen grundsätzlich besteht, scheinen auch Winner-Loser-Effekte Phänomene zu sein, die grundsätzlich überall dort auftreten können, wo es Synapsen gibt.

Und nicht nur dort. Takuya Osakada und Mitarbeiter schreiben [172]:

> Um in einer komplexen sozialen Gruppe zu überleben, muss man wissen, wem man sich nähern und, was noch wichtiger ist, wen man meiden sollte. Bei Mäusen führt eine einzige Niederlage dazu, dass sich die unterlegene Maus wochenlang von der Gewinnerin fernhält. Durch eine Reihe von funktionellen Manipulations- und Aufzeichnungsexperimenten konnten wir Oxytocinneurone im vorderen Teil des Hypothalamus für die durch eine Niederlage ausgelöste soziale Meidung identifizieren. Unsere Studie deckt einen neuronalen Prozess auf, der schnelles soziales Lernen durch Niederlagen erleichtert, und unterstreicht die Bedeutung des Oxytocinsystems im Gehirn für die soziale Plastizität.

Oxytocin ist das „Kuschelhormon". Nicht nur neuronale Mechanismen unterstützen den Winner-Loser-Effekt, sondern auch hypothalamische Neuropeptide. Wir widmen dem Oxytocin noch viel Raum. Es ist unser 33. Faden. Aber mehr wollen wir noch nicht verraten.

Nach diesen Ausführungen brauchen Sie ein bisschen Erholung. Wir machen einen Ausflug in den Garten. Und dann weiter nach Monte Carlo in die Spielhöllen. O ja, da fahren wir hin. Wir wollen Casino, wir wollen Zufallsspiele kennen lernen. Es geht um Geld, wenn auch zurzeit nur um Spielgeld.

---

[1]Als Langzeitpotenzierung bezeichnet man die Verstärkung der synaptischen Erregungsübertragung eines Neurons infolge vorangegangener vermehrter Erregungsübertragung. Langzeitpotenzierung ist eine wichtige Grundlage für die synaptische Plastizität, d. h. für die Veränderbarkeit der Übertragungsleistung einer Synapse.

28. Faden: Querbeet

Was man gegen Maulwurfsgrillen, Wiesenschnaken und Erdraupen tun kann und von der Kampfkraft des Fadenwurms und warum wir einen Ausflug nach Monte Carlo machen

Kennen Sie *Steinernema carpocapsae*?

Kannten wir auch nicht, kann man aber bei „Schneckenprofi" kaufen, 12 Millionen Fadenwürmchen für wenige Euro [173]. Man preist das Würmchen als biologischen Schädlingsbekämpfer:

> Ihr Vorteil: Maulwurfsgrillen, Wiesenschnaken (*Tipula*) und Erdraupen sind mit herkömmlichen Schädlingsbekämpfungsmitteln kaum in den Griff zu bekommen. Wichtig ist, dass Sie die *Steinernema carpocapsae*-Nematoden[1] zum richtigen Zeitpunkt in den Boden gießen. Gegen Maulwurfsgrillen können Sie im April/Mai beginnen, gegen Erdraupen im Juni/Juli und gegen *Tipula* erst im September!

So die Werbung.

Der Fadenwurm *Steinernema carpocapsae* ist ein generalistischer Parasit und wird zur Bekämpfung von zahlreichen Schädlingen eingesetzt, darunter Fliegen, Flöhe, Ameisen, Termiten, Spulwürmer, Madenwürmer, Heerwürmer, einige Rüsselkäfer und Holzbohrer. Er heftet sich an seinen Wirt, sobald er vorbeikommt. Der Wurm lebt in Symbiose mit Bakterien und setzt nach der Infektion seine bakteriellen Symbionten gemeinsam mit einer Vielzahl von Proteinen im Wirt frei. Das tötet den Wirt schon wenige Tage nach der Infektion.

Selbst dieser Fadenwurm zeigt Erinnerungsvermögen. Maria Cassells und ihre Kollegen [174] haben sich damit wissenschaftlich beschäftigt. Ihr Text ist schwer verständlich. Es geht auch nicht um die Details, es geht darum, dass Erinnerung an frühere Erfahrungen nicht nur bei den Fußballern der Bundesliga zu erkennen sind, sondern querbeet, selbst bei diesen Würmern, die Sie beim Schneckenprofi zur Maulwurfsgrillenvernichtung einkaufen können.

> Bei vielen Arten konkurrieren die Männchen durch körperliche Wettkämpfe um den Zugang zu den Weibchen. Frühere Paarungserfahrungen und die Möglichkeit, sich mit einem

---

[1] Nematoden sind Fadenwürmer.

© Der/die Autor(en), exklusiv lizenziert an Springer-Verlag GmbH, DE, ein Teil von Springer Nature 2024
M. Hermanussen, C. Scheffler, *Größenwahn*, https://doi.org/10.1007/978-3-662-69580-7_32

Weibchen zu paaren, können die Motivation der Männchen, sich an Wettkämpfen zu beteiligen, und den Ausgang solcher Wettkämpfe beeinflussen. Häufig führt eine vorherige Paarung zu einer erhöhten Aggression und besseren Kampferfolgen. Dies erfolgt, weil sich die Männchen subjektiv eine bessere Kampfkraft zuschreiben. Auch die Paarung selbst kann sich auf die Kampffähigkeit eines Männchens auswirken. *Steinernema*-Nematoden-Männchen, die sich bereits einmal gepaart haben, gewinnen Kämpfe eher als Junggesellen. Wir zeigen, dass der höhere Kampferfolg dieser Männchen nicht allein durch körperliche Veränderungen erklärt werden kann, die durch den vorangegangenen Kontakt zu einem Weibchen hervorgerufen werden: Männchen, die nur dem weiblichen Pheromon[2] ausgesetzt waren, entwickeln Spermien und nehmen an Größe zu, vergleichbar mit Männchen, die sich tatsächlich gepaart haben, aber sie haben nicht denselben Kampferfolg. Die Auswirkungen der Paarung auf weitere Aspekte der Kampfkraft, wie z. B. Geschicklichkeit oder Motivation, könnten die besseren Kampferfolge erklären. Ferner hat die Paarung Auswirkungen auf die Wahrscheinlichkeit, dass ein Männchen einen Angriff startet, je nachdem, ob der Gegner ein Männchen, das sich bereits gepaart hat (und damit bereit ist, sich wieder zu paaren), oder ein Junggeselle ist.

So weit Maria Cassells und ihre Kollegen. Im Experiment wurden unverpaarte unreife Männchen, pheromonstimulierte Männchen und Männchen nach Paarung untereinander und gegeneinander getestet. Am aggressivsten waren die unverpaarten Männchen. Die meisten Kämpfe gegen die beiden anderen Gruppen gewannen die Männchen, die sich schon einmal gepaart hatten.

Natürlich können wir die subjektive Einstellung und die Motivation von Nematoden nicht ermitteln. Vielleicht ist alles auch viel einfacher. Vielleicht führt der Kontakt mit einem Wurmkörper immer zu einem Paarungsversuch, wobei sich die Würmer dann umschlingen. Bei der Paarung setzen die Männchen Spikula (lateinisch: „spicula" = Spitzen, große scharfe Dornen) ein, mit denen sie sich an den glatten und rutschigen Weibchen verankern können. Wenn der Einsatz dieser Dornen erst bei der Paarung in Gang gesetzt wird, haben die bereits verpaarten Männchen immer einen größeren Vorteil bei Auseinandersetzungen, weil nur sie die Dornen als Waffe einsetzen können.

---

[2]Pheromone sind chemische Botenstoffe zur Informationsübertragung zwischen Individuen derselben Art. Sie werden von einem Individuum nach außen abgegeben und lösen bei einem anderen Individuum der gleichen Art spezifische Reaktionen aus.

Sie merken, die Biologie ist kompliziert, und trotzdem versuchen wir, Grundzüge zu entdecken, um mit ihnen an unserem Tuch weiterzuweben. Und weil der Garten nun versorgt ist und die Schädlinge bekämpft sind, geht es, wie versprochen, zum Spielen nach Monte Carlo. Zumindest im Geist, wir spielen Monte Carlo. Es geht um Computersimulationen[3].

Eine Simulation versucht, die Wirklichkeit am Computer nachzuahmen. Man baut ein Modell, das eine besondere Verhaltensweise oder ein besonderes Merkmal der Wirklichkeit nachbildet und die Funktionsweise wirklicher Prozesse mit Hilfe des Modells nachahmt. Eine Simulation kann zeigen, wie sich ein Modell unter verschiedenen Bedingungen im Laufe der Zeit entwickelt.

Vorerst nur im Computerspiel, danach wird es ernst. Aber wir wollen noch nichts verraten. Wir hatten Sie gewarnt, dieses Buch stört Ihr vertrautes Weltbild. Und nun müssen Sie weiterlesen.

---

[3] Die Monte-Carlo-Simulation ist ein Verfahren aus der Wahrscheinlichkeitstheorie, bei dem Zufallsexperimente durchgeführt werden. Die Zufallsexperimente können real durch Würfeln oder mit dem Computer gemacht werden. Mit zunehmender Zahl von Zufallsexperimenten stabilisiert sich das Ergebnis in der Regel um die theoretische Wahrscheinlichkeit, mit der das Ereignis eintreten würde. Nehmen wir das Beispiel des Münzwurfs: Bei einmaligem Wurf kann man Kopf oder Zahl werfen. Wenn man nur drei- oder viermal die Münze wirft, kann man durchaus drei- oder viermal Kopf werfen. Aber wenn man die Münze sehr oft wirft, wird das Verhältnis von Kopf zu Zahl allmählich halbe-halbe. Grundlage der Monte-Carlo-Simulation ist vor allem das so genannte Gesetz der großen Zahlen (schauen Sie sich auch noch einmal Abb. 9 an).

29. Faden: Monte-Carlo-Simulationen

Wir spielen Jeder-gegen-Jeden, aber nur mit Spielfiguren

Wir beginnen mit Darwin und modellieren „Rivalenkämpfe". Karl kämpft mit Hans, Hans mit Frieda, Karl mit Sonja – jeder kämpft mit jedem. Stellen Sie sich wieder die Fußballduelle am Wochenende vor. Jeder Verein in der Liga kämpft mit jedem Verein. Wir lassen „virtuelle Spieler" miteinander kämpfen.

Und jetzt kommt unser Spiel: Jeder Spieler hat fünf Spielfiguren. Er kann die Figuren behalten, verlieren oder neue dazugewinnen. Wenn ein „Rivalenkampf" gewonnen wird, erhält der Gewinner eine Figur vom Verlierer, wenn ein Kampf verloren wird, muss eine Spielfigur an den Gewinner abgetreten werden, oder es bleibt unentschieden, und jeder behält seine Figuren. Es geht um reich-arm, besser-schlechter, oben-unten, schwarz-weiß, es geht in irgendeiner Weise um ein spielerisches Miteinander, um Gewinnen und Verlieren. Wir beginnen die Simulation damit, dass der Zufall entscheidet, wer gewinnt, wer verliert oder ob es ein Unentschieden gibt (Abb. 14).

Abb. 14 Jeder Spieler beginnt mit fünf Figuren. Wer verliert, gibt eine Figur ab, wer gewinnt, erhält eine Figur. Bei Unentschieden werden keine Figuren verschoben

© Der/die Autor(en), exklusiv lizenziert an Springer-Verlag GmbH, DE, ein Teil von Springer Nature 2024
M. Hermanussen, C. Scheffler, *Größenwahn*, https://doi.org/10.1007/978-3-662-69580-7_33

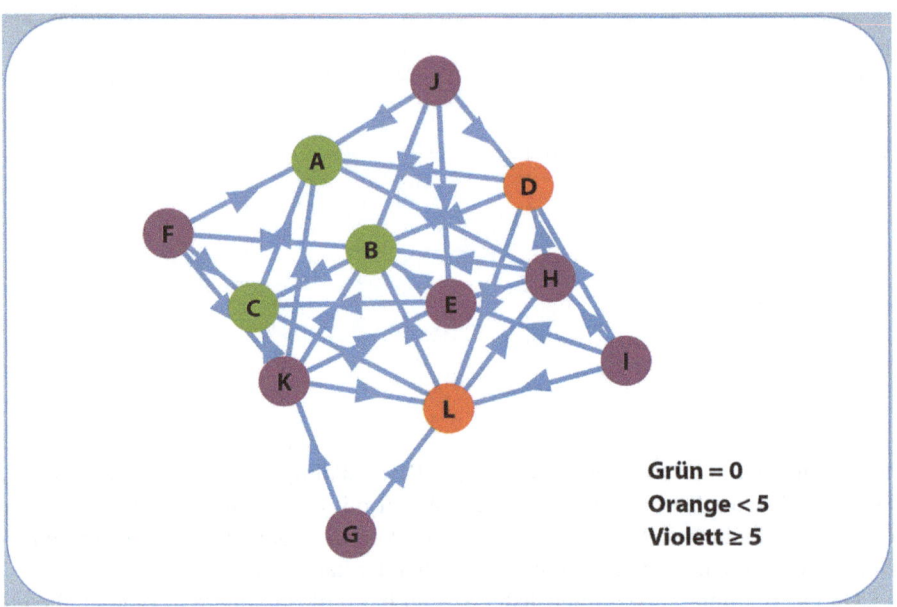

Grün = 0
Orange < 5
Violett ≥ 5

Abb. 15 Ein Monte-Carlo-Netz aus Gewinnern und Verlierern einer Gruppe von zwölf Spielern, in der jeder mit jedem gekämpft hat. Die Pfeilrichtung zeigt, wer wen besiegt hat. Violette Kringel kennzeichnen Spieler, die fünf oder mehr Spielfiguren gesammelt haben, orangefarbene Kringel Spieler mit weniger als fünf Spielfiguren, und die grünen Kringel kennzeichnen Spieler, die alles verloren haben

Aber anstatt selbst zu spielen, lassen wir den Computer spielen. Wir fangen mit zwei virtuellen Spielern an und zeichnen zwei Kringel, dann verbinden wir die Kringel mit einem Pfeil, der vom Gewinner auf den Verlierer zeigt: 0 → 0; bei unentschieden zeichnen wir keinen Pfeil. Das klingt ziemlich trivial. Nun nehmen wir weitere Spieler auf und lassen sie ebenfalls miteinander kämpfen und zeichnen wieder Kringel und Pfeile. Wenn wir zwölf Spieler miteinander kämpfen lassen, und jeder kämpft mit jedem, gibt es 66 Kämpfe. Das müssen Sie uns glauben oder nachrechnen. Ist aber so. Wenn wir uns im Anschluss unser Stückchen Papier mit den Kringeln und Pfeilen anschauen, wie z. B. in Abb. 15, sieht es ziemlich verwirrend aus.

Bereits ein Zufallsnetzwerk aus nur zwölf Spielern wirkt verwirrend. Wenn wir mehr als zwölf Spieler miteinander spielen lassen, gibt es noch mehr Kringel und Pfeile, aber das Netzwerk bleibt chaotisch.

Das ändert sich, wenn wir den Spielern ein bisschen Erinnerungsvermögen verpassen. Wir machen das in Anlehnung an die synaptische Plastizität, an das Erinnerungsvermögen neuronaler Schaltkreise. Wir beschließen einfach, dass sich die virtuellen Spieler in unserem Spielnetz jeweils an den vorangegangenen oder sogar an alle vorangegangenen Kämpfe erinnern können. Sie sind also so intelligent wie Meeresschnecken und die Würmer, die Sie zur Vernichtung ihrer Maulwurfsgrillen eingekauft haben. Sie lassen sich vom Ergebnis des oder der vorangegangenen Kämpfe beeinflussen. Wir führen also den Winner-Loser-Effekt in unserem

Computermodell ein. Wer einmal gewonnen hat, hat beim nächsten Spiel eine bessere Chance als halbe-halbe. Sie kennen das vom Fußball. Nach einer Serie von Niederlagen wird es für eine Mannschaft immer schwerer, wieder einen Sieg einzufahren. Aber wer gleich in den ersten Spielen mehr Glück hatte, hat eine größere Chance, auch kommende Spiele wieder zu gewinnen. Es fühlt sich eben gut an zu gewinnen. Es hebt das Selbstvertrauen. Das weiß jedes Kind. Selina, sechs Jahre, sagt: „Weil man dann seine Ruhe hat. Alle freuen sich für einen, und man muss nichts erklären" [175].

Kindermund. Gilt für Selina wie für den Fußball und gilt genauso auch für den Paarungserfolg von männlichen *Steinernema carpocapsae*-Nematoden. Wegen Winner-Loser-Effekten trennen sich Fußballvereine von ihrem Trainer, wenn sich die Niederlagen häufen. Es muss ein neuer her, der wieder motivieren kann. Weil man sich dann wieder besser fühlt.

Punkt.

Und das simulieren wir in unserer Monte-Carlo-Welt und schauen, welchen Einfluss Winner-Loser-Effekte auf die Struktur der daraus resultierenden Kringel und Pfeile, unserer „Gewinner-Verlierer-Netze", haben. Dazu müssen wir uns jetzt ein bisschen mit dem Thema Netzwerke beschäftigen.

30. Faden: Netze und Triaden

Von Facebook-Freunden, effizienten und Small-World-Netzwerken und von Hierarchien und Top-down-Gesellschaften

Fischer haben ganz besonders schöne und regelmäßige Netze. Fischernetze haben einfache rechteckige Maschen aus je vier Fäden und vier Knoten. Auch Fußbälle sind Netze, und zwar aus Sechsecken und Fünfecken zusammengenäht. Fischernetze sind flache Netze, Fußbälle sind räumliche Netze.

Und nun zu den Spielern. Wir haben gesehen, dass selbst kleine Gruppen von Spielern sehr komplizierte und chaotisch wirre Netze von Gewinnen und Verlieren erzeugen können. Darum fangen wir noch einmal ganz klein an: mit zwei Spielern. Zwei Spieler können miteinander kämpfen, aber zwei machen noch kein Netz. Wir nehmen also drei Spieler. Drei bilden eine Triangel, die Minimalform eines Netzes (Abb. 16).

Auch die Fußball-Bundesliga ist ein Beispiel für „jeder gegen jeden", und die Ergebnisse werden als Rangliste dargestellt. Ranglisten sind sehr einfache Formen von Netzen, eigentlich sind es nur Fäden und gar keine Netze. Listen bzw. Tabellen ermöglichen die Darstellung von Rangordnungen, von Hierarchien. Es gibt Tabellenführer und welche dazwischen und Tabellenletzte. Rangordnungen auf der Basis von Jeder-gegen-jeden-Spielen sind Vereinfachungen. Eigentlich erwarten wir Netze von Spielergebnissen, die so ähnlich chaotisch sind wie die anfänglich genannten Jeder-gegen-jeden-Spiele. Denn ein Bundesliga-Tabellenführer ist ja nicht automatisch Gewinner in allen Spielen. Selbst der Tabellenletzte kann irgendwann einen guten Tag haben und ein Spiel gewinnen, vielleicht sogar gegen den Tabellenführer. Und wenn man all das auf dem Kringel-und-Pfeile-Papier berücksichtigen will, wird es kompliziert.

Sie fragen sich jetzt: Und was soll das? Wenn Sie nur wissen wollen, wer der beste und wer der schlechteste Verein ist, würde die Tabelle ausreichen, aber wenn Sie mehr über den Aufbau von Dominanzhierarchien wissen wollen, brauchen Sie eine andere Darstellung: die Darstellung der Spiele in Form eines Netzes. Mit Netzen lassen sich Informationen zeigen und verarbeiten, die man anhand einer einfachen Rangordnung oder Tabelle nicht sehen kann. Das hat mit Fußball nichts mehr zu tun, es öffnet ein neues Feld. Es geht um Netzwerkmathematik, und es geht um Gruppen. Und damit sind wir wieder beim alten Thema: dem Sozialen. Wir sind nicht die Einzigen, die auf diese Weise soziale Strukturen untersuchen. Das macht man schon seit Langem [176].

© Der/die Autor(en), exklusiv lizenziert an Springer-Verlag GmbH, DE, ein Teil von Springer Nature 2024
M. Hermanussen, C. Scheffler, *Größenwahn*,
https://doi.org/10.1007/978-3-662-69580-7_34

Abb. 16 Drei Spieler kämpfen jeder
gegen jeden: Karl kämpft mit Hans,
Hans mit Frieda und Frieda mit Karl

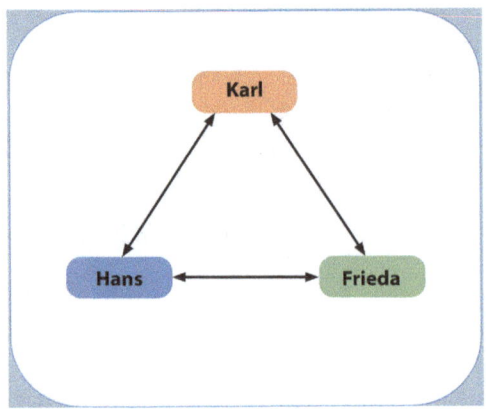

Während Fischernetze und Fußbälle regelmäßige Netze sind, sind soziale Netze eher chaotisch. Besonders unregelmäßig sind Freundschaftsnetzwerke. Malen Sie sich selbst als einen Kringel auf ein Blatt Papier und malen Sie Ihre Freunde um sich herum auf dasselbe Papier, mit Kringeln, und verbinden Sie die Kringel mit „Freundschaftslinien". Jeder Freund ist also ein „Knoten" in diesem Netz. Dann malen Sie auch die Freunde Ihrer Freunde und zeichnen wieder Kringel und verbinden die Kringel mit Freundschaftslinien. Die Freundschaftslinien sind dann die Fäden in diesem Netz. Das sieht nach kurzer Zeit ziemlich wüst aus. Und wenn jemand fragt, wer ist der Beste unter diesen Freunden, lässt sich das mit einer Tabelle wirklich nicht mehr klären.

Die Zahl der Verbindungen, die die Freunde in einem Freundschaftsnetzwerk unterhalten, nennt man Gradzentralität (degree centrality). Die Bedeutung eines Freundes im Netzwerk wird auf der Basis von Beziehungen zu anderen Freunden bestimmt. Freunde informieren sich untereinander. Informationen verbreiten sich über die Freundschaftslinien. Die Gradzentralität beschreibt, wie sich Information unter Freunden ausbreiten kann. Da gibt es gut vernetzte Freunde und wenig vernetzte Freunde. Und wenn Sie jetzt an *Stille Post* denken – einer flüstert es jeweils einem anderen zu –, merken Sie, wo das Problem liegt. Wenn Sie nur einen Freund haben, der auch nur einen Freund hat, der wiederum auch nur einen Freund hat usw., dann ist die Verbreitung einer Information ziemlich unsicher. Die Information muss über viele Kringel wandern. Die Pfadlänge[1] ist lang. Bei der Weitergabe eines Textes bis zum Letzten in der Reihe ist die ursprüngliche Information oft ganz und gar unkenntlich geworden. Das ist der Spaß an der *Stillen Post* (Abb. 17).

---

[1] Die Pfadlänge zwischen zwei Knoten entspricht der Anzahl der im Pfad enthaltenen Knoten, mit anderen Worten, sie entspricht der Anzahl der Freunde, über die die Information im Netzwerk läuft. Bei *Stille Post* – jeder hat nur einen Freund auf jeder Seite – sind Pfadlängen verhältnismäßig lang, weil die Information Schritt für Schritt weitergegeben wird, bis sie über viele Freunde hinweg auch den letzten Freund erreicht. In einem Netz, in dem jeder mit jedem verbunden ist, sind Pfadlängen kurz, weil Informationen direkt von jedem zu jedem weitergegeben werden können.

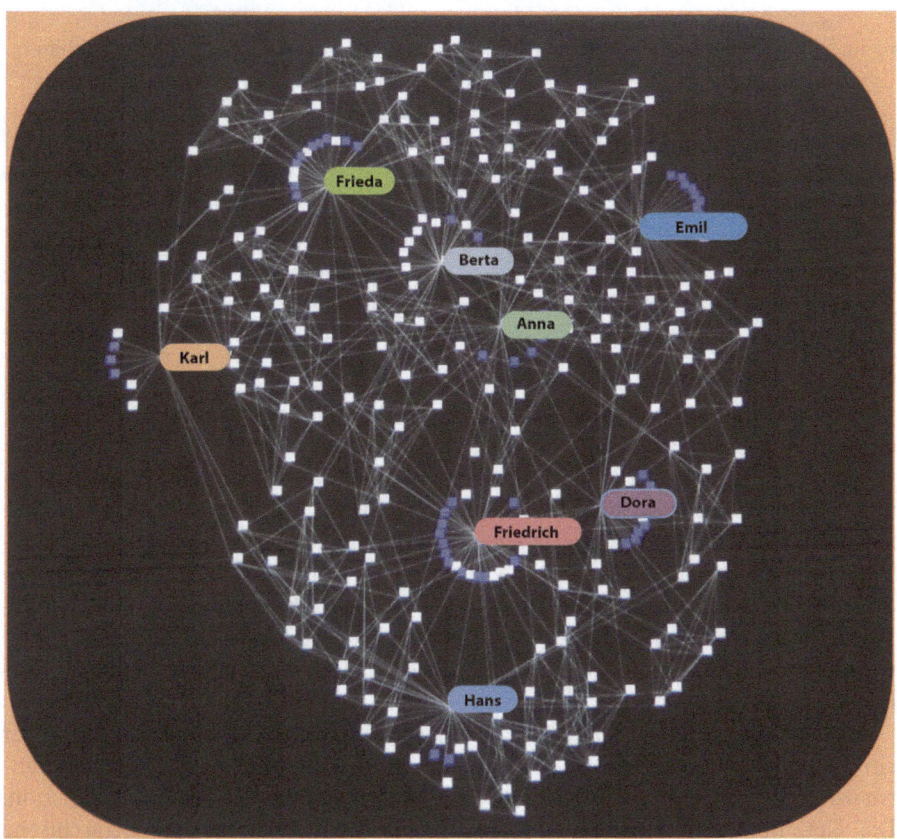

Abb. 17 Beispiel eines Freundschaftsnetzwerkes. Nicht jeder ist mit jedem verbunden, manche haben viele Freunde, Friedrich und Berta sitzen zentral wie die Spinnen in ihrem Netz, andere stehen eher am Rand, und manche haben nur einen oder zwei wirkliche Freunde. (Verändert nach eigenem Foto, MAXXI, Rom 2022)

Wenn Sie mehrere Freunde haben, die auch wieder mehrere Freunde haben, verbreitet sich die Information lawinenartig. Und wenn die Freunde Ihrer Freunde auch mit Ihnen befreundet sind, können Sie sogar kontrollieren, ob Ihre Freunde die geflüsterte Information tatsächlich korrekt weitergegeben haben, denn Sie kriegen ja die Information vom Freund des Freundes wieder zurück. Kann sein, die Information ist korrekt; kann sein, sie ist falsch, und es entsteht ein Gerücht.

Facebook-Freunde
Und zur Auflockerung wieder eine kleine Reiseanekdote: Vor sechs Jahren, anlässlich eines Besuchs von Freunden in die USA, verirrte ich (MH) mich in eine Ausstellung im Mass MoCa, dem Massachusetts Museum of Contemporary Art. Moderne Kunst in leer stehenden Industriekomplexen. Entstanden

und eingerichtet, nachdem es von der Sprague Electric Company aufgegeben worden war. Hier hatte die in Maine lebende Fotografin Tanja Alexia Hollander ausgestellt [177]. Sie versuchte das Reale vom Virtuellen zu unterscheiden. Sie fotografierte alle ihre 626 Facebook-Freunde. Dafür reiste sie rund um den Globus und verabredete persönliche Treffen in den Häusern dieser Freunde, um herauszufinden, wie Freundschaft definiert und wie die Erlaubnis erteilt wird, in das private – aber auch sehr öffentliche – Online-Leben einzudringen. Lange Listen, präzise Dokumentationen, Küchenbilder aus aller Welt. Damals fragten wir uns, wie viele Freunde ein Mensch haben kann.

Kommunikationswege sind kurz, wenn die Pfadlängen kurz sind. Das bedeutet, auf dem Weg von Freund zu Freund sind keine oder nur wenige zwischengeschaltete Freunde. Diese Netzwerke sind *effizient* im Sinne von Netzwerkmathematik. In ihnen kann Information unmittelbar in nur wenigen Schritten an alle Freundesfreunde weitergegeben werden. Je kürzer die Pfadlängen, desto effizienter das Netz. Viele Freunde und dichte Vernetzung mit kurzen Pfadlängen sind Kennzeichen von Small-World-Netzwerken. Die modernen Social-Media-Netzwerke sind Small-World-Netzwerke: Jeder Mensch ist mit jedem anderen Menschen über eine merkwürdig kurze Kette von meist nicht mehr als sechs Bekanntschaftsbeziehungen verbunden [178].

Eine besondere Form von effizientem Netz ist „der gute Freund von allen". Er sitzt zentral, sozusagen wie die Spinne in der Mitte. Alle Information geht unmittelbar zu ihm, und er verteilt sie sternförmig wieder an alle anderen um sich herum. Das Netz mit dem „guten Freund von allen" hat eine zentralisierte hierarchische Struktur und ist gar nicht mehr wüst. Wegen der sehr kurzen Pfadlänge hat es eine Reihe von Vorteilen. Informationen oder Befehle gehen zack, zack vom „guten Freund von allen" an alle anderen Freunde weiter.

Aha, sagen Sie, denn Sie merken, worauf es hinausgeht: Der „gute Freund von allen" ist sozusagen der König, umringt von seinen Vasallen. Das ist eine Top-down-Gesellschaft. Allerdings haben solche hierarchischen Netze einen wesentlichen Nachteil: Sie sind gefährdet. Wenn der „gute Freund von allen" verreist ist oder stirbt, bricht die Kommunikation zusammen. Zentralisierte hierarchische Netze sind störanfällig.

Es gibt große und kleine Freundschaftsnetzwerke, je nachdem, wie viele Freunde in einem solchen Netz zusammengefasst sind. Es gibt Freundschaftsnetze, in denen jeder mit jedem befreundet ist, oder solche, in denen jeder nur wenige Freunde hat, obgleich er eigentlich mehr Freunde haben könnte. Die Dichte eines Netzes beschreibt die Anzahl der bestehenden Freundschaften im Verhältnis zur Anzahl aller möglichen Freundschaften. Karl, Hans, Frieda, Sonja und Sönke bilden ein Freundschaftsnetzwerk. Karl ist mit Hans, Hans mit Frieda, Frieda mit Sonja und Sonja mit Sönke und Karl befreundet. Es gibt also fünf Freundschaften unter den fünf Freunden. Das ist nicht besonders dicht, denn es sind zehn Freundschaften möglich, wenn Karl, Hans, Frieda, Sonja und Sönke jeweils mit allen anderen befreundet wären.

Nicht verzweifeln, das ist nicht schwierig, fünf Freunde kann man noch an den Fingern abzählen. Wenn Sie jedoch an Frau Hollander denken oder Ihren eigenen Facebook-Account anschauen, merken Sie, was in großen Netzwerken los ist. Aber dazu kommen wir später, viel später, wenn wir nicht mehr beim Spielen, sondern bei den ernsteren Dingen angekommen sind. Vorerst machen wir jetzt Schluss und fahren noch einmal zurück nach Monte Carlo.

31. Faden: Virtuelle Kämpfer und virtuelle Sterne und ein Ausflug nach Nordsumatra

Von den fünf Möglichkeiten der Beziehung zwischen Karl, Hans und Frieda, von Schlüsselindividuen und einem Gouverneur aus Nordsumatra

Zurück zu den virtuellen Spielern. Wenn die Spieler geistlos sind und nur zufällig mal der eine und mal der andere gewinnt, gibt es chaotische Beziehungsstrukturen. Das ändert sich, wenn die Simulation den Spielern ein Erinnerungsvermögen zugesteht. In diesem Fall strukturiert sich das entstehende Beziehungsnetz mit jeder folgenden Spielrunde: Wie mit Zauberhand beginnen die Spieler, sich sternförmig um irgendeinen aus der Gruppe herumzugruppieren. Irgendeiner oder einige wenige von ihnen, die zufällig die ersten Kämpfe gewonnen haben, gewinnen nämlich dann auch die folgenden Kämpfe und danach immer mehr folgende Kämpfe. Einfach, weil sie bereits gewonnen haben. Winner-Loser-Effekt heißt dieses Phänomen. Zum Schluss hat der eine oder haben die wenigen Glücklichen alle anderen Spieler ringsum besiegt. Mit anderen Worten, schon nach den allerersten Runden werden einige Spieler „besser" als andere. Nicht, weil sie tatsächlich besser sind, sondern nur weil sie zufälligerweise gewonnen haben und danach immer wieder gewinnen. Sie setzen sich mit zunehmender Spieldauer immer weiter in die Mitte des Netzes, bis sich das Netzwerk hierarchisch zentralisiert hat. Spontan. Bottom-up. Von unten nach oben. Niemand hat dem „besten" Spieler eine besondere Kompetenz gegeben – in unserer Simulation: Keiner der Spieler hatte zu Anfang mehr als fünf Spielfiguren. Trotzdem entwickelt sich ein zentraler Gewinner, oder es entwickeln sich wenige zentrale Gewinner und viele periphere Verlierer. Der ganze Prozess sieht aus wie Zauberei und ist doch nichts anderes als das triviale Ausrechnen eines Zufallsprozesses – in Kombination mit ein bisschen Erinnerungsvermögen. Der Gewinner gewinnt, weil er gewonnen hat. Wer hat, dem wird gegeben.

Wir spielen diese Spielchen immer wieder und finden immer dasselbe: Sterne. Sterne mit Spielern in der Mitte und ringsherum die „Freunde zweiter Klasse". Sie sind durch Beziehungspfeile miteinander verbunden, die im Endstadium des Sternespiels alle vom Zentrum in die Peripherie zeigen. Sie dürfen gern ein bisschen vorausblättern und sich Abb. 20 anschauen.

© Der/die Autor(en), exklusiv lizenziert an Springer-Verlag GmbH, DE, ein Teil von Springer Nature 2024

M. Hermanussen, C. Scheffler, *Größenwahn*,
https://doi.org/10.1007/978-3-662-69580-7_35

Wir nannten bereits Karl, Hans und Frieda, den Dreierbund, die Triangel. Triangeln sind die einfachsten Strukturen in Netzwerken. Man nennt einen solchen Dreierbund aus Netzwerkknoten auch eine Triade. Wir zerlegen jetzt alle Netzwerksterne in Dreierbünde und sehen uns diese Dreierbünde noch einmal genau an. Nehmen wir also wieder Karl, Hans und Frieda, und wir fragen uns, welche fünf Möglichkeiten von Sieg und Niederlage es gibt (Abb. 18):

1. Karl besiegt Hans und Frieda. Karl ist „doppel-dominant" (double-dominant).
2. Karl hat Pech und wird von Hans und Frieda besiegt. Dann ist Karl Diener zweier Herren. „Double-subordinate" heißt diese Konstellation.
3. Karl könnte Hans besiegen, und Hans besiegt Frieda, aber es gibt keine Entscheidung zwischen Karl und Frieda. Dann ist die Beziehung von Karl zu Frieda nur mittelbar. Das Muster heißt „pass-along" (Weiterlaufen). Es erinnert an *Stille Post*.

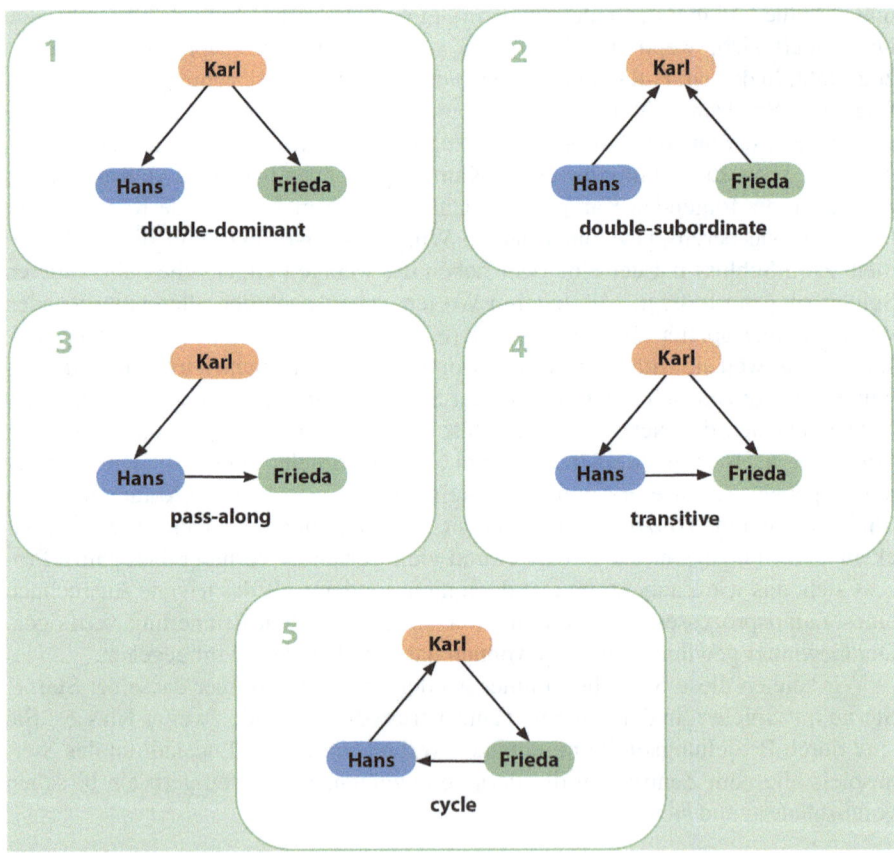

Abb. 18 Die fünf Möglichkeiten, wie Karl, Hans und Frieda zueinander in Beziehung stehen können: 1 = double-dominant, 2 = double-subordinate (Diener zweier Herren), 3 = pass-along (Weiterlaufen), 4 = transitive, 5 = cycle (Zirkel)

4. Oder es geht wie beim Weiterlaufen, aber Karl besiegt auch Frieda. „Transitive"
   heißt diese Variante: Wenn Karl besser ist als Hans, und Hans besser ist als
   Frieda, und auch Karl besser ist als Frieda.
5. Oder es gibt den verflixten Zirkel (cycle): Karl besiegt Frieda, Frieda besiegt
   Hans, und Hans besiegt wiederum Karl.

In reinen Zufallsnetzwerken, d. h. wenn Karl, Hans und Frieda – oder nennen wir
sie einfach „unsere Spieler" – völlig geistlos miteinander kämpfen und zufällig mal
der eine, mal der andere gewinnt und sich keiner an den Ausgang vorangegangener
Kämpfe erinnern kann, ist „pass-along" (Weiterlaufen) die häufigste Triade. Aber
wenn die Spieler so gut sind wie Schneckenprofi-Würmer und sich erinnern können,
ist Weiterlaufen nicht mehr angesagt. Dann wird „transitive" und natürlich „double-dominant" immer häufiger (Abb. 19).

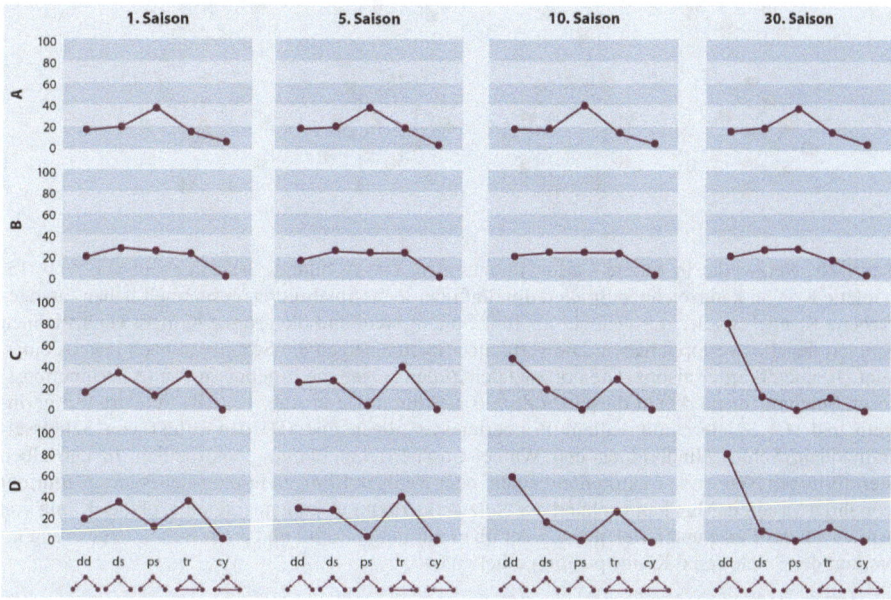

Abb. 19 Monte-Carlo-Simulationen. Die Abbildung zeigt die relative Häufigkeit, mit der die fünf
Gewinnmöglichkeiten (Abb. 18) unter zwölf Spielern auftreten. Die vier vertikalen Spalten zeigen
Häufigkeiten der fünf Triaden nach der jeweils 1., 5., 10. und 30. Spielsaison (jeder Spieler hat
1-, 5-, 10-, 30-mal gegen jeden der anderen elf Spieler gespielt). Die vier horizontalen Zeilen zeigen
die Ergebnisse der Spiele unter (**A**) Erinnerungslosen, unter (**B**) Spielern, die sich nur an die letzten
fünf Spiele erinnern können, unter (**C**) Spielern, die sich an alle vorangegangenen Spiele erinnern
(hier erkennt man die typische Vermehrung der doppeldominanten und transitiven Triaden, d.h. man
erkennt „Herrschaftsstrukturen": Vasallen sammeln sich um einen Führer), und unter (**D**) Spielern,
unter denen sich von Anfang an ein Schlüsselindividuum[1] befunden hat, d.h. ein Spieler mit von Anfang an besseren Gewinnchancen und damit größerem Einfluss auf die Struktur des Netzwerkes

---

[1] Schlüsselindividuen sind Individuen, die einen unverhältnismäßig großen, unersetzlichen Einfluss auf die Gruppendynamik haben.

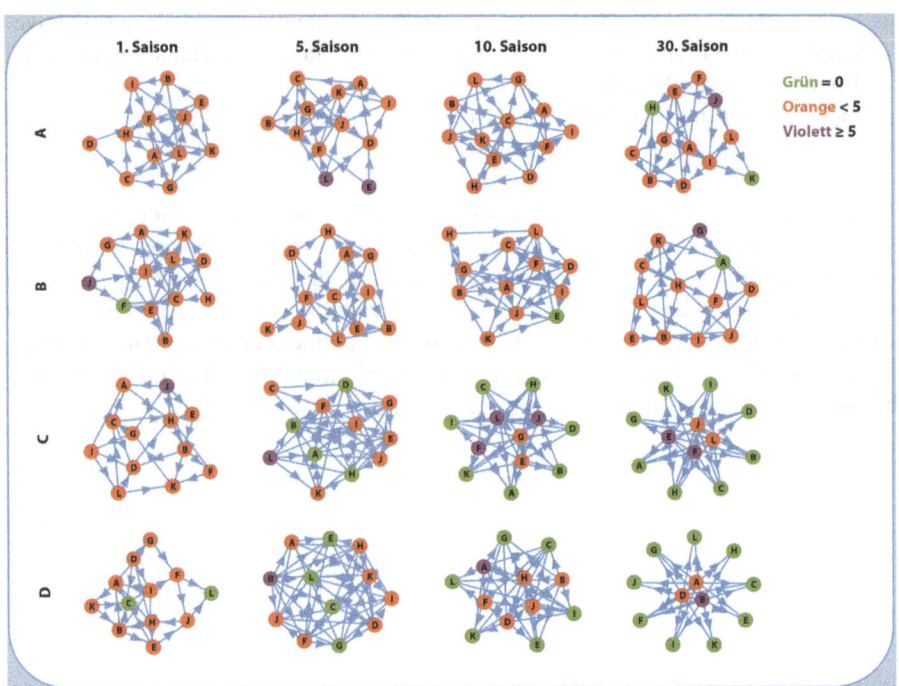

Abb. 20 Netzwerke in Monte-Carlo-Simulationen. Die Abbildung ist aufgebaut wie Abb. 15. Violette Kringel kennzeichnen Spieler, die fünf oder mehr Spielfiguren gesammelt haben, orangefarbene Kringel Spieler mit weniger als fünf Spielfiguren, und die grünen Kringel kennzeichnen Spieler, die alles verloren haben. Die vertikalen Spalten zeigen die Strukturen nach jeweils einer, fünf, 10 und 30 Spielsaisons. Die horizontalen Zeilen zeigen die Ergebnisse von (**A**) erinnerungslosen Spielern (man erkennt dieselben Zufallsstrukturen wie in Abb. 15), (**B**) Spielern mit geringem und (**C**) Spielern mit vollem Erinnerungsvermögen und (**D**) den Effekt von Schlüsselindividuen. Schlüsselindividuen und Winner-Loser-Effekte führen grundsätzlich zu denselben sternförmigen Netzwerkstrukturen mit einem oder wenigen Königen in zentraler Position, umringt von ihren Vasallen. Man kann anhand der Netzwerkstruktur also nicht erkennen, ob der König von Anfang an der Beste unter vielen war, oder ob er nur durch Zufall und ein bisschen Erinnerung im Verlauf der Spiele seine Königsposition erhalten hat

„Der gute Freund von allen", der wie ein König in der Mitte sitzt, ist umgeben von den anderen. Die Triadenmotive von (C) und (D) in Abb. 20 sind praktisch gleich. Man kann zu einem späteren Zeitpunkt allein anhand der Triaden nicht mehr unterscheiden, ob sich die Gruppe im Verlauf der Saisons um einen vorherbestimmten, starken Führer versammelt (D) oder ob sich die Gruppenstruktur spontan auf der Grundlage von Zufall und Winner-Loser-Effekten entwickelt hat (C).

Die Abb. 20 zeigt, wie sich Netzwerke unter erinnerungslosen Spielern entwickeln, und solchen, die sich erinnern können. Bei Erinnerungsvermögen etablieren sich Führer, „gute Freunden aller", Könige, wie Spinnen im Netz. Die vormals chaotischen Zufallsnetze organisieren sich spontan, und es entstehen sternförmige Netze. Ganz von selbst. Spielhöllenweisheit.

Monte-Carlo-Simulationen sind Spielerei, und wie sieht es in der Wirklichkeit aus? Wie sehen die sozialen Netzwerke unter Tieren aus? Zeigen soziale Gemeinschaften dieselben Triadenmuster wie die Monte-Carlo-Simulation? Daizaburo Shizuka und David McDonald beschreiben Dominanznetzwerke aus Beobachtungen an 172 Tierarten aus insgesamt 113 Studien [180], mit Primaten, Huftieren, Elefanten, Raubtieren, Nagern, Beuteltieren, Vögeln, Reptilien, Fischen und sozialen Insekten – mit anderen Worten: querbeet durch die soziale Tierwelt. Sie schreiben:

> Triadenmotive sind das allgemeine Muster in den Strukturen von Dominanzhierarchien und finden sich bei praktisch allen Tieren. Es gibt in der Struktur von Dominanzhierarchien keine wesentlichen Unterschiede zwischen den verschiedenen taxonomischen Gruppen[2].
>
> Die Muster der Über- und Unterrepräsentation von Triaden bestätigten, dass Dominanzhierarchien im Allgemeinen transitiv sind: In der überwiegenden Mehrheit der Gruppen waren transitive Triaden überrepräsentiert (97 % aller Gruppen) und Zyklen unterrepräsentiert (99 % aller Gruppen). Weiterlaufkonfigurationen waren im Allgemeinen unterrepräsentiert (89 % von 138 Gruppen), und doppelt-dominante Triaden waren häufig überrepräsentiert (80 % der Gruppen). Diese Ergebnisse waren gegenüber dem Zufall signifikant.

Shizuka und McDonald zeigen, dass in allen untersuchten Gruppen Dominanzhierarchien mit denselben Charakteristika auftreten, wie wir sie in der Monte-Carlo-Simulation finden (Abb. 21).

Allerdings haben diese beiden Autoren nie mit Monte-Carlo-Technik simuliert, und deshalb haben sie auch ein Problem mit der Interpretation. Sie schreiben nämlich etwas ratlos:

> In Gruppen, in denen Alphatiere an mehr Wettbewerben teilnahmen, gab es mehr doppeldominante Triaden und weniger Weiterlauftriaden. Wenn Alphatiere im Verhältnis zu den anderen Gruppenmitgliedern öfter interagieren, können doppel-dominante Triaden häufiger werden.
>
> Die Ergebnisse unterstützen die Idee, dass Schlüsselindividuen einen unverhältnismäßig großen Einfluss auf Dominanzhierarchien haben können, und legen nahe, dass das Vorhandensein solcher „Schlüsselindividuen" eine wichtige Quelle für Variationen in Dominanzhierarchien in allen Arten von Tiergruppen sein kann.

Nein. Das stimmt leider nicht. Dominanzhierarchien können sich allein auf der Basis von Zufall und Winner-Loser-Effekten etablieren und benötigen zur Entstehung keine Schlüsselindividuen.

Die Autoren untersuchten auch Sozialstrukturen von Tieren in Gefangenschaft und zeigen,

---

[2] Taxa sind Gruppen von Lebewesen mit gleichen Merkmalen, die sich von anderen Gruppen abgrenzen lassen.

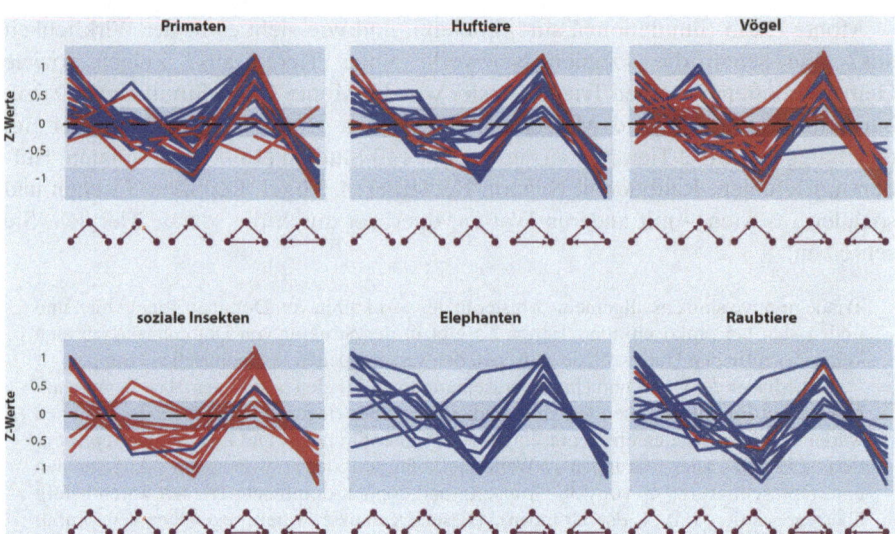

Abb. 21 Triadenmotive bei unterschiedlichen sozialen Arten [180]. Man erkennt die frappierende Ähnlichkeit mit den Mustern der zehnten Saison der dritten und der vierten Zeile aus Abb. 19. Die Triadenmotive der unterschiedlichsten Arten sehen fast gleich aus. Neben den doppel-dominanten sind die transitiven Triaden die häufigsten. Es sind also dieselben Muster, die wir beim Computerspielen gesehen haben. Dieses Muster von Triadenmotiven tritt offenbar immer auf, wenn sich Zufall und Winner-Loser-Effekte treffen, und lässt keinen Rückschluss zu, ob die Führer in diesen Sozialstrukturen auf irgendeine Weise tatsächlich die „Besseren" sind. (Verändert nach [180])

dass die Struktur von Dominanzhierarchien nicht durch Gefangenschaft beeinflusst wird, was darauf hindeutet, dass künstliche ökologische Bedingungen die soziale Dynamik, die zu sozialen Hierarchien führt, nicht grundlegend verändern.

Soziale Dynamiken, die für die Gestaltung der Hierarchiestruktur wichtig sind – z. B. die Neigung dominanter Individuen, sich auf mehr Wettkämpfe einzulassen – sind bei Tieren der meisten Taxa gleich.

Gruppenführer müssen nicht größer, stärker oder besser sein. Natürlich drängt sich der, der von Anfang an besser war, unweigerlich in eine zentrale Position, aber man kann aus einer zentralisierten Netzwerkstruktur nicht den Schluss ableiten, dass Gruppenführer Schlüsselindividuen sind und von Anfang an den anderen überlegen waren. Mit dieser Feststellung wird das ganze Gedankengebäude von „natural selection of the fittest" brüchig. Denn nun wissen wir es: Der Beste kann allein deswegen der Beste sein, weil er anfangs mal Glück hatte und sich erinnern kann.

Sternförmige Netzwerke entstehen spontan. Virtuelle „Könige" krönen sich selbst und sind in nichts besser als Fadenwürmer. Die Entstehung von zentralisierten sozialen Netzwerken ist ein faszinierendes Beispiel für Selbstorganisation. Sozialstrukturen entwickeln sich bottom-up, von unten nach oben. Und zwar zu einer Struktur, die geeignet ist, Befehle top-down, also von oben nach unten, durchzusetzen – wie beim Militär.

Kleine Netzwerke, in denen jeder mit jedem kämpft, entwickeln sich grundsätzlich zu sehr regelmäßigen Sternen. Je größer die Netzwerke und auch je dichter die Spieler untereinander vernetzt sind, desto unregelmäßiger werden die Netzwerke, und desto mächtiger werden die Zentralpositionen. Es entwickelt sich ein Himmel voller Sterne mit vielen Königen und noch mehr Vasallen um sie herum. Große soziale Netze, auch dicht verknüpfte Netze sind extrem asymmetrisch. Asymmetrisch heißt, die Gesellschaften von Spielern teilen sich in sehr wenige mächtige „Könige" und sehr viele abhängige „Vasallen", im Gegensatz zu egalitären Strukturen, in denen die einzelnen Knoten des sozialen Netzes gleichrangig sind. Die Simulation verdeutlicht also, dass mit steigender Anzahl von Nachbarn und vermehrter Kommunikation die soziale Asymmetrie zunimmt. Mit anderen Worten, je mehr sozialer Kontakt, desto größer wird die soziale Ungleichheit. Automatisch.

Auf diese höchst unerfreuliche Einsicht wollen wir an dieser Stelle noch nicht weiter eingehen und sie erst etwas später kommentieren. Vorerst nur die Tatsache, dass Winner-Loser-Effekte allgegenwärtig sind und alle betreffen, die irgendwo in ihrem Körper Synapsen haben, ausnahmslos, auch uns, *Homo sapiens sapiens*, den Weisen, der immer noch seinen Führern hinterherläuft und glaubt, er komme einfach mal so mir nichts, dir nichts aus seiner Unmündigkeit heraus. Nichts davon. Wir haben es in Medan erlebt, in Nordsumatra:

Ein Ausflug nach Nordsumatra
Am 7. März 2018 waren wir beim Gouverneur eingeladen. Zum Abendessen. Er bewohnt eine unübersichtliche Villa mit großem Schwimmbecken neben dem reich mit Plastik dekorierten Wohnzimmer. Innen im Haus ein offener Hof, zahlreiche Frauen bereiten Essbares zu. Berge von uns unbekannten riesigen Hummerkrabben. Köstlich allein das Anschauen. Der Gouverneur sitzt breit und feist in seinem Sessel, ist aber zu fein, um letztlich mit uns zu essen. Er lässt sich fotografieren und spreizt goldberingte Finger mit weiß lackierten Nägeln. Wir sitzen inmitten eines Panoptikums. Er interessiert sich nicht für uns persönlich, ihm ist wichtig, dass er von wichtigen Menschen besucht wird. Er wurde mit gut 99 % der Stimmen gewählt.
Zwei Tage später frühstücken wir beim ihm. Es gibt Toast, Fisch, Reis, üppiges Angebot. Heute ist unser Fahrer mit uns und lächelt glücklich in seiner Fahrerecke. Fahrer sitzen üblicherweise draußen und warten, bis die Herrschaft weitergefahren werden will. Das wollten wir nicht dulden. Wir sitzen nahe der Küche, wo sich heute große Schüsseln mit Rendang[3] befinden. Im

---

[3] Rendang ist ein scharfes Gericht aus überwiegend Rindfleisch (Rendang daging sapi) oder anderen Fleischsorten wie Lamm, Huhn oder Ente. Es ist ein typisches Gericht der indonesischen Küche und hat seinen Ursprung als Festmahl der Minangkabau, einer großen ethnischen Gruppe auf Sumatra.

Hof des Hauses ein Heer muslimischer Frauen, die sich mit Essensvor-
bereitungen beschäftigen. Der Gouverneur ist nicht da. Er hat Geburtstag,
heute ist Wohltätigkeit angesagt: Speisung für die Armen. Wir werden zuerst
abgefüttert. Auf dem Tischchen im Wohnzimmer steht seine riesige Geburts-
tagstorte. Auf dem Zuckergussüberzug ein fliegenbesätes Bild vom Gouverneur in Generaluniform. Er ist ein Gewinner. Beim Verlassen des Hauses
sehen wir eine Gruppe von Waisenkindern, die nach uns zum Frühstück geführt werden. Waisen sind die Loser, Waisenfüttern macht sich gut. Wir erleben die schönsten Blüten von archaischem Despotismus. Wir fühlen uns wie
im alten Rom.

Es geht um Gruppen und Gruppenführer. Es geht darum, dass die Mitglieder
einer Gruppe auf der Grundlage von Gerangel ihren Gruppenführer finden. Und
zwar nicht, weil der Gruppenführer der Beste, Tapferste, Stärkste, Gesündeste oder
Glücklichste ist, sondern weil irgendeiner aus der Gruppe aufgrund von Zufall und
Erinnerungsvermögen zu einer zentralen Führungsposition gefunden hat. Unsere
Monte-Carlo-Simulation und unsere vorangegangenen Überlegungen zum Thema
Vermeidung von Isolation haben gezeigt, dass sich auch bei absichtsloser und zufälliger Rangelei grundsätzlich eine Führungsperson in einer Gruppe etabliert. Und
wir haben gesehen, dass das Vorhandensein einer zentralisierten, hierarchischen
Struktur eine Konsequenz hat: *Zentralisierte hierarchische Netzwerke sind effizient
im Sinne von Netzwerkmathematik.*

Das also ist der Grund, warum die Evolution seit Hunderten von Jahrmillionen die
Fähigkeit konserviert, mittels hypothalamischer Neuropeptide physische Signale zu
erzeugen. Signale, die wie gläserne Sparschweine die Groschen des Erfolgs sichtbar
anhäufen. Sparschweine, die bei immer mehr Erfolgen immer dicker und schöner
werden und die durch das Immer-dicker-und-immer-schöner-Werden den Aufbau
einer effizienten sozialen Netzwerkstruktur ermöglichen, ohne dass die betroffenen
Individuen durch riskante Waffengänge gefährdet werden. Das finden wir genial.

Selbst wenn wir deswegen mit Großmäulern zusammenleben und uns leere Versprechungen anhören müssen.

Menschen sind sehr sozial und haben ein weit gefächertes Repertoire, neben diesen evolutionären Sparschweinen, dieser hochkonservierten Großmannssucht,
sprich, den biologischen Voraussetzungen für die vielfältigen Facetten unseres
Größenwahns, auf vielen Wegen Sozialstrukturen zu formen. Wir haben nicht nur
Mimik, Sprache und Kultur, wir haben eine jahrelange vorpubertäre Entwicklungs-
zeit, in der wir das soziale Miteinander über alle vorhandenen Kanäle nutzen lernen.
Aber wir müssen die Formen der archaischen Signalgebung kennen. Gerade weil
wir diese so tief in uns verwurzelten Sparschweinsignale im Alltag so wenig bewusst wahrnehmen. Dies betreffend sehen wir nämlich den Wald vor lauter Bäumen
nicht. Wir haben 30 Fäden aufgenommen, und noch immer ist das Muster in unserem Gewebe nicht zu sehen. Darum wollen wir den alten Märchenfaden Nummer
13 noch einmal aufnehmen: Das Soziale. Denn wir sind sozial.

Noch einmal der Faden Nummer 13

Von lächelnden Säuglingen und „emerging adults"

Menschen sind wesentlich sozialer als alle anderen Primaten. Wir leben ungern allein und sitzen auch nicht einfach nur wortkarg zusammen und wärmen uns bei Schneeregen, sondern wir erkennen die Bedürfnisse unserer Kumpels, Freunde, also unserer jeweiligen Gruppenmitglieder. Wir kommunizieren mit ihnen nicht nur durch Grunzen und Schnarren, sondern zumeist in ganzen Sätzen, mit Mimik und vielfältigen Gesten, und wir sind darüber hinaus auch noch sehr geneigt, auf die Bedürfnisse unseres Gegenübers einzugehen. Wir sind sozial und empathisch. Wir erleben das „soziale Lächeln" bei Säuglingen ab dem Alter von sechs Wochen.

Esther Herrmann und Kollegen aus der Arbeitsgruppe von Michael Tomasello haben die soziale Intelligenz von gesunden zweieinhalbjährigen Kindern im Vergleich mit 106 weiblichen und männlichen Schimpansen und 32 Orang-Utans unterschiedlichen Alters [181] untersucht und schreiben,

> dass Kinder und Schimpansen sehr ähnliche intellektuelle Fähigkeiten im Umgang mit der physischen Welt haben, dass aber Kinder über ausgefeiltere kognitive Fähigkeiten im Umgang mit der sozialen Welt verfügen als die Affen.

Esther Herrmann und ihre Kollegen gehen von der Hypothese aus,

> dass es in der frühen Kindheit ein Alter geben sollte (bevor die Kinder von Schriftsprache, symbolischer Mathematik und formaler Bildung beeinflusst werden), in dem die Fähigkeiten des Menschen im Bereich der physischen Kognition (es geht um räumliche, zeitliche und kausale Beziehungen von unbelebten Objekten) denen unserer nächsten Verwandten, den Primaten, ähnlich, und die Fähigkeiten im Bereich der soziokulturellen Kognition (es geht um Handlungen und Wahrnehmungen in Bezug auf Kultur wie soziales Lernen, Kommunikation und kognitive Perspektivübernahme[1]) bereits eindeutig menschlich sind.

---

[1] Die kognitive Perspektivübernahme beinhaltet, die Absichten, Erwartungen und Überzeugungen eines anderen erschließen zu können und darüber nachzudenken.

© Der/die Autor(en), exklusiv lizenziert an Springer-Verlag GmbH, DE, ein Teil von Springer Nature 2024
M. Hermanussen, C. Scheffler, *Größenwahn*,
https://doi.org/10.1007/978-3-662-69580-7_36

Räumliches Gedächtnis lässt sich testen, indem es eine Belohnung für das Wiederauffinden eines Objekts gibt; das Verständnis für Drehungen, indem ein Objekt gedreht und wiedererkannt werden muss. In ähnlicher Weise wird die Beständigkeit eines Objekts, das Verschieben von Objekten, auch das Zahlenverständnis und das Verständnis für Kausalität geprüft. Soziales Lernen lässt sich testen durch das Lösen eines einfachen, aber nicht offensichtlichen Problems durch Beobachten einer demonstrierten Lösung. Kommunikation lässt sich durch das Verstehen von kommunikativen Hinweisen testen, die auf den versteckten Ort einer Belohnung hinweisen, oder das Ausführen kommunikativer Gesten, um eine versteckte Belohnung zu finden. Die Tests sehen mehrere Versuche vor, es wird der Anteil geglückter Versuche zu allen Versuchen gewertet.

Esther Herrmann und ihre Kollegen schreiben:

> Bei den Aufgaben zu räumlichen, zeitlichen und kausalen Beziehungen von unbelebten Objekten lagen Kinder und Schimpansen im Mittel etwa gleichermaßen mit 68 % der Versuche richtig, Orang-Utans mit 59 % der Versuche. Im sozialen Bereich war das Muster anders. Hier lagen die Menschenkinder im Mittel bei 74 % der Versuche richtig, die beiden Affenarten aber nur bei 33 bzw. 36 % der Versuche.
>
> Im Bereich der physischen Wahrnehmung zeigten sich bei der Bewertung der einzelnen Skalen keine wesentlichen Unterschiede zwischen den Arten, wohl aber im sozialen Bereich. Hier waren die Kinder in jeder der drei Skalen geschickter. Bei Weitem am besten schnitten sie beim Lösen eines einfachen, aber nicht offensichtlichen Problems durch Beobachten einer demonstrierten Lösung (soziales Lernen) ab. Hier erreichten sie 86 %, während Schimpansen 10 % und Orang-Utans sogar nur 7 % der Testsituationen korrekt erfassten und lösen konnten.

Diese brillante Arbeit unterstreicht die wesentlich höheren sozialen Fähigkeiten bereits von Kleinkindern gegenüber unseren nächsten Artverwandten. Die Untersuchung unterstreicht: Menschen sind ungeheuer sozial. Und zu allem Überfluss – weil unsere Gesichter auch noch nackt sind – lassen sich unsere mimischen Reaktionen hinter keinem Fell verbergen, ob wir wollen oder nicht. Aber genau diese Eigenschaften bescheren uns auf der anderen Seite eine Reihe von ernsten Problemen: Je mehr Nachbarn wir in unsere sozialen Bindungen einflechten und mit ihnen vielfältig kommunizieren können, desto größer ist die Gefahr von immer asymmetrischeren Sozialstrukturen mit immer mächtigeren Königen und immer abhängigeren Vasallen.

Vorerst bleiben wir aber bei unserer sozialen Kompetenz. Wir helfen gern und bieten immer vielfältigere Unterstützung an. Wir übernehmen Verantwortung für die, die in unseren Augen noch nicht reif für Verantwortung sind oder damit überfordert erscheinen, wir bieten Versicherungen an für die Folgen von Schicksal und Unglück. Auf der anderen Seite wird der zahlenmäßige Umfang der Gruppen, in denen wir leben, immer weitläufiger und für die Heranwachsenden immer schwieriger zu durchschauen. Als „emerging adults" charakterisiert man inzwischen die modernen jungen Erwachsenen, die eine immer länger werdende Phase der Identitätsfindung durchlaufen und mit ihrem Gefühl des „Dazwischenseins", des „Nichtdazugehörens" und der Instabilität nicht zurechtkommen [182]. In unserer modernen Gesellschaft gibt es mittlerweile ein nie dagewesenes zeitliches Auseinanderdriften von biologischer (Geschlechts-)Reife und von psychologischer und sozialer Reife bei der Entwicklung junger Menschen [183]. Wir müssen uns fragen, wie viele Freunde wir überhaupt in unser Herz einschließen können. Wie groß ist unsere soziale Kompetenz?

32. Faden: Herr Dunbar und die Gruppengröße

Warum 626 Freunde keine Freunde sein können, von den Hadza aus Tansania und den Ache-Jägern aus Paraguay und von egozentrischen Netzwerken

Frau Tanja Alexia Hollander [177] hatte 626 Facebook-Freunde besucht. Kann jemand überhaupt so viele Freunde haben? Wie viele Freunde haben wir üblicherweise? Wie weit reicht unsere soziale Kompetenz? Wie viele Freunde kann sie umschließen?

Douglas Bird und seine Kollegen [184] stellten zahlreiche Untersuchungen zusammen, die sich mit Mobilität und Gruppengrößen von Jäger-und-Sammler-Gemeinschaften beschäftigten. Sie zeigen an eigenen Untersuchungen,

> Wohn- und Jagdgruppen zwar oft klein sind, es aber kaum Anzeichen dafür gibt, dass diese Gruppen aus kleinen Gemeinschaften stammen, die in kleinräumigen Gesellschaften eingebettet sind. Die meisten mobilen Jäger und Sammler leben in Gruppen von nichtverwandten Mitgliedern, wobei die Zugehörigkeit zu einer bestimmten Wohngruppe eher fließend ist und groß angelegte soziale Netze bestehen.

Die Forscher nennen auch den zahlenmäßigen Umfang dieser Gruppen und schreiben:

> Paläoanthropologen stützen sich zunehmend auf vergleichende Primatologie und Ethnografie[1], um Rückschlüsse auf intellektuelle Fähigkeiten und die Bildung sozialer Gruppen zu ziehen. Eine der vorherrschenden Erklärungen geht davon aus, dass die Größe des Primatengehirns mit der Größe der sozialen Gruppe korreliert, und man schätzt, dass Menschenähnliche[2] mit der Kapazität eines modernen menschlichen Schädels nur mit etwa 150 weiteren Individuen engeren Kontakt in einer Gemeinschaft halten können.

---

[1] Ethnografie bezeichnet die sozialwissenschaftliche Forschung zu ethnischen, kulturellen und sozialen Themen der verschiedenen Völker.

[2] Menschenähnliche oder *Hominoidea*, eine Überfamilie der *Catarrhina* (Schmalnasen), umfasst die Familien *Pongidae* (Menschenaffen) und *Hominidae*.

© Der/die Autor(en), exklusiv lizenziert an Springer-Verlag GmbH, DE, ein Teil von Springer Nature 2024
M. Hermanussen, C. Scheffler, *Größenwahn*, https://doi.org/10.1007/978-3-662-69580-7_37

Dann gibt es Vorstellungen zu „Minimalbanden" (oder auch „Übernachtungsgruppen") – das sind Gruppen von etwa 25 bis 50 eng verwandten Personen. Der Umfang dieser Banden sei durch das Nahrungsangebot der Umwelt bestimmt und kann in kleinen Volksgruppen von nicht mehr als etwa 1000 Menschen eingebettet sein.

Natürlich ist es schwierig, von heutigen Jägern und Sammlern Rückschlüsse auf soziale Gruppen der Steinzeit in Europa zu ziehen. Es wird aber immer wieder gezeigt, dass in den Jäger-und-Sammler-Gesellschaften weder die Männer noch die Frauen in den Gruppen leben, in denen sie ihre Kindheit verbracht haben. Nur etwa 10 % der Gruppenmitglieder seien eng miteinander verwandt. Es wird geschlossen, dass

> wir nicht unbedingt davon ausgehen können, dass sich verstandesmäßige Merkmale wie die Abneigung gegen Ungleichheit und verstärkte prosoziale Emotionen in einem Umfeld entwickelt haben, das hauptsächlich nur aus nahen Verwandten besteht.

Ferner lesen wir,

> dass die Wohngruppen vieler heutiger Jäger und Sammler klein und mobil sind. Der tägliche Lebensunterhalt muss unmittelbar bestritten werden, denn institutionelle Verwaltungen oder gar Lagerhaltung von Lebensmitteln sind selten. Was die tägliche Arbeit und das Ansammeln von materiellen Gütern anbelangt, sind diese Gruppen klassischerweise egalitär, d. h. alle Mitglieder besitzen mehr oder weniger dasselbe.
>
> Sowohl bei den Hadza in Tansania als auch bei den Ache-Jägern in Paraguay[3] kommen Erwachsene im Laufe ihres Lebens mit Hunderten anderer Erwachsener zusammen. Für Männer, die sich mit der Herstellung von Werkzeugen beschäftigen, werden Zahlen von mehr als 300 weiteren Männern genannt. Dabei sind rituelle Bindungen wichtiger für die Aufrechterhaltung dieses ausgedehnten sozialen Miteinanders als verwandtschaftliche Beziehungen. Bei keinem anderen Primaten und wahrscheinlich auch bei überhaupt keinem anderen Tier ist die Zahl von engen Bekannten so hoch wie bei Menschen. Man schätzt, dass ein männlicher Schimpanse im Laufe seines Lebens allenfalls mit 20 anderen Männchen interagiert. Selbst bei sehr geringer Bevölkerungsdichte treffen Jäger und Sammler im Laufe ihres Lebens wohl mit mehr als 1000 Personen in direktem Kontakt zusammen.

Douglas Bird [184] sprach von mobilen Jägern und Sammlern und von Gruppengrößen um 150 Personen. Wir gehen davon aus, dass in solchen Gruppen die natürlichen Signale von Alter und Autorität – wir kennen auch den Begriff der Würde – für bestimmte soziale Positionen ausreichen. Vielleicht gibt es unter den Jugendlichen noch allerlei Geraufe, aber im Prinzip können Gesellschaften dieser Größe ohne Allüren und feudale Insignien von Macht und Einfluss stabil sein. Ganz einfach: Jeder kennt jeden, und man zollt denen Respekt, denen in der Gruppe Bedeutung zukommt.

Ähnliche Größenordnungen für persönlich soziale Netzwerke werden von Robin Dunbar [185], genannt:

---

[3] Hadza und Ache sind heute lebende Jäger und Sammler.

Die zahlenmäßigen Größen moderner egozentrischer, persönlicher sozialer Netzwerke, die in einer Vielzahl von Untersuchungen geschätzt wurden, von Verteilerlisten für Weihnachtskarten (die alle Haushaltsmitglieder identifizieren) bis hin zur Anzahl der Facebook-Freunde, variieren zwischen 43 und einer Million Personen. Die Größe der meisten Netzwerke schwankt allerdings zwischen 78 und 250, mit einem Mittelwert von etwa 154.

Studien zu den Umfängen von Gemeinschaften in heutigen und verschiedenen vorindustriellen Gesellschaften – Jäger-und-Sammler-Gemeinschaften, historische europäische Dörfer vom 11. bis zum 18. Jahrhundert, in sich geschlossene historische Gemeinden, akademische Subdisziplinen (definiert als all jene, die die Veröffentlichungen der anderen beachten) und Internetgemeinschaften – schätzen durchschnittliche Umfänge zwischen 107 und 200 Personen, mit einem Mittelwert von etwa 158.

Dunbars egozentrische Netzwerke umfassen neben den Verteilerlisten für Weihnachtskarten auch Mobilphone-Adressenlisten, Hochzeitsgästelisten, E-Mail-Adressenlisten, Facebook-Freunde und Netzwerke von Koautoren in wissenschaftlichen Publikationen. Dunbar gibt Zahlen für „enge Freunde (5)", „beste Freunde (15)", „gute Freunde (50)" und „Freunde ganz allgemein (150)". Der Wert von ca. 150 als natürliche Gruppengröße für den Menschen hat ein statistisches 95 %-Vertrauens intervall von 100–250. Dunbars Zahl hat es in der Laienpsychologie weit gebracht. Kommen neue Freunde hinzu, müssen die alten weichen – die Zahl enger Kontakte bleibt konstant [186]. Aber auch Dunbars Zahlen sind nicht wirklich neu. Gruppengrößen um 100 Personen hatten schon im Altertum eine Bedeutung. Bei den Römern gab es den Zenturio, der innerhalb einer Legion den Befehl über ungefähr 100 Soldaten hatte (lateinisch: „centum" = hundert). Bei der Polizei gibt es „Hundertschaften".

So viel zur Wissenschaft. Offenbar können wir problemlos freundliche soziale Beziehungen zu 100 oder etwas über 100 Menschen unterhalten, ohne einen Chef haben zu müssen, der unsere Beziehungen ordnet. Aber eben freundliche soziale Beziehungen nur zu „etwas über 100" und nicht zu „über viele 100" oder gar zu „über 1000". Derartig große Gruppen funktionieren nicht mehr als Gesellschaft, in denen jeder mit jedem kann – aber dazu kommen wir später. Jetzt können wir nur festhalten, dass Frau Hollanders oben erwähnte Facebook-Freunde also gar keine Freunde sein können, denn ihre kognitive Fähigkeit reicht für so viele Freunde nicht aus.

Wir sind noch nicht am Ende. Ergebnis der Evolution sind nämlich nicht nur irgendwelche Gruppenführer und Horden von Vasallen. Es haben sich sehr eigenwillige und ebenfalls Jahrmillionen alte Vorkehrungen herausgebildet, Gruppen zusammenzuschmieden. Wir sehen, dass diese Gruppen flexibel sind, es kommen Freunde dazu, und Freunde verlassen uns. Trotzdem dürfen Gruppen nicht beliebig sein: heute diese Freunde, morgen irgendwelche andere. Und darum gibt es noch eine evolutionär hochkonservierte Einrichtung, Gruppen als Gruppe zu stabilisieren. Es ist das Gefühl von angenehm, in der Gruppe zu leben. Es hat etwas mit Kuscheln und Wohlfühlen zu tun. Dieses Gefühl hat ebenfalls eine hormonelle Grundlage: Es geht um ein drittes Neuropeptid, das den beiden bereits vorgestellten Releasing-Hormonen GnRH und GHRH ähnlich ist. Es wird auch im Hypothalamus bereitgestellt, es hat auch eine Jahrmillionen alte Geschichte.

33. Faden: Das Kuschelhormon Oxytocin

Was wir mit Rundmäulern und Knochenfischen gemein haben

Es geht um das Oxytocin. Sie erinnern sich: Es ist das Hormon, das die unterlegene Maus wochenlang von der Gewinnerin fernhält. Oxytocin gehört zu einem neuroendokrinen System, das die soziale Plastizität fördert und aufrechterhält [172]. Mütter wissen davon, denn Oxytocin hat auch eine sehr bedeutende Rolle beim Geburtsprozess. Es löst Wehen aus und bringt die Gebärmutter dazu, sich zusammenzuziehen. Ferner stimuliert es die Brustdrüsen zur Abgabe von Milch, und es beeinflusst das Kuscheln von Mutter und Kind. Oxytocin ist steinalt. Benjamin Jurek und Inga Neumann [187] schreiben:

> Die Oxytocin/ADH[1]-Familie ist in der Evolution hochkonserviert. Es ist gut belegt, dass eine Genduplikation[2] des gemeinsamen Vorläufergens zwischen der Entwicklung der Rundmäuler (Neunaugen) und Knochenfische vor ~450 Millionen Jahren stattfand.

Und Sophie Knobloch und Valery Grinevich [188] ergänzen:

> Das zentrale Oxytocinsystem hat sich im Laufe der Evolution an die wachsenden Eigenschaften der Arten angepasst. Bei den Fischen und Amphibien gibt es noch großzellige neurosekretorische Neurone, die an der Wand des dritten Ventrikels eine einzige hypothalamische Struktur bilden, die oxytocinähnliche Hormone produziert. Bei Reptilien, Vögeln und Säugern hat sich diese Struktur in die paraventrikulären[3] und supraoptischen[4] Kerne mit weiteren, dazwischenliegenden Strukturen gegliedert. Dabei wandelten sich die einzelnen großzelligen Neurone zu hochdifferenzierten Neuronen, und die Freisetzung von Oxytocin ursprünglich in die Hirn- und Rückenmarksflüssigkeit wurde nun weitgehend durch eine Freisetzung über das Gefäßsystem ersetzt. Zusätzlich kam es zur Ausbreitung dieser oxytocinproduzierenden Neurone auch in vordere Hirnregionen.

---

[1] Das antidiuretische Hormon (ADH), auch Adiuretin oder Vasopressin genannt, ist auch ein Neuropeptid. Es wird von Nervenzellen des Hypothalamus gebildet und im Hypophysenhinterlappen freigesetzt. ADH dient dem Organismus bei der Steuerung des Wasserhaushalts.

[2] Die Verdoppelung eines bestimmten Gens oder DNA-Abschnitts.

[3] Neben dem dritten Ventrikel gelegen. Schauen Sie noch einmal auf Abb. 5.

[4] Oberhalb der Sehbahnkreuzung gelegen. Schauen Sie noch einmal auf die Abb. 5.

© Der/die Autor(en), exklusiv lizenziert an Springer-Verlag GmbH, DE, ein Teil von Springer Nature 2024
M. Hermanussen, C. Scheffler, *Größenwahn*,
https://doi.org/10.1007/978-3-662-69580-7_38

Zusammensein ist angenehm, und darum erfreut sich das Oxytocin zunehmender öffentlicher Aufmerksamkeit. Wir machen einen Ausflug in den Bahnhofsbuchshop [189]. Seit einigen Jahren gibt es das Oxytocin sogar in den Illustrierten der Regenbogenpresse und den entsprechenden Internetforen. Es ist das „Kuschelhormon":

> Streichelt eine vertraute Person sanft über deine Haut oder schmust du mit deinem Hund, breitet sich ein wohliges Gefühl in dir aus. Verantwortlich dafür ist das Kuschelhormon Oxytocin.

Man kann Kuschelhormon als Nasenspray kaufen und seine Gefühlswelt umschmusen. Wir blättern in den Zeitungen. Oxytocin zählt zu den Glückshormonen – leider nur kurzfristig: Die Halbwertszeit[5] beträgt nur wenige Minuten. Aber in dieser Zeit verwöhnt uns Oxytocin mit guten Gefühlen, z. B. bei freundschaftlichen Umarmungen oder beim Sex. Man wird empfänglicher für zwischenmenschliche Kontakte und baut Vertrauen auf. Kuschelhormon macht empathisch, gelassen und selbstbewusst. Es hemmt die Produktion von Stresshormon und aktiviert das zentralnervöse Belohnungssystem. „Du kannst dich eher entspannen und fühlst dich selbst vor Fremden wohl", lesen Sie und werden im Kleingedruckten auf eine wissenschaftliche Quelle von 1998 hingewiesen: Kerstin Uvnäs-Moberg [190] schreibt:

> Sowohl bei männlichen als auch bei weiblichen Ratten übt Oxytocin starke physiologische Antistresseffekte aus. Werden tägliche Oxytocininjektionen über einen Zeitraum von fünf Tagen wiederholt, sinkt der Blutdruck um 10–20 mmHg, die Latenzzeit für den Entzug von Hitzereizen wird verlängert, der Cortisolspiegel sinkt und der Insulin- und Cholecystokininspiegel[6] steigen. Diese Wirkungen halten ein bis mehrere Wochen nach der letzten Injektion an. Durch wiederholte Oxytocinbehandlung kann die Gewichtszunahme gefördert und die Heilungsrate von Wunden erhöht werden.

Und es gibt natürlich auch „negative Seiten". Sie lesen von Rivalität: Unter Oxytocin fühlt man sich einer zugewiesenen Gruppe stärker zugehörig und verteidigt sie gegen Gruppenfremde. Und dann lesen Sie noch schnell von den Vorteilen für die männliche Fruchtbarkeit. Auch wissenschaftlich belegt, und zwar an Bullen [191].

Natürlich wollen wir ein bisschen lästern, denn Sie sollen raus aus der Kuschelkiste. Gruppenzugehörigkeit ist das entscheidende Wort. Wohlfühlen beim Partner und in der Gruppe und Ausgrenzung von Gruppenfremden. Beides gehört zusammen. Es geht um die Stabilisierung von Gruppen. Je stärker die Wirkung dieses Hormons, desto intensiver der Gegensatz von Gastfreundschaft und Fremdenfeindlichkeit, von Heimatgefühl und Fremdenhass in denselben Köpfen.

Und dazu gibt es erstaunliche und vor allem uferlos viel Literatur, aus der wir ein kleines bisschen zitieren wollen. Zegni Triki und ihre Kollegen [192] geben einen ausführlichen Überblick über dieses Hormon und seine Funktion und schreiben einleitend:

---

[5] Die Halbwertszeit bezeichnet die Zeitspanne, in der die Menge oder die Wirkung einer Substanz in einem System auf die Hälfte abnimmt.
[6] Cholecystokinin ist ein Hormon des Magen-Darm-Trakts, spielt aber auch im Gehirn eine wichtige Rolle.

Oxytocin besteht aus einer Kette von neun Aminosäuren und wird hauptsächlich im Hypothalamus synthetisiert. Es kann Funktionen im Gehirn beeinflussen, aber auch im Körper als Hormon wirken. Es gibt unter den verschiedenen Wirbeltieren gewisse kleine Unterschiede in der Form, aber im Prinzip ist das Oxytocin ein evolutionär uraltes Peptid.

Weiter schreiben die Autoren:

Oxytocin spielt bei einer Reihe von Arten eine wichtige Rolle bei der Bildung und Festigung sozialer Strukturen. Das betrifft insbesondere die Zugehörigkeit zu Artgenossen, die häufig mit höheren Oxytocinspiegeln verbunden ist.

Studien mit menschlichen Teilnehmern haben gezeigt, dass sich Menschen, die verwandt sind oder denselben kulturellen Hintergrund haben (in-group), in der Regel stärker umeinander kümmern als um nicht verwandte und solche mit anderem kulturellen Hintergrund (out-group). Bei Speisesuchspielen unterstützten sich die Teilnehmer derselben Gruppe häufiger als Teilnehmer verschiedener Gruppen. Eine Studie an chinesischen Männern zeigte stärkere Empathie bei Schmerzäußerungen von asiatischen als von europäischen Personen, insbesondere, wenn man ihnen Oxytocin in die Nase gesprüht hatte.

Wenn wildlebenden Erdmännchen – denken Sie an das strategische Wachstum – Oxytocin gespritzt wurde, verbrachten die behandelten Tiere mehr als doppelt so viel Zeit damit, „Wache zu halten", um die Gruppe vor Bedrohungen zu schützen. Das ist bemerkenswert, denn dieses Verhalten erfordert hohen persönlichen Aufwand, ohne einen unmittelbaren individuellen Vorteil zu bieten.

Und sie heben hervor,

dass Oxytocin die Verhaltensanpassung und die Einhaltung von Gruppennormen erleichtert. Menschen ändern ihre privaten Ansichten eher in Richtung der Meinungen ihrer Gruppenmitglieder, wenn sie Oxytocin erhalten. Ferner vermittelt Oxytocin einen stärkeren wechselseitigen zwischenmenschlichen Austausch auf Verhaltensebene und lässt Personen innerhalb einer Gruppe Beiträge zur Konfliktlösung besser abstimmen. Oxytocin ermöglicht es dem Einzelnen, sich besser auf Konflikte vorzubereiten, weil es die Sensibilität für und die Befolgung von Führungsinitiativen und Gruppennormen erhöht.

Carsten de Dreu und seine Kollegen schreiben [193]:

Menschen leben in Gruppen, sind auf sie angewiesen und tragen zu ihnen bei. Die Evolution hat sie möglicherweise biologisch darauf vorbereitet, andere schnell als Mitglieder der eigenen Gruppe zu identifizieren, emotionale Zustände zu decodieren und sich in die Mitglieder der eigenen Gruppe einzufühlen, Gruppennormen und kulturelle Praktiken zu erlernen und zu befolgen, Vertrauen und Zusammenarbeit auszuweiten und zu erwidern und die eigene Gruppe aggressiv gegen Bedrohungen von außen zu schützen. Wir überprüfen die Belege dafür, dass diese Komponenten der menschlichen Gruppenpsychologie auf dem hypothalamischen Neuropeptid Oxytocin beruhen und von diesem moduliert werden. Es hat den Anschein, dass Oxytocin Menschen dazu motiviert und befähigt, 1) andere in ihrer Gruppe zu mögen und sich in sie einzufühlen, 2) Gruppennormen und kulturelle Praktiken einzuhalten und 3) Vertrauen und Kooperation auszuweiten und zu erwidern, was zu Diskriminierung zwischen Gruppen und manchmal zu defensiver Aggression gegen bedrohliche (Mitglieder von) Außengruppen führen kann.

Oxytocin erhöht das Befolgen von Führungsinitiativen und Gruppennormen. Zugespitzt gesagt: Man kuschelt sich gern an seine Führer und beißt die anderen weg – wer auch immer das sein mag. Hunderte von ähnlich ausgerichteten Arbeiten beleuchten ähnliche Aspekte. Wir wollen nur noch kurz einen kleinen Schmunzelbeitrag anhängen. Sie kennen ja schon Benjamin Jurek und Inga Neumann [187]. Sie schreiben:

> Die Fähigkeit von Oxytocin, dauerhafte Bindungen zu verstärken, scheint nicht auf soziale Bindungen innerhalb von Mitgliedern derselben Art beschränkt zu sein. Oxytocin fördert soziale Bindungen sogar über Artgrenzen hinweg, zum Beispiel zwischen Hunden und ihren Besitzern. Hunde reagieren auf das Anstarren ihres Herrchens mit erhöhten Oxytocinspiegeln im Urin, die mit der Dauer und Intensität des Anstarrens korrelieren. Die Behandlung von Hunden mit synthetischem Oxytocin intensiviert das Blickverhalten des Hundes in Richtung seines Herrchens, der seinerseits auf die intensive soziale Interaktion mit einem erhöhten Oxytocinspiegel in seinem Urin reagiert.

Und sie begründen die Beobachtungen mit dem „Belohnungsschaltkreis" damit, dass

> eine intensive soziale Interaktion mit dem eigenen Hund sehr belohnend ist und somit die Motivation dazu erhöht. Oxytocingabe durch Nasenspray förderte auch die soziale Motivation, sich anderen gleichgeschlechtlichen Hunden und menschlichen Partnern zu nähern und mit ihnen zu interagieren, was die Grundlage für die Bildung stabiler sozialer Bindungen ist.

Vielleicht schenken Sie Ihrem einsamen Nachbarn ein Sprühfläschchen mit diesem Wunderzeug. Oder vielleicht auch nicht, er könnte Sie für einen Fremden halten und aggressiv werden …

Gruppen halten zusammen, weil ihre Mitglieder miteinander kuscheln und Nichtgruppenmitglieder aggressiv vertrieben werden – „in-group" und „out-group". Gruppenidentifikation geht sogar so weit, dass man sich fremdschämt für jemanden, der eigentlich dazu gehört, sich aber peinlich danebenbenimmt. Fremdschämen hat inzwischen auch die wissenschaftliche Literatur erreicht. Luca Piretti und seine Kollegen [194] schreiben:

> Selbstbewusste Emotionen wie Scham und Schuld spielen eine grundlegende Rolle bei der Regulierung moralischen Verhaltens und bei der Förderung des Wohlergehens einer Gesellschaft. In der vorliegenden Metaanalyse[7] haben wir Studien an gesunden Personen zusammengetragen, die speziell in bildgebenden Verfahren sichtbare Veränderungen bei Scham, Verlegenheit und Schuldgefühlen untersuchen. Sowohl Schuld als auch Schamgefühle und Beschämung waren mit der Aktivierung der linken vorderen Insula[8] verbunden, die an der Verarbeitung von emotionalem Bewusstsein und Erregung beteiligt ist. Wir fanden Areale, die bei Schuldgefühl aktiviert wurden und von denen angenommen wird, dass sie an intellektuellen sozialen Prozessen beteiligt sind. Ferner gab es Aktivierungen bei Schamgefühlen und Beschämung in Bereichen, die mit sozialem Schmerz und Verhaltenshemmung in Verbindung stehen.

---

[7] Eine Metaanalyse ist ein statistisches Verfahren, in dem die Ergebnisse verschiedener wissenschaftlicher Studien zu derselben Fragestellung zusammengefasst und bewertet werden.

[8] Die Insula ist in das vegetative Nervensystem eingebunden mit zahlreichen Verknüpfungen zur Gehörwahrnehmung und zu sensiblen, sensorischen und motorischen Funktionen, dem limbischen System und Thalamus und Hypothalamus (Abb. 5).

Das heißt, wir kuscheln nicht nur in der Gruppe und wehren uns gegen Außenseiter, sondern wir schämen uns sogar so deutlich für das Verhalten unserer Gruppenmitglieder, dass es sich mit modernen diagnostischen Verfahren bildlich im Gehirn nachweisen lässt [195].

Alles nur, damit wir glauben, was unsere Despoten erzählen, und damit wir ihnen folgen. Freiwillig, heißt es immer. Natürlich freiwillig. Was war das noch mit der selbst verschuldeten Unmündigkeit? Das ist die Frage. Und wir hoffen, dass inzwischen auch Sie Zweifel daran haben, ob die Unmündigkeit tatsächlich so selbst verschuldet ist, wie der alte Kant meinte. Wir haben gesehen, dass Führertum und Abhängigkeiten unter ursprünglich Gleichen in großen Gruppen zwingend und völlig emotionslos aus unseren maschinellen Computerspielchen folgt. Und die Endokrinologie zeigt, dass das angenehme Gefühl von Geborgenheit in der Gruppe hormonell unterstützt wird. Unter Gleichgesinnten fühlt man sich gut aufgehoben, man ist eben nicht allein – da erträgt man gern die Bevormundung.

Wir weben fitte, sternförmige Muster

Über Top-down-Informationsflüsse und warum sternförmige soziale Netzwerke vorteilhaft sind

Ja, und was denkt sich die Evolution? Natürlich nichts. Die Evolution denkt überhaupt nicht. Die Evolution orientiert sich an biologischer Fitness. Und warum haben sich sternförmige soziale Netzwerke durchgesetzt? Weil sie fitter sind, weil soziale Strukturen mit einem oder wenigen Führern und vielen Geführten mathematisch effizienter, sprich erfolgreicher sind als führerlose Horden. Fertig. In der Evolution wird nicht nur das spontane Entstehen von sternförmigen Sozialstrukturen auf der Grundlage von Zufall und Erinnerung an stattgehabte soziale Wettbewerbe genutzt, sondern diese Entstehung auch noch durch das Aussenden von Signalen begünstigt. „Erinnerter Erfolg" wird nicht nur vom Betroffenen selbst gespeichert und liegt in spezifischen Mustern von synaptischen Eigenschaften in so genannten „neuronalen Schaltkreisen" vor. „Erinnerter Erfolg" wird in deutlich sichtbare Signale übersetzt. Erfolg „häuft sich an", macht dick und rund, ein gläsernes Sparschwein. Der hypothalamische neuroendokrine Dolmetscher übersetzt Eindrücke, die über das sensorische System von „Draußen" einlaufen, in hormonelle Signale, die in den „Drinnen"-Stoffwechsel eingreifen. Der „Drinnen"-Stoffwechsel modifiziert Wachstums- und Reifungsvorgänge und gestaltet auf diese Weise das körperliche Erscheinungsbild.

Und dieses neue körperliche Erscheinungsbild hat Signalfunktion, wird von benachbarten anderen Individuen wahrgenommen und beeinflusst die Interaktion mit ihnen. So schließt sich der Kreis, der zu den traditionell anerkannten Merkmalen von „life history" gehört – der Lebensgeschichte von Individuen [196]. Wachstum, Reifung und Fertilität sind notwendig. Und dazu kommt der Faktor Signalgebung. GnRH und seine Rezeptoren haben bereits vor mehr als 500 Millionen Jahren existiert [142], manche sprechen auch von mehr als 700 Millionen Jahren [141]; die Evolution von Wachstumshormon-Releasing-Hormon (GHRH) reicht bis zu den frühen Wirbeltieren vor mindestens 400 Millionen Jahren zurück [146].

Sie sehen, die Natur hat zu der Frage, ob sternförmige soziale Netzwerke sinnvoll sind, eine eindeutige Antwort. Ja, sie sind sinnvoll, sonst wären doppeldominante und transitive Triaden in sozialen Netzwerken nicht so häufig.

© Der/die Autor(en), exklusiv lizenziert an Springer-Verlag GmbH, DE, ein Teil von Springer Nature 2024

M. Hermanussen, C. Scheffler, *Größenwahn*, https://doi.org/10.1007/978-3-662-69580-7_39

Netzwerkzentralisation mit sternförmigen Strukturen erleichtert Top-down-Informationsflüsse. Man kann auch sagen: Befehlsketten. Einzelne einflussreiche Individuen im Zentrum der Gruppe dirigieren die Abhängigen. Top-down-Informationsflüsse beschleunigen nicht unbedingt den hin und her laufenden Austausch von Information, aber sie erleichtern das Durchsetzen von Entscheidungen. Führer befiel! Und schon geht es los. Besonders in modernen autokratischen Gesellschaften werden die Vorteile derartiger Strukturen lebhaft als effiziente Kontroll- und Managementformen gepriesen [197].

Im Gegensatz zu diesen asymmetrischen Strukturen gibt es ja auch die egalitären, paritätischen, die symmetrischen Gruppenstrukturen, in denen die einzelnen Mitglieder gleichrangige Positionen besetzen und gleich viel zum sozialen Miteinander beitragen. Diese Gruppen können sehr viel kreativer sein, aber sie sind eben für den Ernstfall oder bei wichtigen Entscheidungen oft schlecht gerüstet. Viele von uns sind in einer demokratischen Gesellschaft groß geworden bzw. haben eine Gesellschaft bewusst erlebt, die diese wunderbare Idee von Gleichrangigkeit pflegt. In solchen Gesellschaften soll jeder gleiche Rechte haben. Jeder soll gleich behandelt werden. Jeder soll gleiche Chancen haben. Jeder soll in gleicher Weise zum großen Ganzen beitragen. Wir haben gelernt, demokratische Verhältnisse als großes Geschenk zu schätzen und eine aufgeklärte, trotzdem streitbare Demokratie als die beste aller möglichen Regierungsformen zu begreifen, *weil wir uns nicht der Willkür irgendwelcher Gruppenführer unterwerfen wollen.*

Und jetzt kommt unser Problem. Genau das ist in der Evolution nicht vorgesehen. Freiheit, Gleichheit und unverzichtbare Menschenrechte sind eine wunderbare Utopie des anatomisch modernen Menschen (*Homo sapiens sapiens*), die sich im Vergleich zur gesamten Evolution des Menschen in historisch relativ kurzer Zeit entwickelt hat – aber die Ergebnisse von Computersimulationen und die Beobachtung von sozialen Netzwerken legen recht unmissverständlich nahe, dass kleine, sternförmige Netzwerke mit asymmetrischer Machtverteilung das Grundmuster aller sozialer Gruppenbildung sind. Klein und sternförmig, überschaubar im Sinne Dunbar'scher Größenordnung [185]. Dieses Grundmuster wird zudem stabilisiert durch ein Kuschelhormon, das die „Fremden", die nicht in derselben Kuschelgruppe sitzen, ausgrenzt. Man kennt sich in den kleinen Gruppen. Wir aber sind zu viele [198] und viel zu eng miteinander vernetzt, und aus diesem Grund müssen wir unter den heutigen Bedingungen mit erheblichen sozialen Asymmetrien rechnen – erheblich im Vergleich mit früheren Gesellschaftsformen, lange vor den Zeiten des Absolutismus und der Industrialisierung. Und damit kommen wir zu den Megatrends.

34. Faden: Megatrends

Von Konnektivität und vom vernetzten Leben, vom Wirtschaften und Kommunizieren

Was bedeutet das, was wir bisher besprochen haben, für uns? Was bedeuten das Gerangel aus Furcht vor Isolation, das Kuschelhormon, Dunbars Zahl und Monte-Carlo-Simulationen? Auf welche Weise prägen diese Dinge unseren Alltag?

Dunbars egozentrische Netzwerke – Sie erinnern sich – haben Größenordnungen von etwa fünf „engen Freunden", etwa 15 „guten Freunden" und insgesamt etwa 150 Freunden, Verwandten und Bekannten, plus/minus einigen mehr oder weniger, je nach sozialer Kompetenz und den persönlichen Gegebenheiten [185]. Viel mehr lässt unsere soziale Kompetenz offenbar nicht zu. Nichtsdestotrotz sieht unser Alltag anders aus. Ein einziger Gang durch eine samstäglich gefüllte Fußgängerzone konfrontiert uns mit einem Mehrfachen der Dunbar'schen Zahl.

Im Gegensatz zu vergangenen Jahrtausenden erleben wir einen Megatrend zunehmender Bevölkerungsdichte. In Berlin leben heute rund 40.000-mal so viele Menschen, wie zur Zeit der Jäger und Sammler auf gleicher Fläche gelebt hätten. Zu viele Menschen für diese Welt, glauben manche [198]. Aber es sind nicht nur mehr Menschen, als es jemals auf diesem Globus gegeben hat, auch die Zahl der Verknüpfungen untereinander steigt durch neue technische Möglichkeiten, nicht nur real, sondern, ganz besonders, virtuell. Statista findet auch hier einen Megatrend [199]:

> Ein Megatrend des 21. Jahrhunderts wird mit dem Begriff „Konnektivität" bezeichnet. Vernetztes Leben, Arbeiten, Wirtschaften und Kommunizieren verändert unsere Gesellschaft stetig, indem neue Lebensalltage, Verhaltensweisen und Geschäftsmodelle entstehen. Das Internet stellt dabei einerseits die digitale Infrastruktur bereit und treibt andererseits die Auflösung der früheren gesellschaftlichen Strukturen voran, da die anhaltende digitale Vernetzung die Möglichkeiten zur Kommunikation mit immer neuen Kontaktpunkten versieht.

© Der/die Autor(en), exklusiv lizenziert an Springer-Verlag GmbH, DE, ein Teil von Springer Nature 2024
M. Hermanussen, C. Scheffler, *Größenwahn*,
https://doi.org/10.1007/978-3-662-69580-7_40

Statista nennt auch Zahlen [200]: über zwei Milliarden „monatlich aktiver Facebook-Nutzer weltweit vom 1. Quartal 2009 bis zum 3. Quartal 2023". Wir sind sehr viele, wir sind sehr eng miteinander vernetzt. Und das seit gut 12.000 Jahren, der Zeit von Göbekli Tepe im Fruchtbaren Halbmond und den ersten großen Tempelbauten, von denen wir wissen. Aber bevor wir in die Archäologie abschweifen, noch ein paar Worte zur Geburtenkontrolle.

35. Faden: Geburtenkontrolle

Warum in über 70 % der bekannten menschlichen Gesellschaften Neugeborene getötet werden

An dieser Stelle – ganz zwischendurch – nehmen wir einen neuen und ethisch und emotional sehr zu bedenkenden Faden auf. Es geht um Geburtenkontrolle und, wenn vorgeburtliche Kontrolle, sprich Schwangerschaftsabbruch, technisch nicht durchführbar ist, um die Kindstötung, den Infantizid.

Viele Gesellschaften achten akribisch darauf, dass ihre Bevölkerungszahlen nicht steigen. Über 70 % der bekannten menschlichen Gesellschaften praktizieren bzw. praktizierten Infantizid, schreibt Lancy [201] in seinem beeindruckenden Buch *The Anthropology of Childhood*:

> Die Bereitschaft zur gezielten Beseitigung bestimmter Neugeborener als Reaktion auf bestimmte Eigenschaften oder Krankheiten des Kindes sowie ökologischer und sozialer Umfeldbedingungen ist möglicherweise ein charakteristischer Bestandteil menschlichen Verhaltens.

Mit ökologischen und sozialen Umfeldbedingungen sind Bevölkerungsdichte, Nahrungsressourcen etc. gemeint. Lancy erklärt:

> Jäger und Sammler, für die Kinder eher eine Last als eine Hilfe sind, werden weniger Kinder haben als benachbarte Gesellschaften, deren Lebensunterhalt von der Landwirtschaft abhängt.

Und er nennt Beispiele:

> Die Ache entledigen sich etwa jedes fünften Kindes, weil ihr nicht sesshafter, auf Nahrungssuche ausgerichteter Lebensstil eine enorme Belastung für die Eltern darstellt. Der Vater stellt beträchtliche Nahrungsmengen zur Verfügung, und die Mutter sorgt nicht nur für zusätzliches Essen, sondern kümmert sich auch um die Absicherung der Familie in der gefährlichen Umgebung des Dschungels. Männer und Frauen sind während ihres relativ kurzen Lebens erheblichen Gesundheits- und Sicherheitsrisiken ausgesetzt, und sie stellen

© Der/die Autor(en), exklusiv lizenziert an Springer-Verlag GmbH, DE, ein Teil von Springer Nature 2024
M. Hermanussen, C. Scheffler, *Größenwahn*, https://doi.org/10.1007/978-3-662-69580-7_41

ihr eigenes Wohlergehen über das ihrer Nachkommen. Eine Studie über verschiedene Jäger-und-Sammler-Gesellschaften zeigt einen engen Zusammenhang zwischen der Bereitschaft zur Kindstötung und den Herausforderungen, mehr als nur ein Kleinkind auf den Wanderungen als Nomaden mit sich zu tragen.

Lancy nennt praktische Gründe: Auf Fußmärschen sind Kleinkinder, die noch keine großen Strecken laufen können, lästig. Das weiß jeder, der im Urlaub versucht, mit den eigenen Kindern zu wandern. Aber wir sind nicht mehr ganz so sicher, dass es nur die unmittelbar praktischen Gründe waren, die die frühen Menschen davon abgehalten haben, alle gesunden Kinder auch wirklich großzupäppeln. Vielleicht ahnten sie oder wussten sogar um die Bedeutung von Geburtenkontrolle für Struktur und Stabilität ihrer sozialen Ordnung. Wir erinnern uns an den Zusammenhang zwischen Anzahl von Nachbarn und nachbarschaftlicher Vernetzung und dem Ausmaß der Asymmetrie eines resultierenden sozialen Netzwerks in den Monte-Carlo-Simulationen.

Heutzutage päppeln wir alle Kinder auf, und zwar nicht, weil Kinder mit zunehmendem Alter bei der Arbeit behilflich sind – wie noch bis ins mittlere 20. Jahrhundert in der Landwirtschaft [202] –, sondern aus sehr philosophischen Gründen. Auch dazu schreibt Lancy ergänzend:

> Vor etwa 50 Jahren machte die Vorstellung vom nützlichen Kind Platz für unser modernes europäisches Verständnis vom nutzlosen, trotzdem aber unbezahlbaren Kind. Kinder werden als unschuldige und zerbrechliche Engelchen wahrgenommen, die vor der Gesellschaft der Erwachsenen, insbesondere vor der Arbeitswelt, geschützt werden müssen. Der Wert eines Kindes bemisst sich für uns nicht mehr an der wirtschaftlichen Rentabilität als billige Arbeitskraft, sondern an der Ergänzung unserer eigenen Werte – als Bücherliebhaber, begeisterte Reisende, Sportler etc.

Das ist die moderne westliche Sichtweise. Aber es gibt auch heute noch Populationen, die nicht jedes Neugeborene behalten. Übrigens wollen wir auch unsere Altvorderen nicht wirklich ausschließen: Kennen Sie noch den Ausdruck des „Himmeln-Lassens"? Des passiven Zuschauens, wenn sterbenskranke Kinder allmählich dahinschwinden? Die Vorstellung vom irdischen Jammertal und dem Glück, bald ins Paradies eingehen zu dürfen, ist auch in unserem Land noch nicht lange vorüber.

Auf unserer Reise durch Indonesien kamen wir in die Nähe des Gunung Mutis, des höchsten Berges Westtimors. Es ist eine beeindruckende Landschaft, aber die Gegend ist arm, und die Leute ziehen fort und suchen sich Arbeit in Malaysia und in den Emiraten. Wir sehen verlassene Felder. Die Häuser sind einfach, mit ihren unmittelbar davorliegenden Familiengräbern. Langbeinige Hühner rennen zwischen den Häusern und über die Straßen. Wir besuchen eine der traditionellen Lopo-Hütten[1]. Das Dach reicht bis auf den Boden, man betritt die Hütte durch eine niedrige Öffnung. Drinnen brennt Feuer, und es qualmt so, dass wir kaum etwas sehen können. Bis auf die Maiskolben im Rauch. Es ist das Geburtshaus. Feuer und Rauch

---

[1] Lopo-Hütten sind die traditionellen, wandlosen, aus Bambus konstruierten Behausungen in Ost-Nusa Tenggara, Indonesien.

dienen der Hygiene. Hier kommen die Neugeborenen zur Welt und verbringen die ersten 40 Tage gemeinsam mit ihren jungen Müttern. Es sind die frühen Tage, in denen die Frauen unbeeinflusst von anderen entscheiden dürfen, ob sie das neue Kind haben wollen. Spätestens nach 40 Tagen verlassen sie die Hütte. Mit Kind oder ohne Kind. Es wird nicht gefragt.

Hier bestehen immer noch die archaischen Vorstellungen von Geburtenkontrolle, obgleich die meisten anderen traditionellen Lebensformen längst nicht mehr praktiziert werden.

36. Faden: Göbekli Tepe – der große Umbruch oder wenn die natürlichen Signale nicht mehr ausreichen

Vom Tempelbau in der Südtürkei, von den Anfängen des Ackerbaus und warum es Eigentum und Feudalherrschaft gibt

Wir geben uns dem Gedanken hin, ob es vielleicht die Fruchtbarkeit der altsteinzeitlichen südtürkischen Landschaft war, die die herumvagabundierenden Jäger und Sammler erstmals dazu verleitet hat, ihre überzähligen Kinder nicht mehr umzubringen. Aus welchen Gründen auch immer. Und so begannen die Menschen vor 12.000 Jahren, sich weit über die Dunbar'schen Zahlen hinaus zu vermehren, und sie pflegten zunehmend zahlreichere Kontakte untereinander. Sie liebten sich, sie fochten ihre Rivalenkämpfe, und das in immer größeren Kreisen; sie strukturierten asymmetrische soziale Hierarchien, wie wir sie in den Monte-Carlo-Simulationen versucht haben nachzuzeichnen. Und dabei gibt es ein Problem: Unter zu vielen fällt der wahre Würdenträger nicht mehr auf. Die Wichtigen unter den Vielen brauchen Attribute, die über das reine biologische Großsein hinausgehen.

In Göbekli Tepe begannen die Wichtigen unter ihnen, Tempel bauen zu lassen, zu denen die Anderen, die Vasallen, aus einem Umkreis von gut 200 km zusammenströmten. Zu Fuß. Zum Huldigen der Wichtigen. Warum sie das taten, können wir nur ahnen, aber sie trafen sich dort. Auch was sie dort machten, wissen wir nicht. Aber sie knüpften immer mehr Beziehungen untereinander. Und mit diesem Verhalten überschritten die, die vormals kleine, annähernd egalitäre Jäger-und-Sammler-Gesellschaftsformen praktiziert hatten, den Umfang ihrer sozialen Kompetenz. Es waren keine Gruppen von wenigen Hundert, sondern Scharen von vielen Tausend. Das hatte Folgen. Und offenbar waren diese Folgen nicht umkehrbar. Denn wir kennen keine sesshaften, landwirtschaftlich geprägten Gesellschaften mit kleinen urbanen Zentren, die ohne äußere Not ihren sesshaften Lebensstil wieder aufgegeben hätten und zu nicht sesshaften Lebensformen zurückgekehrt wären – mit Ausnahme weniger in der Neuzeit zwangsweise umgesiedelter Völker Sibiriens, die später vereinzelt zu nomadisierender Lebensweise zurückgekehrt sind.

Zu Zeiten der europäischen Jäger und Sammler bewohnte oder durchstreifte – wie auch immer man das nennen will – im Schnitt ein Mensch seine 10 km² [95]. Das heißt, Lebens- oder Dorfgemeinschaften von 150 bis 200 Personen bevölkerten einen Raum von 1500–2000 km². In einem Land von der Fläche Schleswig-

© Der/die Autor(en), exklusiv lizenziert an Springer-Verlag GmbH, DE, ein Teil von Springer Nature 2024

M. Hermanussen, C. Scheffler, *Größenwahn*,
https://doi.org/10.1007/978-3-662-69580-7_42

Holsteins würden wir also zehn Dörfer dieser Größe erwarten können. Wenn Sie sich nun noch vorstellen, durch unwegsame Wälder und Moore gute 30–40 km zum Nachbardorf laufen zu müssen, wird deutlich, wie wenig eng diese nachbarschaftlichen Kontakte wohl gewesen sein dürften.

Das änderte sich in der heutigen Südtürkei und am Euphrat, als die Jäger und Sammler vor rund 12.000 Jahren bei paradiesischem Klima ihre Kinder überleben ließen und die Bevölkerungsdichte zunahm. Ausgrabungen des Deutschen Archäologischen Instituts legten die kreisförmigen Steinanlagen von Göbekli Tepe in Südostanatolien frei mit ihren reliefgeschmückten T-förmigen Pfeilern. Die einzelnen Pfeiler sind bis zu 6 m hoch und wiegen bis zu 20 t. Ein gigantisches Heiligtum, das erste seiner Art, soweit man bis heute weiß. Die Anfänge dieses Heiligtums werden auf fast 10.000 Jahre vor Christus datiert. In einer zweiten, jüngeren Nutzungsphase von etwa 8800–7000 v. Chr. wurden die alten Gebäude mit Erdreich aufgefüllt und obendrauf weitere Pfeiler und Räume gebaut. Ein Heiligtum von Menschen, die gerade noch keine Städte gebaut haben. Göbekli Tepe ist ein imponierendes Signal von Macht und vermittelt ein prächtiges Bild von sozialer Asymmetrie, ein faszinierendes Abbild der Diskrepanz zwischen der natürlichen Kompetenz, untereinander stabile Gesellschaftsstrukturen mit „150 Freunden" aufrechtzuerhalten, und der Notwendigkeit, aufgrund der Vielzahl von neuen Nachbarn sichtbare zusätzliche Statussymbole einzuführen.

Die Tempel sind „künstliche" Signale, um den Status der Wichtigen zweifelsfrei zu markieren, denn die natürlichen Signale wie Körperhöhe und sexuelle Charakteristika reichten nicht mehr aus, unter den Mengen an Menschen, die damals den Fruchtbaren Halbmond besiedelten, die erforderlichen Dominanzhierarchien zur Stabilisierung ihrer Gesellschaft zu gewährleisten. Tempel sind imponierende Bauten. Tempel verdeutlichen Herrschaftsansprüche. Tempelherren sind die Führer unter den Vielen, die aus numerischen Gründen keine „Freunde" mehr sein können. Tempel zwingen die Jäger und Sammler und vielleicht auch schon die ersten sesshaften Ackerbauern aus einem Umkreis von etwa 200 km in eine neue und größere zentralisierte hierarchische Sozialstruktur. Ein erster Ausdruck von Größenwahn.

Wir sind nicht die Einzigen, die sich derartigen Überlegungen hingeben. Auch andere Wissenschaftler haben sich Gedanken zu dem Übergang von Jäger-und-Sammler-Gemeinschaften zu sesshafter Lebensform gemacht. Es sind auch mathematische Modelle gerechnet worden. Wir wollen diesen großen Umbruch in der Menschheitsgeschichte nicht weiter im Detail diskutieren, denn – wie wir schon sagten – es ist nach wie vor nicht wirklich klar, was und vor allem warum die Menschen ihren vormaligen Lebensstil aufgegeben haben. Elizabeth Gallagher und ihre Kollegen [203] schreiben:

Nachdem der anatomisch moderne Mensch (*Homo sapiens sapiens*) etwa 190.000 Jahre lang als Jäger und Sammler gelebt hatte, begannen die Gesellschaften, Ackerbau zu betreiben. Man geht davon aus, dass dieser Übergang unabhängig voneinander in mehreren Regionen der Welt zwischen 11.500 und 3500 Jahren vor unserer Zeitrechnung stattfand und dass sich die Landwirtschaft von diesen Zentren aus über den größten Teil der Welt verbreitet hat. Das hatte erhebliche Auswirkungen auf Bevölkerungsentwicklung, Ernährung, Gesundheit, Kultur, Technologie und soziale Ungleichheit.

Es gab mindestens drei voneinander unabhängige Regionen auf der Welt, in denen Landwirtschaft entstanden ist: der Fruchtbare Halbmond, Mesoamerika und China. Darüber hinaus begann – ebenfalls unabhängig voneinander – Haustierhaltung im Osten der heutigen USA, in den Anden, Mittel- und Südamerika, in Neuguinea, Westafrika und Indien. Für diese Entwicklung gibt es eine Reihe unterschiedlicher Erklärungen, darunter einige, die Wohlstand und sozialen Wettbewerb als Ursache ansehen, andere, die Stress, Bevölkerungsdruck, Revolution oder einfach Klimaveränderungen für den sozialen Umbruch verantwortlich machen.

Samuel Bowles und Jung-Kyoo Choi [204] sehen das ähnlich:

> Das Aufkommen des Ackerbaus vor etwa 12.000 Jahren war sowohl eine kulturelle als auch eine technische Revolution, die ein neues System von Eigentumsrechten erforderte. Bei den mobilen Jägern und Sammlern des späten Pleistozäns[1] wurde die erworbene Nahrung höchstwahrscheinlich in großem Umfang geteilt. Wenn eine geerntete Pflanze oder das Fleisch eines domestizierten Tieres an andere Gruppenmitglieder verteilt worden wäre, hätte ein spätpleistozäner Möchtegern-Landwirt wenig Anreiz gehabt, die erforderlichen Investitionen in Rodung, Anbau, Tierhaltung und Lagerung zu tätigen. Die neuen Eigentumsrechte, die die Landwirtschaft erforderte – sichere individuelle Ansprüche auf die Produkte der eigenen Arbeit – waren jedoch nicht realisierbar, da die meisten der mobilen und verstreuten Ressourcen einer Hirtenwirtschaft nicht kosteneffizient abgegrenzt und verteidigt werden konnten. Das sich daraus ergebende Henne-Ei-Problem ließe sich vielleicht lösen, wenn der Ackerbau viel produktiver gewesen wäre als die Futtersuche, was aber ursprünglich nicht der Fall war. Der Ackerbau und das neue System ackerbaufreundlicher Eigentumsrechte müssen gemeinsam entstanden sein. Diese wirtschaftliche Revolution wurde ausgelöst, weil bäuerlicher Besitz – Feldfrüchte, Behausungen und Tiere – eindeutig abzugrenzen und zu verteidigen war. Dies erleichterte die Verbreitung dieser neuen Auffassung von Eigentum, was für diejenigen Gruppen, die diese Auffassung teilten, von Vorteil war.
>
> Die Hypothese einer gemeinsamen Evolution von Landwirtschaft und Eigentum beruht auf der Voraussetzung, dass die Landwirtschaft ein neuartiges System von Eigentumsrechten erfordert und dass (sofern keine außergewöhnlichen Umstände vorlagen) dieses System von bauernfreundlichen Eigentumsrechten nicht gemeinsam neben einer auf Wildpflanzen und Jagd basierenden Wirtschaft existieren kann.

Noch heute kennen die nomadisch lebenden Viehzüchter der Mongolei kein persönliches Landeigentum.

Aber vielleicht war es auch noch ganz anders: Die Gegenden waren fruchtbar, es ließen sich ohne Aufwand mehr Kinder ernähren und aufziehen. Es wurden die überzähligen Säuglinge nicht mehr umgebracht, so dass die Jäger und Sammler über wenige Generationen immer zahlreicher wurden und das Miteinander der neuen Vielen nicht mehr so reibungslos funktionierte wie vormals. Die neuen Führer brauchten mehr als nur ihre körperlichen Signale, um ihr Führertum zu demonstrieren, und mussten Insignien ihrer neuen Macht erfinden: Privateigentum, kunstvolle Artefakte, Kopfzierden etc. Sie ließen Tempel und Paläste bauen, die wir heute noch sehen. Wir kennen mittlerweile eine schier unendliche Variationsbreite von wahnhaften Baumaßnahmen: den biblischen Turmbau zu Babel, die klassischen Sieben

---

[1] Das letzte Eiszeitalter, das Pleistozän, begann vor ungefähr 2 Millionen Jahren und endete vor etwa 12.000 Jahren.

Weltwunder, die Geschlechtertürme der italienischen Renaissance – und wer will sich dem Eindruck der himmelstürmenden Wolkenkratzer der Neuzeit entziehen? Oder die Terrakotta-Armee im Mausoleum des ersten chinesischen Kaisers Qin Shihuangdi, der seine Machtfantasien selbst im Jenseits noch lebendig halten wollte.

Wohlstand und sozialer Wettbewerb, Bevölkerungsdruck, auch die Einführung von Eigentum haben aus den kleinen annähernd egalitären Gemeinschaften große Feudalgesellschaften werden lassen. Auch wenn die Formulierungen von Bowles und Choi etwas zu apodiktisch sind – in Bayern haben Jäger und Sammler über gut 1400 Jahre gemeinsam mit sesshaften Menschen gelebt und regen Tauschhandel betrieben, denn es gab genügend Platz für beide – so halten sich doch Jäger-und-Sammler-Gesellschaften zumeist nicht lange neben bäuerlichen Kulturen. Die Verdrängung indigener Jäger-und-Sammler-Gesellschaften in Nordamerika und anderswo zugunsten von europäisch geprägten Agrargesellschaften zeigt dies eindringlich. Beide Kulturen schließen sich aus, wenn alle dasselbe Territorium beanspruchen und keine Ausweichmöglichkeit besteht.

Auch die Sozialstrukturen beider Kulturen unterscheiden sich. Während die Wahl eines stammes- oder dorfältesten Jägers eine dynamische Angelegenheit ist, die sich annähernd natürlich immer wieder aus der Alterspyramide ergibt, sind feudale, agrarisch geprägte Strukturen und ihre Insignien rigide. Der Besitz oder die Verfügungsgewalt über imposante steinerne Tempelanlagen oder auch die klassischen Insignien eines Fürsten oder Königs sind nicht nur im Moment wirkungsvolle Demonstrationen von Macht, sondern sie lassen sich auch vererben, entweder an die eigenen Kinder oder an Verwandte. Während die jugendlichen Jäger und Sammler noch miteinander rauften, ihre Körperhöhe je nach Kompetenz und sozialer Position strategisch nachbesserten – mit anderen Worten, das Herumbalgen stimulierte ihr Wachstum –, blieben diese Nachbesserungen der Körperhöhe in den späteren Feudalgesellschaften weitgehend aus. Nur der Fürstensohn wusste bereits als Kind von seiner dominanten sozialen Stellung und richtete sein Wachstum strategisch darauf aus. Der Bauernsohn war und blieb ein Bauernsohn und kam gar nicht auf die Idee, um seinen Rang zu streiten. Aus diesem Sichtwinkel wird plausibel, warum eine Körperhöhe, die heute als Kleinwuchs gilt, seit gut 10.000 Jahren als eine übliche Körperhöhe nichtaristokratischer Menschen angesehen werden kann [34].

Trotzdem müssen wir vorsichtig sein. Monte-Carlo-Simulationen können nur stark vereinfachte Modelle beschreiben. Die Biologie ist deutlich komplexer. Menschliche Gesellschaften sind noch komplexer. Und Menschen haben aufgrund ihrer hohen sozialen Kompetenz mannigfache Möglichkeiten, soziale Strukturen anders als nur biologisch zu organisieren. Man muss also vorsichtig sein, derartige und ähnliche Analysen für die menschliche Gesellschaft und selbst für politische Zwecke zu nutzen. Trotzdem, wir wollen die Arbeit von Shade Shutters [205] nicht unerwähnt lassen:

> Die Bewältigung der drängenden Probleme unserer Zeit erfordert oft ein Verständnis des Verhaltens komplexer Systeme. Diese Systeme, einschließlich einzelner Zellen, Ökosysteme und die Anordnung globaler Institutionen, haben ein gemeinsames Merkmal – sie können als Netzwerke beschrieben werden.

Wir sind also nicht die Einzigen, die in einfachen Modellen Grundstrukturen von Selbstorganisation erkennen, die auch für unsere Sozialisation in Frage kommen können. Unsere Gesellschaft weist Netzwerkstruktur auf, und wir sind überzeugt, dass wir Computermodelle dieser Strukturen ernst nehmen sollten, zudem die Erklärungen, die uns die Simulation bieten, bestechend einfach sind.

Kennen Sie William of Ockham, einen der bedeutendsten Philosophen, Theologen und politischen Theoretiker des 14. Jahrhunderts? Auf ihn geht der Begriff des Rasiermessers in der Philosophie zurück. Er schrieb, dass eine Theorie einfach sein müsse, um einen Sachverhalt mit möglichst wenigen Variablen und logischen Hypothesen zu erklären. Man müsse aus verschiedenen plausiblen Erklärungen diejenige auswählen, die am einfachsten erscheint, und alle anderen Erklärungen wie mit einem Rasiermesser entfernen. So Ockham. So unsere Simulation. Sie ist denkbar einfach.

Und damit haben wir ein anderes Gewebe der Wirklichkeit vor uns. Unser Gewebe hat ein anderes Muster als das, was uns in den Zeitungen präsentiert wird. Es ist bunter, schillernder, es hat glitzernde Fäden aus vergessenen Zeiten. Und uralte, längst versteinerte Fäden, die wir gar nicht mehr als Fäden wahrnehmen und die wir trotzdem in den Tiefen unserer Biologie immer mitführen – und vor allem: mitführen müssen. *Wir können uns von unserer Biologie nicht freimachen.*

Das Gewebe

Wie sich aus den Vorteilen, groß zu sein, aus
Rivalenkämpfen und Facebook-Freunden Muster des
Zusammenlebens weben lassen

Wir wollen uns nicht von einfachen Antworten verführen lassen, wir wollen nicht
die einzelnen Fäden betrachten und daraus Schlüsse ziehen, wir wollen das ganze
Gewebe betrachten, das aus ihnen entsteht. Es ist ein großes, buntes Tuch. Wir begannen mit den vielfältigen Vorteilen, groß zu sein, und den kleinen Nickeligkeiten,
mit denen man – ganz unbewusst – die Kleinen unter uns kränkt, dem „Wer ist besser als der andere". Es folgten die Fäden der Physiologie: Wie geht das eigentlich
mit dem Wachsen und der Wachstumsfuge, den Hormonen, dem Hypothalamus?
Und wir lernten die roten Fäden des Zweifels kennen. Und die verstaubten Fäden
und die Glitzerfäden bizarrer Literatur. Wir nahmen Fäden der Evolution auf und
haben sie miteinander versponnen. Und wir haben Sie mit Fäden der Netzwerkmathematik vertraut gemacht, mit Gruppengrößen und dem Größenwahn der
Tempelanlagen von Göbekli Tepe. Uralte Fäden und moderne Fäden, Rivalenkämpfe und Facebook-Freunde. Wir haben die Diskrepanz zwischen evolutionär
konservierter Biologie und heutigen Auffassungen von Freiheit und Chancengleich-
heit gesehen. Weder können wir unsere Biologie ignorieren, noch wollen wir auf
unsere Kultur verzichten. Und immer noch sieht es so aus, dass die Menschen sich
zum Lichte drängen, nicht um besser zu sehen, sondern um besser zu glänzen [129].
Diejenigen, die heute glänzen, sind die Kristallisationskerne der sozialen Strukturen
von morgen. So sieht die Wirklichkeit aus. Sie wird seit Jahrhunderten in unserer
Literatur beschrieben. Sie ist ernst – aber wir müssen uns fragen, ob wir diese Wirklichkeit auch so ernst nehmen müssen, wie sie uns präsentiert wird. Ob wir sie möglicherweise hinterfragen und in unserem Sinne neu und anders strukturieren können. Ob wir mit ihr spielen dürfen. Und deshalb wollen wir unsere Fäden zu einem
Tuch zusammenführen, zu einem Tuch mit sehr charakteristischen Webmustern, die
wir kennen lernen möchten.

© Der/die Autor(en), exklusiv lizenziert an Springer-Verlag GmbH, DE, ein Teil
von Springer Nature 2024
M. Hermanussen, C. Scheffler, *Größenwahn*,
https://doi.org/10.1007/978-3-662-69580-7_43

Das kriegerische Muster

Wir lesen, was die Zeitungen schreiben, und erfahren, wie politische Opposition verschwindet und warum die berühmte Aufforderung „Stell Dir vor, es ist Krieg und keiner geht hin" nicht funktionieren kann

Auch wenn wir derzeit in einer der kriegsärmsten Zeiten überhaupt leben, ist doch fast immer irgendwo Krieg auf dieser Erde. Das kennt man leider schon. Jetzt wieder in unserer Nähe, erst der in der Ukraine und seit Oktober 2023 in Israel. Während wir schreiben, lesen wir Zeitungen (Zeit vom 12.10.2023, Feuilleton, S. 47). „Der Schock ist grauenhaft. Das Leid unendlich." Die israelische Schriftstellerin Zeruya Shalev schreibt über die Regierung in Israel:

> Wenn zukünftige Historiker einmal die letzten Jahre analysieren, wird sich ihnen ein Bild bieten, das direkt zu den erschütternden, in diesen dunklen Tagen im Netz verbreiteten Videos führt. Sie werden auf einen Ministerpräsidenten stoßen, der einen Anschlag auf die Demokratie plante, der versuchte, den Staat zu kidnappen, die Bürger zu Geiseln zu machen. Wie konnten dieser Ministerpräsident und seine unsäglichen Kabinettsmitglieder es wagen, unser aller Schicksal aufs Spiel zu setzen? ... Wir, die liberale Öffentlichkeit, die seit neun Monaten gegen die so genannte Justizreform auf die Straße geht, gegen die extreme, verantwortungslose Regierung, die Netanjahu aus purem Eigeninteresse auf die Beine gestellt hat, wir haben immer wieder davor gewarnt, dass dieser Ministerpräsident den Staat schwächt, dass unsere Widersacher diese Schwäche erkennen und zuschlagen werden ... Vor der letzten schicksalhaften Abstimmung über die Justizreform fuhren der Oberbefehlshaber der Armee und etliche Generäle in die Knesset und klärten die unerfahrenen Minister über die Größe der Gefahr auf, wurden aber vom Ministerpräsidenten und seinen Mitstreitern ignoriert ...

Wenn zukünftige Historiker …

Wir nehmen diesen Text als irgendeinen Text, der zufällig an einem der Tage des Buchschreibens erschienen ist. Wir nehmen diesen Text als ein Beispiel der unendlichen Flut von Texten zu Krieg und Leid heutiger und vergangener Tage. Wir hätten jederzeit einen anderen Text nehmen können. Wir nehmen diesen Text nicht, weil wir etwas über Israel sagen möchten, sondern weil dieser Text heute in der Zeitung steht. Hätten wir das Buch im September 1939 geschrieben, hätten wir vielleicht das Deutsche Nachrichtenbüro in seiner Vormittagsausgabe vom Monatsersten zitiert [206]. Dort heißt es:

© Der/die Autor(en), exklusiv lizenziert an Springer-Verlag GmbH, DE, ein Teil von Springer Nature 2024
M. Hermanussen, C. Scheffler, *Größenwahn*, https://doi.org/10.1007/978-3-662-69580-7_44

Über die bereits gemeldeten Angriffe polnischer Banden und polnischer Freischärler auf deutsches Reichsgebiet erfahren wir weitere Einzelheiten. Daraus geht hervor, dass es sich ohne Zweifel um einen vorbereiteten Angriff polnischer Aufständischenbanden unter Beteiligung regulärer polnischer Soldaten handelt ...

Am 13. August 1961 hätten wir vielleicht die *Frankfurter Allgemeine Zeitung* (*FAZ*) [207] gelesen und den Beschluss des DDR-Ministerrats vom 12. August zitiert:

Zur Unterbindung der feindlichen Tätigkeit der revanchistischen und militaristischen Kräfte Westdeutschlands und Westberlins wird eine solche Kontrolle an den Grenzen der DDR einschließlich der Grenze zu den Westsektoren von Groß-Berlin eingeführt, wie sie an den Grenzen jedes souveränen Staates üblich ist. Es ist an den Westberliner Grenzen eine verlässliche Bewachung und eine wirksame Kontrolle zu gewährleisten, um der Wühltätigkeit den Weg zu verlegen.

Sie alle lesen sich wie Zusammenfassungen dessen, was Sie aus den vorigen Kapiteln kennen. Wir bleiben bei Zeruya Shalev:

- „im Netz verbreitete Videos": Es geht um die nahezu unbegrenzte Anzahl digitaler Nachbarn.
- „werden auf einen Ministerpräsidenten stoßen, der einen Anschlag auf die Demokratie plante": Je größer die Population, desto mächtiger und damit potenziell despotischer ihre Führer.
- „die liberale Öffentlichkeit, die seit neun Monaten gegen die so genannte Justizreform auf die Straße geht": Die abhängige Öffentlichkeit wird immer ohnmächtiger im Umgang mit ihren Führern.
- „die Netanjahu aus purem Eigeninteresse": Das klingt nach Absolutismus.
- „und klärten die unerfahrenen Minister über die Größe der Gefahr auf, wurden aber vom Ministerpräsidenten und seinen Mitstreitern ignoriert": Führer entwickeln sich spontan, nicht aufgrund besserer Qualifikation, Erfahrung oder günstigerer Ausgangsposition. Monte Carlo legt nahe, dass Führer vor allem aufgrund der Kombination zufälliger Ereignisse, Wichtigtuerei und Winner-Loser-Effekten zu ihrer dominanten Vorrangstellung gekommen sind.

Wenige Tage später bildet sich um den „unerfahrenen Ministerpräsidenten" eine Notstandsregierung: Der Kölner Nachrichtensender *ntv* schreibt am 12.10.2023 [208]:

Nach dem beispiellosen Angriff der radikalislamischen Hamas ist am Donnerstagabend eine Notstandsregierung unter Einschluss der Opposition in Israel eingesetzt worden. Die Abgeordneten stimmten bei einer Sondersitzung mit 66 zu vier Stimmen für die Notstandsregierung, nachdem Regierungschef Benjamin Netanjahu der Opposition der Zusammenarbeit in Zeiten des Krieges angeboten hatte. Netanjahus Rivale Benny Gantz und vier Mitglieder seiner Partei wurden als Minister vereidigt. Die Einigung sieht vor, dass Netanjahu, Verteidigungsminister Joav Galant sowie der ehemalige Verteidigungsminister Gantz von der Partei Nationale Union ein Kriegskabinett bilden.

Der Ministerpräsident erhält mit überwältigender Mehrheit und auch aus der vormaligen Opposition die Zustimmung, ein kleines Kriegskabinett zu führen. Es verschwindet die Konkurrenz wie in den Monte-Carlo-Simulationen.

Wir nehmen diese Texte sehr ernst, denn sie berichten von Umständen, die unser Leben, unser Miteinander, die Leichtigkeit unseres Miteinanders betreffen. Es sind erschreckende Dokumente. Es sind sehr ernst zu nehmende Fäden, uralte Fäden der Menschheit. Wer sich in der Schule mit Latein hat herumquälen müssen, erinnert vielleicht das berühmte Buch von Julius Cäsar [209], das mit den Worten beginnt:

> Gallia est omnis divisa in partes tres, quarum unam incolunt Belgae, aliam Aquitani, tertiam qui ipsorum lingua Celtae, nostra Galli appellantur.
> Gallien in seiner Gesamtheit ist in drei Teile aufgeteilt, deren einen die Belger bewohnen, einen anderen die Aquitaner und den dritten diejenigen, die in ihrer eigenen Sprache Kelten – in unserer Gallier – genannt werden.

Weiter geht es mit:

> Is M. Messala, (et P.) M. Pisone consulibus regni cupiditate inductus coniurationem nobilitatis fecit et civitati persuasit ut de finibus suis cum omnibus copiis exirent: perfacile esse, cum virtute omnibus praestarent, totius Galliae imperio potiri.
> Dieser zettelte unter den Konsulen Marcus Messala und Marcus Piso aus Begierde nach dem Königtum eine Verschwörung der Adeligen an und überredete seine Mitbürger, mit ihrem gesamten Besitz aus ihrem Gebiet auszuwandern, da sie alle an Tapferkeit überträfen, sei es sehr leicht, sich der Herrschaft über ganz Gallien zu bemächtigen.

Und dann kommen die niedergebrannten Dörfer:

> Persuadent Rauracis et Tulingis et Latobrigis finitimis, uti eodem usi consilio oppidis suis vicisque exustis una cum iis proficiscantur, Boiosque, qui trans Rhenum incoluerant et in agrum Noricum transierant Noreiamque oppugnabant, receptos ad se socios sibi adsciscunt.
> Sie überreden die Raurricer, Tulinger und Latobriger, ihre Grenznachbarn, denselben Plan benutzend nach Einäscherung ihrer Städte und Dörfer zusammen mit ihnen zu ziehen, und die Bojer, die jenseits des Rheins gewohnt hatten, in die Norische Mark hinübergezogen waren und Noreja belagert hatten, machen sie als bei sich Aufgenommene zu Bundesgenossen.

Nichts hat sich geändert, seit über 2000 Jahren. Wenige Mächtige bestimmen das Schicksal von vielen Abhängigen. Und das eigentlich Betroffenmachende dieser Absätze ist die Tatsache, dass auch moderne demokratische Systeme unter Stress wieder dieselben archaische Dynamiken entwickeln, deren Ursachen aus den Lernskripten für Netzwerkmathematiker hätten entnommen sein können. Solange wir die Logik des Gerangels von Menschen um ein bisschen Mehr-Weniger, Über-Unter oder Besser-Schlechter und die daraus resultierende Strukturierung unserer sozialen und damit auch unserer politischen Netzwerke nicht gebührend wahrnehmen, müssen wir offenbar in den alten evolutionären Fangstricken verharren. Und alle machen mit. „Und hieraus ergibt sich, dass ohne eine einschränkende Macht der Zustand der Menschen ein solcher sei, wie er zuvor beschrieben wurde, nämlich ein Krieg aller gegen alle", schrieb Thomas Hobbes im *Leviathan* 1651 [125]. Jeder gegen jeden, wie in unserer Simulation. Frustrierend.

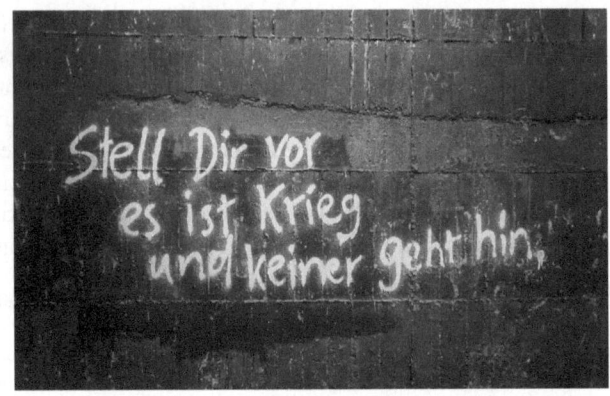

Oder vielleicht doch nicht? *Stell Dir vor, es ist Krieg und keiner geht hin* (Carl Sandburg: „Sometime they'll give a war and nobody will come") war ein viel zitierter Slogan der Friedensbewegung von vor über 40 Jahren (Abb. 22). Was für eine wunderbare neue Hoffnung! Und vielleicht sogar begründet. Es gibt ein faszinierendes Beispiel aus dem Ersten Weltkrieg, das vielleicht eine so wunderbare Hoffnung befeuern kann – aber davon später. Vorerst müssen wir uns noch ein wenig an den alten Hobbes halten: Wenn der Monarch Krieg führt, machen alle mit. Nicht, weil die Menschen grundsätzlich böse sind, sondern weil alle mitmachen. Rutger Bregman füllt ein ganzes Buch mit Argumenten, warum das so ist [210].

Das ökonomische Muster

Von den Merkmalen des Absolutismus, von Machtkonzentrationen in den Händen weniger

Dasselbe geschieht in der Wirtschaft. Ungeheure Machtkonzentrationen, die sich nur mit dem alten „Wer hat, dem wird gegeben" verstehen lassen. Wir schreiben dieses Buch und lesen am 8. September 2023 die *Tagesschau*-Meldung von 16.46 Uhr:

Musk will Angriff auf Russlands Flotte verhindert haben
Der Satellitendienst Starlink von Elon Musk ist das Rückgrat für die Drohnenangriffe des ukrainischen Militärs. Nun behauptet der Unternehmer, sich bei einem Angriff auf die russische Schwarzmeerflotte quergestellt zu haben.

Tech-Milliardär Elon Musk hat nach eigenen Angaben einen ukrainischen Angriff auf die russische Schwarzmeerflotte in der Hafenstadt Sewastopol verhindert. Er habe einen Antrag der ukrainischen Regierung abgelehnt, das Satelliten-Kommunikationssystem Starlink seiner Firma SpaceX in der Region zu aktivieren, schrieb Musk auf seiner Online-Plattform X.

„Ihre offensichtliche Absicht war, den Großteil der vor Anker liegenden Flotte zu versenken", schrieb er. SpaceX wäre damit in eine größere Kriegshandlung und Eskalation verwickelt gewesen, begründete Musk seine Entscheidung.

Musk streitet vorsätzliche Abschaltung ab
Musk äußerte sich nach der Veröffentlichung eines Auszugs aus der bald erscheinenden Biografie über den Tech-Unternehmer in der *Washington Post*. Dort berichtet der Biograf Walter Isaacson auf Grundlage von Gesprächen mit Musk, die Ukraine habe im September vergangenen Jahres „einen Überraschungsangriff auf die in Sewastopol auf der Krim stationierte russische Marineflotte versucht, indem es sechs kleine, mit Sprengstoff beladene Unterwasserdrohnen entsandte". Für diese Attacke wollte das Militär demnach Starlink nutzen, um die Drohnen zum Ziel zu führen.

Isaacson erhebt in dem Buch den Vorwurf, Musk habe die Beschäftigten von SpaceX im September 2022 heimlich angewiesen, die Abdeckung von Starlink in einem Umkreis von 100 km um die Krim-Küste abzuschalten, damit die Unterwasserdrohnen nicht ihr Ziel erreichen konnten. Dieser Darstellung widersprach Musk bei X. „Die fraglichen Starlink-Regionen waren nicht aktiviert. SpaceX hat nichts deaktiviert", schrieb er.

© Der/die Autor(en), exklusiv lizenziert an Springer-Verlag GmbH, DE, ein Teil von Springer Nature 2024
M. Hermanussen, C. Scheffler, *Größenwahn*,
https://doi.org/10.1007/978-3-662-69580-7_45

Wir wissen nicht, was Tatsache ist und was nicht. Wir müssen das auch gar nicht wissen, denn es würde nur davon ablenken, dass hier von einem einzelnen Menschen die Rede ist, der – unabhängig davon, ob er Recht oder Unrecht hat – eine ungeheuerliche Machtfülle in Händen hält. Und weiter, am 29.10.2023 um 2.45 Uhr, hieß es in der *Tagesschau*:

> Israel empört über Starlink-Hilfsangebot von Musk
>   Elon Musk hatte am Samstag über X angekündigt, dass der satellitengestützte Internetanbieter von SpaceX, Starlink, Telekommunikationsverbindungen von international anerkannten Hilfsorganisationen im Gazastreifen unterstützen wird. Dem Unternehmer zufolge ist noch nicht klar, wer für die Bodenverbindungen im Gazastreifen zuständig ist.

Wir wollen uns äußern! Es empört uns, dass ein Einzelner, ohne in irgendeiner Weise dafür bevollmächtigt zu sein, nach Gutdünken über Wohl und Wehe, über Leben und Tod Tausender verfügen kann. Es geht hier nicht um die Qualifikation, irgendeine Entscheidung zu treffen. Es geht darum, dass Willkür dem gestattet wird, der superreich ist. Das empört uns.

Entscheidungen Einzelner in der Wirtschaft haben globale Folgen. Nehmen wir irgendetwas anderes aus irgendeinem anderen Jahrzehnt. Am 15. September 2008 schreibt die *Frankfurter Allgemeine Zeitung (FAZ)* [212]:

> Nach der Insolvenz von Lehman Brothers und dem Notverkauf von Merrill Lynch haben die Anleger Aktien europäischer Banken reihenweise verkauft. Der Branchenindex Stoxx Banks verlor allein am Montag 8 %. Seit Jahresbeginn ist der Index um 35 % eingebrochen und seit Beginn der Finanzkrise im Juli 2007 um fast 50 %.

In einer spätere Analyse berichtet *Die Zeit* [213] von den Hintergründen und davon, wie wenige Personen über den Verlauf der daraus resultierenden Finanzkrise entschieden haben. Hätten wir dieses Buch früher geschrieben, hätten wir eine andere Meldung aus den Wirtschaftsseiten der großen Zeitungen zitiert.

Zurück zu Musk. Wir betrachten die Meldung zum Ukraine-Krieg als eine Meldung über das Endstadium eines wirtschaftlichen Sternespiels. Es geht um eine einzelne zentrale Figur, die alle ringsum besiegt hat. Was uns bedrückt, ist die Tatsache, dass es keinen öffentlichen Aufschrei der Empörung mehr gibt, keine Proteste. Nichts. Die Macht, die in den Händen von Herrn Musk konzentriert ist, ist vergleichbar mit der Macht eines absolutistischen Monarchen im 18. Jahrhundert, und das wird widerspruchslos hingenommen. Es gibt in der Wirtschaft keinen Schutz vor Despotismus. Geld ist Ersatz geworden für soziale Privilegien. Geld kann man akkumulieren, Geld wird nicht schlecht, es lässt sich aufbewahren und weitervererben. Geld ist ein Zeichen stattgehabter wirtschaftlicher Erfolge. Es ist damit analog den biologischen Signalen des Erfolgs: Körperhöhe und Sexysein. Das Ausmaß der allgemeinen Unterwerfung unter die Macht des Geldes ist überwältigend. Die Wirtschaft wird von Autokraten beherrscht.

Wir fragen noch einmal ChatGPT, Version 3.5, nach den wichtigsten Merkmalen des Absolutismus:

1. Zentralisierte Autorität: Die Macht des Monarchen war in seinen Händen konzentriert, und er traf Entscheidungen, ohne dass repräsentative Gremien oder der Adel einen wesentlichen Beitrag leisten mussten. [Er habe einen Antrag der ukrainischen Regierung abgelehnt, das Satelliten-Kommunikationssystem Starlink seiner Firma SpaceX in der Region zu aktivieren.]
2. Göttliches Recht: Absolute Monarchen behaupteten oft, dass ihre Autorität gottgegeben sei, was bedeutete, dass sie weder dem Willen des Volkes unterworfen noch einer irdischen Autorität gegenüber rechenschaftspflichtig waren.
3. Eingeschränkte politische Rechte: Die Bürger hatten nur begrenzte oder gar keine politischen Rechte, und es gab in der Regel kein Konzept einer konstitutionellen oder parlamentarischen Regierung. [Musk habe die Beschäftigten von SpaceX im September 2022 heimlich angewiesen, die Abdeckung von Starlink in einem Umkreis von 100 km um die Krim-Küste abzuschalten.]
4. Kontrolle des Militärs: Der Monarch hatte die Kontrolle über die Streitkräfte und konnte sie zur Aufrechterhaltung und Ausweitung seiner Autorität einsetzen. [Der Satellitendienst Starlink von Elon Musk ist das Rückgrat für die Drohnenangriffe des ukrainischen Militärs.]
5. Patronage und Merkantilismus: Die Wirtschaftspolitik konzentrierte sich häufig auf den Merkantilismus, bei dem der Staat versuchte, seinen Reichtum und seine Macht durch die Kontrolle des Handels und die Förderung der heimischen Industrie zu maximieren.
6. Aufwendige Höfe: Absolute Monarchen unterhielten oft opulente und aufwendige Königshöfe, die als Zentren der politischen Macht und Kultur dienten.

Wir lesen nicht weiter. Es geht nicht darum, ob die Entscheidungen von Herrn Musk gut oder schlecht sind. Es geht darum, dass wir keinen Absolutismus wollen. Auch nicht, wenn die moderne Form des ökonomischen Absolutismus vielleicht ohne die aufwendigen Höfe einhergeht. Wir wollen keine Machtkonzentration in den Händen weniger und keine Rechtlosigkeit der finanziell abhängigen Massen.

Wir sorgen uns gerade deshalb, weil die Monte-Carlo-Simulation den Automatismus bei der Entstehung dieser Abhängigkeiten so deutlich macht. Wer gewonnen hat, gewinnt weiterhin. Biblische Weisheit. Und es ist die zunehmende Rigidität, die in den Simulationen deutlich wird: Mit zunehmender Anzahl von Runden wird das Spiel „unelastischer". Während sich die Figuren in der Mitte in den ersten Runden noch abwechseln können – manch einer aus dem Zentrum wird in späteren Durchläufen an die Peripherie gedrängt (blättern Sie zurück und schauen Sie sich noch einmal Abb. 20 an) – festigen sich die Abhängigkeitsbeziehungen mit zunehmender Spieldauer. Die charakteristischen Sterne sind Endzustände, die sich spontan nicht mehr auflösen.

Das Muster der Unmündigen

Über Herrn Kant und die Untertanenmentalität und warum Mutti unsere Angelegenheiten regeln soll

Wir ahnen: Die Unmündigkeit, von der Kant spricht, ist nicht selbst verschuldet – sie hat mindestens zwei tiefere Gründe:

1. Sie entwickelt sich automatisch, wenn nicht ununterbrochen dagegengewirkt wird. Von „Gottes Gnaden" ist wohl eher zu verstehen als von „Netzwerk-mathematischen Gnaden"

Und – wir wollen das nicht verheimlichen:

2. Sie ist vielen, wenn nicht sogar den meisten Menschen gar nicht so unangenehm, wie wir gern vorgeben. Wir sind nicht unfroh, wenn „Mutti" unsere Angelegenheiten regelt und uns vor Unbill schützt.

Autoritäten von Gottes Gnaden hatten durchaus Vorteile, denn sie boten oftmals Schutz. Denken Sie zurück an das Volk unter dem wundersamen Mantel der Mutter Gottes. Heute haben wir Versicherungen. Man kann einwenden, wir müssten uns versichern, und wir führen 1000 gute Gründe auf. Zudem waren es unsere eigenen Eltern und Großeltern bzw. unsere Volksvertreter, die das Versicherungswesen für uns beschlossen und gestaltet haben. Versicherungen geben vor, sich um uns zu kümmern. Man kann von institutionalisierter Empathie sprechen, aber wir müssen dafür viel Geld ausgeben.

Seit Juli 2023 betragen die Beiträge in der Sozialversicherung: 14,6 % in der Krankenversicherung, 18,6 % in der Rentenversicherung, 3,4 % in der Pflegeversicherung und 2,6 % in der Arbeitslosenversicherung. Dazu ein durchschnittlicher Zusatzbeitragssatz (festgelegt vom Bundesministerium für Gesundheit) von 1,6 %, macht zusammen 40,8 % [214] des Bruttoeinkommens. Dazu kommen die privaten Versicherungen von Hausrat, Auto, Haftpflicht. Rechnen Sie nicht nach. Manch einer von Ihnen legt fast die Hälfte seines Bruttomonatsverdienst in die Hände von Versicherungen. Natürlich helfen wir einander gern und bieten immer vielfältigere

© Der/die Autor(en), exklusiv lizenziert an Springer-Verlag GmbH, DE, ein Teil von Springer Nature 2024
M. Hermanussen, C. Scheffler, *Größenwahn*, https://doi.org/10.1007/978-3-662-69580-7_46

Unterstützung an, weil wir nicht allein sein wollen. Aber die Vielzahl der Nachbarn überbeansprucht unsere natürliche soziale Kompetenz. Sie stört die Bottom-up-Organisation von sozialen Gruppen überschaubarer Größe, auf die wir biologisch eingerichtet sind.

Die natürlichen Signale von Dominanz, mit denen geprahlt und gewonnen werden kann, sind künstlichen Insignien gewichen. Die Einführung von Eigentumsrechten und der Beginn der Großbauten sind wohl mit einer bedeutenden Stabilisierung des sozialen Miteinanders einhergegangen, haben aber in Konsequenz rigide feudale Ordnungen nach sich gezogen. Der Beginn des Feudalismus lässt sich in unserer Biologie ablesen: Wer nicht mehr um Dominanz kämpft, muss auch nicht mehr seine hypothalamischen Neuropeptide aktivieren. Es besteht keine Notwendigkeit für das Versenden strategischer Signale. *Untertanenmentalität lässt die Menschen klein bleiben.* Und es muss an dieser Stelle noch einmal ganz deutlich werden: Kleinsein ist das biologische Signal für soziale Unterordnung, es hat nichts mit Ernährung, Gesundheit oder Intelligenz zu tun.

Das soll nicht heißen, dass ein festes Netz von Zugehörigkeiten in feudalen Strukturen grundsätzlich abzulehnen ist. Wie gesagt: Von Gottes Gnaden bietet Sicherheit. In diesen Strukturen gehört jeder seiner Kuschelgruppe an, es bestehen feste Kasten, Innungen, Zünfte, Verbände, Burschenschaften – heute kennen wir Sportvereine und eine Vielzahl von hochattraktiven Freizeitgruppen, denen wir allerdings, und im Gegensatz zu den Kasten, freiwillig beitreten und uns freiwillig ihren Regelungen unterwerfen.

Aber Unterordnung, auch wenn es sich um attraktive Gruppen handelt, ist nicht notwendigerweise Freiheit im heutigen Sinn. Und das hat Immanuel Kant zum Anlass genommen, sich zu äußern. Kant spricht von „selbst verschuldeter Unmündigkeit". Kant wusste nichts von Neuropeptiden und auch nichts von Spieltheorie, er hat beharrlich an Freiheit und Gleichheit geglaubt. Für ihn gab es keine strukturbedingte „Unmündigkeit" in Netzwerken, die sich selbst organisieren. Er konnte nicht ahnen, dass Unmündigkeit nichts mit einem Mangel an Mut zu tun hat. Vielleicht hätte er dann anders argumentiert.

Er hat an seiner Universität Königsberg in vertrauten Gruppen von Professoren und anderen Gebildeten diskutiert. Seine Welt war eine andere Welt. Zu seinen Lebzeiten war Königsberg mit etwa 60.000 Einwohnern einschließlich der Soldaten [215] eine europäische Großstadt mit Universität und Garnison. Heutige Städte dieser Größe sind Wesel, Unna oder Greifswald. Es war damals alles klein. Auch die Universität hatte eher die Größe eines mittleren Gymnasiums. Zahlen aus dem Ende des 18. Jahrhunderts kennen wir nicht, aber im Jahr 1837 wurden 386 Studenten gezählt [216] – es werden zu Kants Zeiten nicht mehr gewesen sein –, dazu 25 Professoren. Man lebte in überschaubaren Cliquen, man kannte sich. Man diskutierte, man philosophierte über Mündigkeit, Aufklärung und die Frage der Selbstverschuldung der Lebensbedingungen des ausgehenden 18. Jahrhunderts. Angaben zu Berufsgruppen und sozialer Schichtung in Königsberg um diese Zeit kennen wir ebenfalls nicht, aber es gibt vergleichbare Angaben aus Schleswig-Holstein [217]. 3,7 % der

Bewohner von Städten waren Beamte und Personen „von Rang" – Professoren gehörten dazu. Wenn man annimmt, dass der Verstädterungsgrad im damaligen Schleswig-Holstein und in Ostpreußen ähnlich gewesen sein mag, so lassen die Zahlen ahnen, dass das soziale Umfeld von Kant – seine Kollegen, Freunde, Bürger, mit denen er Kontakt pflegte – Größenordnungen von wenigen Hundert keinesfalls überschritten haben dürfte. Kant war kein Weltreisender und kannte keine Großstädte im heutigen Sinne.

Heutige Großstädte sind anders. In ihnen tendieren die sozialen Strukturen dazu, sich aufzulösen. Zu vereinzeln. Kant kannte die Anonymität solcher Städte und die Einsamkeit des Einzelnen noch nicht. Das findet erst viel später in vielfältiger Literatur, Großstadtlyrik, zahllosen Filmen und der Malerei des Expressionismus seinen Ausdruck. In einer Fachtagung „Großstadt in der Literatur" der Konrad-Adenauer-Stiftung für Lehrerinnen und Lehrer vom 21.–23. September 2003 heißt es[1]:

> Spätestens seit der industriellen Revolution im 19. Jahrhundert zeigt die Großstadt ein doppeltes Gesicht: einerseits als Schreckbild und Moloch, andererseits als Handels-, Verwaltungs- und Kulturzentrum, als komplexer sozialer Raum und Erfahrungsraum zahlreicher Wahrnehmungsreize.
>
> Die Folgen der Industrialisierung traten um 1910 immer deutlicher zutage: Soziales Elend, Anonymität, Ausbruchsversuche mittels Alkohol und Drogen zeigten die Schattenseiten des Urbanisierungsprozesses. Daneben präsentierte sich die Großstadt aber auch als Raum verführerischer, verruchter Faszinationen: als Ort der Laszivität und der Morbidität, des Vitalismus und der Dekadenz.
>
> Die psychologische Grundlage, auf der der Typus großstädtischer Individualitäten sich erhebt, ist die Steigerung des Nervenlebens, die aus dem raschen und ununterbrochenen Wechsel äußerer und innerer Eindrücke hervorgeht.

Seit Kant hat eine radikale Wandlung von Sozialstrukturen mit „Auflösung des Ichs in der großstädtischen Anonymität" [218] stattgefunden. Und es besteht eine neue Notwendigkeit, wieder deutlich sichtbare Signale zu senden. Seit 12.000 Jahren sind unsere Gruppen zu groß, und, seitdem sich die feudalen Zugehörigkeiten aufgelöst haben, nun auch wieder zu unübersichtlich. Man findet die vertraute eigene Gruppe nicht mehr. Obgleich von so vielen Menschen wie nie zuvor umgeben, ist man in seinen Social Media sozial isoliert [219]. Und wir sind sicher, dass vieles an zwischenmenschlicher Garstigkeit, denken Sie an Cybermobbing, das absichtliche Beleidigen, Bedrohen und Bloßstellen, deutlich seltener und weniger aggressiv wäre, wenn es nicht über Social Media, sondern wie früher, von Angesicht zu Angesicht, vermittelt werden müsste.

---

[1] https://www.kas.de/c/document_library/get_file?uuid=93b49dd2-abe9-af99-39a0-e0d
66aaa8bac&groupId=252038.

Im Trommelfeuer der Reize

Wie man Glückshormone ankurbeln kann

In einer Gemeinschaft, die versucht, herrschaftsfreie Umgangsformen zu pflegen –
wir kommen zu diesem Begriff noch einmal ein bisschen später –, die aber gleichzeitig versäumt, die Anzahl der Mitglieder in den Verästelungen ihrer Mega-
strukturen auf das überschaubare Dunbar'sche Maß zu begrenzen, breiten sich Ver-
wirrung und Angst aus. Wer gehört zu wem? Wer ist unter den vielen mein wirklicher
Freund? Weil Gruppenzugehörigkeiten verschwimmen, muss jeder irgendetwas signalisieren. Und weil jeder im Jeder-gegen-jeden-Wettbewerb auf sich selbst gestellt ist und sich die Kuschelmentalität nicht von selbst einstellt, muss man die Sti-
muli für das persönliche Wohlfühlen anderweitig in Schwung bringen. Auch das
wird inzwischen öffentlich angepriesen. Wir sprachen vom Oxytocin. Im Magazin
National Geographic [220] vom 11. August 2023 wird empfohlen, wie man seine
Glückshormone auf natürliche Weise ankurbeln kann:

> Die Freisetzung der „Wohlfühl"-Stoffe Dopamin, Serotonin, Endorphine und Oxytocin ist
> an bestimmte Lebensstil-, Bewegungs- und Ernährungsentscheidungen gebunden. Hier er-
> fahren Sie, was die Freisetzung der einzelnen Stoffe auslösen kann.
> Menschen auf der ganzen Welt lösen die Freisetzung ihrer Wohlfühlhormone auf eine
> Art und Weise aus, die ihnen vielleicht gar nicht bewusst ist; Sportler jagen dem schwer
> fassbaren „Runner's High" hinterher; Menschen lachen lauthals über gemeinsame Erinne-
> rungen, Paare entzünden eine Verbindung zwischen den Bettlaken …
> Hier erfahren Sie, wie – und warum – man seine Glückshormone auf natürliche Weise
> „ankurbeln" kann.

Es geht um Verführungen, um Inszenierungen des Selbst, es geht um den „un-
unterbrochenen Wechsel äußerer und innerer Eindrücke" in einem „komplexen sozialen Raum zahlreicher Wahrnehmungsreize", es geht um Reizüberflutung. In diesem Raum müssen soziale Positionen immer wieder neu verteidigt oder neu erworben werden, sie müssen sich unter einem „Trommelfeuer von Reizen" behaupten. In
der *Welt* vom 13. März 2014 [221] heißt es:

© Der/die Autor(en), exklusiv lizenziert an Springer-Verlag GmbH, DE, ein Teil
von Springer Nature 2024

M. Hermanussen, C. Scheffler, *Größenwahn*,
https://doi.org/10.1007/978-3-662-69580-7_47

Was aber tut der Mensch des 21. Jahrhunderts? Sein Alltag, besonders in der Stadt, ist geprägt von Hektik und permanenter Erreichbarkeit, einem Trommelfeuer von Reizen verschiedenster Art. Er ist im Dauerstress und kann dem allseitigen Druck selbst im Fitnessstudio immer weniger entgegensetzen.

Im Trommelfeuer der Reize werden nicht nur die schillernden Attribute von Extravaganz vielfältiger, es wird auch die alte, evolutionär konservierte hypothalamische Signalgebung auf das Äußerste strapaziert: GnRH steigert das Tempo der sexuellen Reife, GHRH stimuliert das Wachstum zu nie dagewesener Körperhöhe. Sie erinnern die historische Literatur des späten 19. und des beginnenden 20. Jahrhunderts [222]. Und gleichzeitig führt die steigende Zahl an Nachbarn zu maximaler sozialer Asymmetrie. Wir sehen wenige Hinweise, die das Festhalten an egalitären Gesellschaftsutopien rechtfertigen. Die Demokratie sei ein Hort des Streits, heißt es. Helmut Schmidt bemerkt: „Eine Demokratie, in der nicht gestritten wird, ist keine" [223]. Aber das Ergebnis von Streit – wir haben es simuliert – ist immer wieder die sternförmige Hierarchie. Dasselbe gilt für die Habermas'sche Vorstellung vom „herrschaftsfreien Diskurs", wir zitieren Nida-Rümelin [224, S. 103]:

> Alle haben die gleiche Möglichkeit, ihre Standpunkte zu Gehör zu bringen und zu begründen, niemand wird zum Schweigen gebracht, niemand beansprucht für sich die Diskurshoheit. Die Teilnehmer an einem Diskurs begegnen sich auf Augenhöhe …

Kann das wirklich so stattfinden? Vielleicht bringen uns fair ausgetragene Kontroversen am Ende weiter als mit Macht durchgesetzte Meinungen. Auch Kant war mit großer Sicherheit von dieser hehren Gedankenführung überzeugt. Aber wer regelmäßig Argumente liefert, die andere Mitglieder der Diskussionsrunde überzeugen, stärkt sein soziales Gewicht und damit das Gewicht aller folgenden Argumente – auch in anfänglich herrschaftsfreien Diskussionsrunden. Monte Carlo ist überall. Egalitäre Strukturen sind nicht stabil. Demokratie ist ein Handwerk, ein praktisches, aber leider auch ein sehr labiles „Dazwischensein". Zwischen Herrschaft und herrschaftsfrei. Demokratie muss ununterbrochen gepflegt werden, wenn sie nicht immer wieder in Despotie abstürzen soll.

Salomon Asch und das Muster der Konformität

Warum man dem Gruppendruck nachgibt und sich Mehrheitsmeinungen anschließt und was das mit dem Burn-out-Syndrom zu tun hat

So drehen sich die Argumente, und wir weben schon wieder mit roten Fäden. Und je größer die Gruppe, je stärker ihr Führer, desto eher unterwirft sich die Mehrheit. Wir sind immer geneigt, uns dem Eindruck des äußeren Scheins zu beugen und an des Kaisers neue Kleider zu glauben. Wir akzeptieren die Kompetenz des Größeren in einem unüberschaubar ausufernden Freundeskreis allein aus netzwerk-mathematischen Gründen, insbesondere dann, wenn dieser Kreis zahlenmäßig unsere soziale Kompetenz übersteigt. Wir machen ziemlich jeden Unfug mit – wenn die Mehrheit uns das vormacht.

Vor mehr als einem halben Jahrhundert untersuchte Salomon Asch [225, 226] die sozialen und persönlichen Bedingungen, die einen Einzelnen dazu veranlassen, sich dem Gruppendruck zu beugen oder zu widersetzen, obgleich empfunden wird, dass die Gruppenmeinung den Tatsachen widerspricht. Er bat jeweils acht Probanden zu beantworten, ob die Länge einer vorgegebenen Linie mit der Länge einer von drei ungleichen Linien übereinstimmt. Jedes Mitglied der Gruppe gab sein Urteil öffentlich bekannt. Aber sieben der acht Teilnehmer waren vorab instruiert worden, eine bestimmte unrichtige Antwort zu geben. Inmitten dieses „Tests" sah sich nun der Einzelne plötzlich mit lauter gleich lautenden Antworten konfrontiert, die seiner Wahrnehmung widersprachen. Das Ergebnis war trivial und eindeutig: Über die Hälfte der Probanden schlossen sich der Mehrheit an und entschieden entgegen ihrer eigenen Wahrnehmung. Manche Personen gaben dem Gruppendruck nach, ohne sich dieser Tatsache bewusst zu sein. Asch schreibt, „dass sie die Einschätzungen der Mehrheit als richtig empfunden haben". Die meisten Probanden bemerkten eine „Verzerrung" ihrer Wahrnehmung. Ihnen war bewusst, dass ihre Wahrnehmung von der der Mehrheit abwich, und sie entschieden nichtsdestotrotz, dass die Mehrheit wohl recht haben müsse. Diese Probanden leiden unter Zweifeln und mangelndem Vertrauen und verspüren deshalb eine starke Tendenz, sich der Mehrheit anzuschließen. Von einer dritten Gruppe schreibt Asch:

© Der/die Autor(en), exklusiv lizenziert an Springer-Verlag GmbH, DE, ein Teil von Springer Nature 2024
M. Hermanussen, C. Scheffler, *Größenwahn*,
https://doi.org/10.1007/978-3-662-69580-7_48

Diese Probanden leiden weder unter einer veränderten Wahrnehmung, noch kommen sie zu
dem Schluss, dass sie sich irren. Sie geben nach, weil sie das überwältigende Bedürfnis
haben, sich nicht von anderen zu unterscheiden oder ihnen unterlegen zu sein. Sie können
den Anschein der Fehlerhaftigkeit in den Augen der Gruppe nicht ertragen. Diese Personen
unterdrücken ihre Beobachtungen und sprechen die Position der Mehrheit aus, ohne sich
dessen bewusst zu sein, was sie tun.

Asch schließt aus seiner Untersuchung:

Mehrheitsmeinungen haben Auswirkungen auf Einzelpersonen, auch wenn diese in eine
Richtung gehen, die den Tatsachen widersprechen. Zwar behält die Mehrheit der Personen
mit abweichender Meinung ihre Unabhängigkeit, aber es gibt eine beträchtliche Minder-
heit, die ihre Urteile im Einklang mit der Mehrheit nachbessert. Mit abnehmender Klarheit
der zu beurteilenden Bedingung nimmt dieser Mehrheitseffekt zu. Menschen reagieren
dabei sehr empfindlich auf die strukturellen Eigenschaften der Gruppenopposition, insbesondere auf den Faktor Einstimmigkeit und die Größe der Gruppenopposition.

Je mehr Leute anderer Meinung sind, desto eher ist man geneigt, die eigene Meinung auch entgegen offensichtlichen Tatsachen zu beugen. Die Konformitätsexperi-
mente von Asch gehören zu den berühmtesten in der Geschichte der Psychologie
und zeigen, wie, warum und wann sich Menschen anpassen und welche Auswirkungen sozialer Druck auf ihr Verhalten hat. Und dies umso mehr, je umfangreicher die gesellschaftlichen Kreise und die Anzahl potenzieller Konkurrenten.

Schon die Schulen für unsere Kinder, Betriebsgrößen und öffentliche Ver-
waltungen übersteigen unsere sozialen und kognitiven Fähigkeiten. Und wir bleiben
im Gerangel der modernen urbanen Gesellschaften isoliert. Unsere Einsamkeit ist
so omnipräsent, dass in Großbritannien mittlerweile ein Ministerium eingerichtet
wurde, um Menschen aus der Isolation und der Anonymität zu holen [227]. Wir
leben in einer narzisstischen, neiderfüllten, Ich-bezogenen Gesellschaft, die zwar
vorgibt, egalitär zu sein, und aus kulturellen Gründen das Ausgrenzen der Anderen
verbietet, die aber ungeheuer aggressiv ist und durch diese Aggressivität die Ausbildung stabiler, freundschaftlicher, wohlwollender Gruppen schwermacht.

Der Megatrend zu „komplexen sozialen Räumen zahlreicher Wahrnehmungsreize", der das Wachstum stimuliert und die Pubertät vorverlagert, begann zeitgleich
mit der europäischen Demokratisierung. Zuerst in den Niederlanden unmittelbar
nach dem Revolutionsjahr 1848. Damals bewilligte der niederländische König Wil-
lem II. die Einführung einer Verfassung in der heute noch bestehenden parlamentarischen Monarchie. Seitdem ist jeder Geburtsjahrgang von niederländischen Wehrpflichtigen um 1–2 mm höher gewachsen als der vorangegangene Geburtsjahrgang – zumindest bis zum Ende des vorigen Jahrhunderts. Die deutschen
Jugendlichen begannen mit vergleichbaren Wachstumsraten erst mit dem Niedergang des Deutschen Kaiserreichs. Der Niedergang von mächtiger Obrigkeit ver-
führt die Menschen zu glauben, man könne sozial aufsteigen und ein jeder trage
einen Marschallstab in seinem Tornister. Schön wäre es vielleicht, aber wohin mit
den vielen Marschällen? Die meisten bleiben auf der Strecke.

Ein Kommentar aus der *Berliner Morgenpost* vom 28. Januar 2011] [228]:

> Wozu gibt es überhaupt Zensuren? Zensuren ermöglichen die Auslese, wenn sich viele bewerben, aber nur wenige auserwählt werden sollen. Aber: Sie liefern keine Gerechtigkeit! Sie stützen lediglich den kollektiven Selbstbetrug, dass wir in einer vermeintlich gerechten Gesellschaft leben, in der jeder den Marschallstab im Tornister hat und alle gleich behandelt werden.

Der Mehrzahl derer, die rangeln und versuchen, ihren Marschallstab zu aktivieren, gelingt es nicht, sich in das Zentrum einer Dominanzhierarchie hineinzurangeln – einfach aus statistischen Gründen: je mehr Teilnehmer, desto geringer die Chancen. Wie beim Lotto. Je mehr mitspielen und verlieren, desto größer der Gewinn für die wenigen Glücklichen. Je größer die Gesellschaft, desto asymmetrischer die resultierende Hierarchie.

Nichterfolgreiche sind gestresst. Kirsi Ahola und ihre Mitarbeiter [229] schreiben über eine der häufigsten Krankheiten der modernen Menschen:

> Burn-out ist ein chronisches Stresssyndrom, das sich allmählich als Folge einer lang anhaltenden Stresssituation entwickelt. Burn-out kann sich in allen Berufsgruppen entwickeln. Es scheint, dass das Alter nicht generell vor Burn-out schützt. Ein niedriges Bildungsniveau und ein niedriger sozialer Status stellen für Frauen ein mögliches Burn-out-Risiko dar, und für Männer besteht ein mögliches Burn-out-Risiko, wenn sie ledig, geschieden oder verwitwet sind.

Burn-out betrifft diejenigen, die ihren Status verloren haben oder in der Konkurrenz des beruflichen Alltags nicht mehr mithalten können. Ausgebrannt. Burned-out.

Die Wirklichkeit ist ungemütlich geworden. Natürlich hoffen wir, dass wir unrecht haben, und es ist alles nicht so schlimm. Vielleicht leiden auch wir noch unter den Nachwirkungen des Pubertätsschwachsinns – wer weiß –, und es geht gar nicht um die Größe. Wir denken an die Beiträge der beiden Professoren aus Berlin und Wien und an die Nobelpreisrede von 1993. Vielleicht haben wir unrecht. Aber es gelingt uns nicht, an den Ergebnissen der Monte-Carlo-Simulationen und an den zunehmenden sozialen Asymmetrien im öffentlichen Leben vorbeizusehen. Es wird Zeit für einen Blick auf unser Tuch.

Das ganze Tuch: Die Fäden werden verwebt – eine Rückschau

Noch einmal von Prahlhänsen und Großmäulern, Gruppenführern und ein letzter Blick auf die Computersimulation

Wir schreiben dieses Buch, weil mittlerweile mehr als acht Milliarden Menschen diese Erde bevölkern, weil Facebook mehr als zwei Milliarden aktive Nutzer zählt, und weil wir Spieltheorie ernst nehmen.

Wir nahmen unsere Fäden auf mit „Size matters!". Großsein kündet von Kompetenz und Führungsanspruch. Größere Arbeitnehmer verdienen mehr als kleine. Für 2,5 cm mehr an Körperhöhe gibt es eine Lohnprämie von 1–2 %. Die Verknüpfung von groß und wichtig gilt auch für die virtuelle Selbstdarstellung. Wer sich von unten aus einem perspektivisch niedrigen Kamerawinkel darstellen lässt, wirkt mächtiger, erscheint überlegen und hat mehr Einfluss auf Gruppenentscheidungen als der, der zur Kamera hochschauen muss. Wer in der Chefetage sitzt, fühlt sich wichtiger, als wenn er im Souterrain sitzen müsste. Schon im Säuglingsalter spielt Größe eine Rolle. Mit einem Großen wird nicht gerangelt, sondern man ordnet sich unter. Wer klein ist, gibt sich im schlimmsten Fall der Lächerlichkeit preis. Wir lasen das Interview mit der Gärtnerin. Groß – klein, oben – unten, fertig. Wir lernten, was normal ist: Normal ist man selber. Und wie viel Geld ausgegeben wird, damit man so groß wird wie die anderen.

Wir sprachen von den Knorpelzellen, den Hormonen, wir sprachen von dem, was in den Lehrbüchern steht. Und vom Hypothalamus mit seinen zwittrigen Zellen, den Dolmetschern zwischen „Draußen" und „Drinnen", zwischen der Soziologie und dem Stoffwechsel. Vom Bemühen, so zu sein wie die anderen in der Gruppe, und von der Körpergröße als einem Signal. Das ist neu, das hatten Sie bisher noch nie gehört – obgleich Sie es eigentlich längst wissen. Sie wussten es schon als Säugling. Sie wissen es so gut wie Ihre Aquariumsfische. Wer groß ist, ist überlegen. Dabei geht es nicht um das wirkliche Überlegensein, sondern ums Herumprotzen und Imponieren. Am erfolgreichsten ist und die meisten Nachkommen hat, wer am besten prahlt. Es sieht also sehr danach aus, dass sich der Größenwahn lohnt – zumindest für den, der ihn praktiziert. Wir wissen es doch längst: Angeber haben mehr vom Leben [148].

© Der/die Autor(en), exklusiv lizenziert an Springer-Verlag GmbH, DE, ein Teil von Springer Nature 2024
M. Hermanussen, C. Scheffler, *Größenwahn*,
https://doi.org/10.1007/978-3-662-69580-7_49

Bewegt hat uns dann die Frage nach dem Warum. Warum ist die neuroendokrine Regulation des Protzens so wichtig? Warum wird das „Schau mal, ich bin unter euch der Größere" oder das „Ich habe das schönere Geweih" über Jahrhundertmillionen konserviert? Und warum denken wir bei Körpergröße gerade nicht an Führungsansprüche und Imponiergehabe, sondern versuchen, die Größenunterschiede zwischen Menschen mit Unterschieden in Ernährung und Genetik „wegzuerklären"? Weil wir den Wald vor Bäumen nicht sehen. Weil die Signale so tief in uns verwurzelt sind, dass wir sie bewusst überhaupt nicht mehr wahrnehmen können. *Genetik und Ernährung sind Voraussetzungen, um groß werden zu können, aber sie sind keine Regulatoren des Wachstums.*

Es sind die Sinneseindrücke aus dem sozialen Umfeld, die die Kaskade der Wachstumsregulation anstoßen. Sinneseindrücke aus dem sozialen Miteinander. Auch wenn die einzelnen Schritte in dieser Dominoreihe noch nicht bis ins letzte Detail bekannt sind, so fühlen wir die intuitive Präferenz für Großes. Wir wachsen strategisch.

Zwei kleine Anekdoten am Rande (CS):

Morgens in der Straßenbahn: Vier pubertierende Jungen im Alter von etwa 14–15 Jahren mit Körperhöhen zwischen etwa 160 und 185 cm stehen im Kreis und unterhalten sich. Der Zweitgrößte fragt den Größten nach seiner Größe. Die Antwort: 185 cm. Da reckt und strafft er sich, sucht Blickkontakt und sagt: „Das passt. Ich bin 175." Die beiden Kleinen recken sich auch ein wenig, aber bleiben still. Sie kennen ihre Größe. Man muss sich nicht äußern.

Auf dem Unicampus: Ein Biologiestudent fragt, was ich mache. Ich sage, ich arbeite an der sozialen Regulation der Körperhöhe. Er: Warum er denn 2 m groß sei. Ich: Er sei in einer vergleichsweise großwüchsigen Population aufgewachsen und liege mit seiner Körperhöhe am oberen Ende der Verteilung. Er: Auch seine Eltern seien groß, er überrage sie aber trotzdem um 20 cm und sei mit 14 Jahren besonders stark gewachsen. Bevor ich versuche, ihm Zusammenhänge zu erläutern, frage ich nach seinem damaligen Berufswunsch. Er: Ob er ehrlich sein solle, und erklärt dann vollkommen von sich überzeugt, er wollte und wolle immer noch Professor werden.

„Size matters" also auch für uns. Mit Hilfe von „size" werden gesellschaftliche Positionen und Abhängigkeiten geregelt. Wir rangeln um diese Positionen, aber es sind keine Kämpfe auf Leben oder Tod, es geht zumeist nicht einmal um irgendwelche Nahrungsressourcen oder Weibchen, es geschieht aus einer uralten Furcht vor sozialer Isolation. Man rangelt um Kleines, um ein bisschen Dreistigkeit, etwas Frechheit, mal eine kleine Gemeinheit. Es geht ums „Beieinandersein". Wie zum Spielen am Samstagabend. Man möchte gewinnen, man möchte sagen können „bin Nummer eins" oder „bin wenigstens Nummer zwei". Es geht um ein kleines Oben und Unten, um nichts mehr und nichts weniger.

Und mit dem Beieinandersein kommt die Sozialität. Sozialität ist ubiquitär, überall. Sie ist in vieler Hinsicht vorteilhaft [151, 152]. Da zählen gemeinschaftliche Verteidigung, Schutz vor Räubern, die Abwehr von Parasiten, aber auch das gemeinsame Jagen, die Partnerwahl. Und damit die Gruppen überschaubar bleiben, wird der Gruppenumfang noch einmal auf besondere Weise reguliert: Man fühlt sich geborgen in der Gruppe, man kuschelt – aber bitteschön nicht mit „den Anderen". Sozialität wird hormonell unterstützt, Oxytocin verklärt die Partner und grenzt die Gruppenfremden aus, seit gut 450 Millionen Jahren.

Wir haben die Spiele kennen gelernt. Vom Spielen lebt ein ganzer Zweig der Mathematik. Und weil wir auch gerne spielen, haben wir Monte Carlo kennen gelernt und Simulationen. Simulationen versuchen, Wirklichkeit am Computer zu imitieren. Wir haben einfache soziale Strukturen simuliert auf der Grundlage der kleinen Nickeligkeiten, des kleinen Oben und Unten, des „Wer ist besser als der andere" und haben Dominanzhierarchien und Netzwerke entstehen lassen. Netzwerke, die sich selbst organisieren unter dem Einfluss von Winner-Loser-Effekten. Wir haben die Wirkung des Zusammenspiels von Zufall und ein bisschen Erinnerungsvermögen erlebt.

Im Spiel haben wir das Muster von Konformität erlebt und das immerwährende Muster von Aggression und Krieg, das Muster des ökonomischen Absolutismus und die Unmündigkeit im Trommelfeuer der Reize. Muster in Sternform mit virtuellen Prahlhänsen und Großmäulern in der Mitte. Wir sahen verblüffende Ähnlichkeiten mit natürlichen Sozialstrukturen und ihren Gruppenführern, Rudelführern, Herdenführern, die sich in der Regel durch nichts Bewundernswertes auszeichnen, außer dass sie ein bisschen erfolgreicher sind beim Rangeln, Beißen und Signalisieren. Das haben wir gesehen.

Und weil diese Spiele Mathematik sind und nichts mit Sozial oder Gesellschaft oder Biologie zu tun haben, sind wir von ihrer Allgemeingültigkeit überzeugt. Wir möchten die Gesetzmäßigkeiten erkennen, die die Entstehung solcher Strukturen bestimmen.

Zentralisierte hierarchische Netzwerke erlauben Top-down-Informationsflüsse. Der Führer bestimmt, die Geführten folgen. Top-down-Strukturen erhöhen die Geschwindigkeit von Entscheidungsfindung und helfen der Gruppe in Zeiten von Stress und Gefahr, wenn Top-down-Entscheidungen getroffen werden müssen – salopp gesagt, wenn in Momenten der Bedrohung dem Herumdiskutieren ein Ende gesetzt und gehandelt werden muss. Solche Entscheidungen müssen nicht notwendigerweise die besten sein, aber es sind Entscheidungen. Auf diese wunderbar einfache Weise verdeutlicht die Mathematik die sozialen Strukturen, die in der Evolution erfolgreich waren.

Wir haben erfahren, dass die von Darwin beschriebenen Kämpfe ums Dasein wohl eher Rangeleien zur Vermeidung von sozialer Isolation sind. Sie „veredeln" nicht das Genom einzelner, sondern sie stabilisieren den Genpool der Gruppe. Sie steigern die Effizienz des sozialen Netzwerks. Zu diesem Zweck dürfen sogar einzelne auf die Weitergabe der eigenen Genetik zugunsten der Gruppe verzichten. Wir nannten das Altruismus, wenn der Nettonutzen des Zusammenseins in der Gruppe die Kosten und die persönlichen Einschränkungen übersteigt. Selbst „inclusive fitness", die Selbstaufopferung zugunsten von Verwandten oder anderen Gruppenmitgliedern, verhilft dem Genpool zu mehr biologischer Fitness.

Aber wir wollen kein Buch über Physiologie oder Mathematik oder Genetik oder Evolution schreiben, sondern …

Ein Buch über uns alle

Von dem Kreis, der unsere Außenwelt mit unserer Innenwelt zusammenschließt, von der Körperhöhe der Despoten und von Macht und Selbstdarstellung

Wir schreiben ein Buch über unsere heutigen Kenntnisse aus der Biologie und inwieweit diese Kenntnisse unsere heutigen sozialen und politischen Probleme berühren. Natürlich könnte man uns den Vorwurf des Biologisierens machen und abwertend von Biologismus sprechen, wenn biologische Maßstäbe und Begriffe auf nicht oder nicht primär biologische Verhältnisse übertragen werden. Aber wir sind Primaten und unterscheiden uns – zumindest genetisch – nur marginal von unseren nächsten Verwandten: Wir sind zu 98,5 % identisch mit den heute lebenden Schimpansen, obgleich auch die Schimpansen seit der Trennung unserer letzten gemeinsamen Vorfahren vor rund 6,5 Millionen Jahren eine Entwicklung durchlaufen haben. 6,5 Millionen Jahre Evolution hin, 6,5 Millionen Jahre her, macht 13 Millionen Jahre. Aber nur 1,5 % Unterschied am Genom. Das ist ernüchternd. Die wenigsten unserer Gene sind also „typisch menschlich". Wir glauben an Protzen und Angeben und senden Signale von Führungsansprüchen und sexistischen Inhalten wie alle anderen Wirbeltiere auch. Und wir müssen uns mit soziologischen Problemen herumplagen, die in sehr ähnlicher Weise bei einer Vielzahl von Arten beobachtet werden können und von denen wir wissen, dass sie sehr tiefe biologische Ursachen haben. Darum schreiben wir dieses Buch.

Wir leben in ausufernden Freundeskreisen, viel umfangreicher als jemals zuvor. Wir haben ein uraltes Kuschelhormon, das uns die engen Freunde besonders liebenswert macht und die vielen anderen, die wir mit unseren beschränkten kognitiven Fähigkeiten gar nicht mehr erfassen können, verdächtig. Wir müssen uns mit der Frage herumplagen, wer die wirklichen Freunde sind, mit denen wir kuscheln wollen, wer die Gäste sind, die wir einladen wollen, und wen wir ausgrenzen wollen. Empathie und sogar Fremdschämen [194, 195] haben neuronale Ursachen. Aber obgleich unsere sozialen Möglichkeiten so erheblich sind, machen sie uns nicht nur glücklich, sondern auch empfindlich: Steigt die Zahl unserer Nachbarn, schlagen Mitgefühl und Gastfreundschaft schnell in Hass und Fremdenfeindlichkeit um. Zumindest hormonell. Und dass dies auch im Alltag stattfindet, lesen wir in den Tageszeitungen.

© Der/die Autor(en), exklusiv lizenziert an Springer-Verlag GmbH, DE, ein Teil von Springer Nature 2024

M. Hermanussen, C. Scheffler, *Größenwahn*, https://doi.org/10.1007/978-3-662-69580-7_50

Uns fehlt der Überblick. Seit Jahrtausenden pflegen wir Gesellschaftsformen mit Gruppengrößen, die unsere Bindungsfähigkeit strapazieren. Künstliche dominanzsichernde Signale wie Privateigentum, Schmuck und die klassischen Insignien feudaler Macht verdrängen seit Langem die natürlichen Zeichen von Dominanz wie Körpergröße und sekundäre Geschlechtsmerkmale. Und zwar so weitgehend, dass wir die regulatorische Funktion der natürlichen Signale gar nicht mehr wahrnehmen. Trotz der Literatur der Psychologen missinterpretieren wir Körperhöhe und deuten das Präsentieren von Geschlechtsmerkmalen nur noch als Ausdruck der Freiheit zu persönlicher sexueller Entfaltung [230]. Wir vereinsamen und werden immer anfälliger für mediale Angebote, die uns dort packen, wo wir am empfindlichsten sind: emotional. 2000 Menschen nahmen im September 1997 in Westminster Abbey am Trauergottesdienst für Diana, Princess of Wales, teil. Weltweit verfolgten zwei Milliarden, das sind fast ein Drittel aller zu diesem Zeitpunkt lebenden Menschen, das Ereignis am Fernseher. Hatte Diana so viele Freunde?

Wir weben diese Fäden zusammen und sehen wieder den Kreis, der unsere Außenwelt mit unserer Innenwelt zusammenschließt (Abb. 23):

Die entscheidenden Positionen dieses Kreises sind der vierte Punkt (das Übersetzen von Sinneseindrücken) und der erste Punkt (die Wahrnehmung von Signalen). An Punkt 4 können wir nichts ändern, dieser Punkt ist „im Programm". Aber angesichts der Zahlen, die Dunbar nennt, müssen wir uns klar werden, wie wir es mit der Wahrnehmung von Signalen halten. Wir können nicht viele Hundert oder sogar Tausende und Abertausende von Freundschaften unterhalten. Ob wir es wollen oder nicht, wir haben die vielen „Freunde" hormonell längst zu Fremden erklärt.

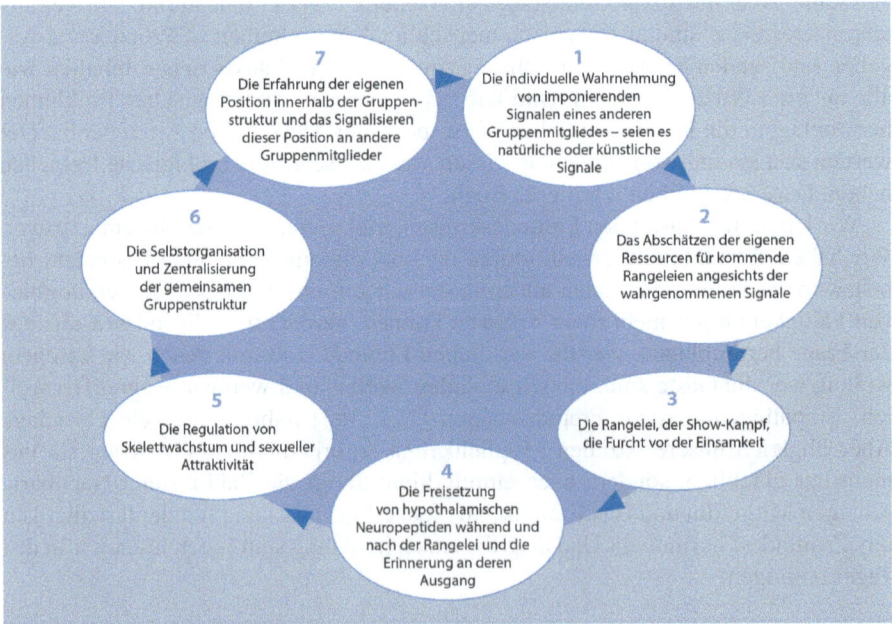

Abb. 23 Die Verknüpfung von Außenwelt und Innenwelt

Die imponierenden Bauten von Göbekli Tepe waren vor fast 12.000 Jahren ein erstes Signal unter Jägern und Sammlern und eine Antwort auf das Dilemma von zunehmender Bevölkerungsdichte im Fruchtbaren Halbmond: Feudalismus.

In den zurückliegenden 20.000 Jahren, also bereits lange vor dem Bau dieser Anlagen, gab es in der Levante während der damals klimatisch außergewöhnlich begünstigten Periode zahlreiche frühere Kulturen, unter ihnen das Natufien, benannt nach Fundorten im Wadi an-Natuf im Westjordanland. Hier lebten sesshafte Jäger und Sammler, teils in Basislagern, teils in eher kurzfristig genutzten Siedlungsplätzen. Diese Leute siedelten immer dichter zusammen und begannen irgendwann mit dem Anbau von Getreide und backten erste Brote. Sie hatten Häuser aus halbrunden Steinsetzungen mit zentralen Herdstellen. Es waren inzwischen sehr viele Leute geworden.

Und nun müssen Sie uns ein wenig Glauben schenken, denn niemand hat mit diesen Leuten gesprochen, auch finden sich keine schriftlichen Dokumente zu dem, was wir vermuten müssen. Aber wir nehmen an, dass diese vielen Menschen, die dort lebten, zunehmend Schwierigkeiten hatten, untereinander Rangordnungen festzulegen. Sie wurden zunehmend aggressiv, und die zunehmend häufigeren Rivalenkämpfe erforderten immer dringlicher eine dauerhafte Lösung. Vielleicht ist die Legende von Kain und Abel eine dunkle Erinnerung an diese Zeit.

Und so „erfanden" sie irgendwann eine neue Strategie: künstliche Signale. Sie erfanden monströse Architektur, um die Gesellschaft der „zu Vielen" auf künstliche Weise zu strukturieren. Sie begannen zu bauen – nicht nur Wohnhäuser, sondern Bauten mit Signalcharakter. Größenwahnsinnige Bauten. Der Herrschaftsanspruch der Erbauer und Eigentümer dieser Signale ist nicht zu übersehen und hatte ohne Frage nicht nur Bedeutung für den Erbauer selbst, sondern auch für rituelle Treffen, den Heiratsmarkt dieser Menschen und vieles andere. Die Geschichtsbücher sind voll davon. Es sind künstliche „strategische" Insignien anstelle der nicht mehr hinreichend demonstrativ wirkenden biologischen Signale von Herrschaftsanspruch.

Aber Biologie lässt sich nicht mit Architektur abschaffen. Die biologischen Signale wirken weiter: Fürstenkinder wachsen besser [231]. Und wenn Show-Kämpfe ausbleiben, weil Abhängigkeiten und Sozialstrukturen auf andere, kulturelle Art, geklärt sind, bleibt bei den designierten Verlierern auch die hypothalamische Stimulation aus. Das ändert sich erst, wenn Bauern und Bürger das nicht mehr hinnehmen wollen und gegen ihre Herren revoltieren. Blättern Sie gern noch einmal zurück und betrachten Sie die Abbildung der Körpergrößen junger Männer seit Ende des 19. Jahrhunderts (Abb. 8a und 8b). Wir betrachten die Größentrends in den Jahren der politischen Anarchie als eine biologische Antwort auf die Revolte der Jugend und die Entstehung neuer gesellschaftlicher Strukturen.

Seit der Aufklärung beginnen die Europäer, wieder miteinander zu rangeln und um soziale Positionen zu kämpfen. Und zwar in großen Scharen, denn wir sind ungeheuer viele und nach wie vor ungeheuer sozial, im Guten wie im Schlechten. Das ist ein sehr ernst zu nehmendes Phänomen, und es wird auch von unserer Physiologie sehr ernst genommen. Es werden offenbar hypothalamische Neuropeptide in nie dagewesenem Umfang freigesetzt, so dass die Menschen immer größer werden und sich die Pubertät in immer jüngeres Alter vorverlagert. Das zeitliche

Zusammentreffen von Demokratisierung und Körperhöhe ist offenkundig. Man könnte denken, wir kehren zurück zu den Jägern und Sammlern, zu Mündigkeit und Freiheit. Aber das ist nicht wirklich richtig. Wir sind ja so viel zahlreicher als die Jäger und Sammler. Insbesondere im 19. Jahrhundert hat die Bevölkerung Europas noch einmal rapide zugenommen. Zwischen 1816 und 1910 vermehrten sich die Bewohner auf der Fläche des Deutschen Kaiserreiches [232] von knapp 25 auf knapp 65 Millionen. Gemeinsam mit der Auflösung der traditionellen feudalen Gesellschaft gegen Ende des Ersten Weltkriegs hat die zunehmende Verunsicherung „Wer gehört zu wem" nicht nur zu einer jedes bisher gewesene Maß übersteigenden Körperhöhe und Vorverlagerung der Geschlechtsreife geführt, sondern in den 1920er-Jahren auch zu einer zunehmenden Bereitschaft zur Unterwerfung unter irgendwelche gemeinsamen Führer. Es wurden die Signale immer despotischerer Strukturen akzeptiert, gemeinsam mit einer verstärkten Aggressivität gegenüber Menschen, die „nicht dazugehören". Wir möchten die Steuermechanismen kennen lernen, die immer wieder zu diesen Phänomenen führen. Und wir möchten diese Kenntnis nutzen können, um bewusst und gezielt solchen Entwicklungen vorzubeugen.

Übrigens sind die Despoten nicht immer die Größten. Im Gegensatz zu Prinzen, die wissen, dass sie später Könige werden, waren Despoten längst ausgewachsen, als ihnen die Macht zu Kopf stieg. Und wem die natürlichen Signale von Kompetenz fehlen – sprich: Wer sich für seine Position zu klein hält –, muss seine Machtansprüche auf anderem Wege zeigen. Das „little Napoleon syndrome" ist sprichwörtlich. Napoleon war klein (wir wollen dies nicht näher beleuchten, denn die historischen Angaben sind uneinheitlich; wir können nur sagen, dass Napoleon kleiner war als die Mehrzahl der ihn umgebenden relativ großwüchsigen Adeligen). Und Napoleons politischer Größenwahn ist in jedem Geschichtsbuch nachzulesen. Zahlreiche europäische Diktatoren der letzten 100 Jahre waren und sind ebenfalls klein. Listen von fraglichem Wahrheitsgehalt finden sich im Internet. Die *TAZ* berichtet in einer Buchrezension vom 7. November 2012 [233] von Benito Mussolini (1,52 m), Josef Stalin (1,65 m), Hitler (1,72 m), Goebbels (1,65 m) und Putin (1,70 m). Am 30. Juni 2022 zeigte die *Bild* markige Bilder von Putin mit nacktem Oberkörper „als starken Lenker seines Landes". Diese Diktatoren müssen ihren Mangel an natürlicher Signalgebung anderweitig kompensieren. Und wenn man diesem Gedanken folgt, kommen auch etwas andere und seltsame Gedanken: Muss man sich überlegen, ob es eine Mindestgröße für Kanzlerkandidaten und Präsidenten geben soll, so wie es sie für Piloten und Polizisten gibt?

Auch in den alten Rathäusern finden Sie Dokumente von Macht und Selbstdarstellung. Sehen Sie die Bilder von Ratsherren und städtischen Honoratioren an: Was ihnen an Körperhöhe fehlte, mussten sie mit dem Gewicht kompensieren. Fett sind sie. Dasselbe gilt noch heute für viele Mächtige, wenn auch moderne Manager mittlerweile ihre Signale den neuen Zeiten anpassen: Sie wechseln von fett zu fit, tragen Turnschuhe und treiben Sport. Am 25. Januar 2017 stellt das *Handelsblatt* fest [234]:

Einige Dax-Chefs sind erprobte Marathon-Läufer – das Training zahlt sich auch im Geschäftsleben aus. Die Vorteile liegen auf der Hand.

Was auf der Hand liegt, wird nicht näher erläutert, aber es folgen Ratschläge zu verbesserter Selbstdarstellung.

Die meisten unter uns werden weder reich noch wichtig noch mächtig noch Manager von DAX-Konzernen noch Despot. Und so mehren sich die Erschöpfungszustände. Burn-outs betreffen diejenigen, die ihren Status verloren oder ihren erhofften nicht haben erreichen können.

Wir wollen nicht mit einer Brandrede gegen die Urbanisation enden. Wir wollen lediglich zeigen, dass die in unseren Simulationen gefundenen Prozesse von Zentralisierung und die Abhängigkeit von Netzwerkorganisation historische und alltägliche Prozesse widerspiegeln.

Es wäre übrigens – am Rande gesprochen – interessant, die Betrachtungen zur Politik auf die Wirtschaft auszudehnen, zumal in vielen Ländern das zunehmend materialistische Denken mit einer Zunahme an „loneliness", an Einsamkeit, verknüpft ist [235]. In der Wirtschaft finden wir weltweit ein permanentes und immer intensiveres Gerangel um ökonomische Existenz, verbunden mit teils bizarrer Vermögenskonzentration in den Händen Einzelner. Denken Sie an die Satelliten des Herrn Musk. Diese Einzelnen waren die Glücklichen, sie haben Signale ausgesendet, die von Konkurrenten als dominant wahrgenommen und akzeptiert wurden, und sie wurden auf diese Weise in die Zentren der Geld- und Machtsterne gerückt. Wir brauchen eine Demokratisierung der Wirtschaft! In der kontinuierlichen Zunahme der Ungleichheit von Haushaltseinkommen – die oberen Einkommensschichten haben deutliche Zugewinne, an denen die mittleren und insbesondere die unteren Schichten nicht teilnehmen [236] – sehen wir Parallelen zur Entwicklung despotischer Herrschaftsstrukturen. Wie viel Geld braucht der Mensch? Kann man Obergrenzen für Reichtum schaffen [237]? Es gibt in der Wirtschaft keine ernsthaften Überlegungen, eine Demokratisierung einzuführen, die auch nur näherungsweise der politischen Demokratisierung in Europa gleicht. Wer käme schon auf die verführerische Idee, die Kontoverfügungsgewalt der in den jährlichen Forbes-Listen aufgeführten über 2700 Milliardäre jeweils für einige Wochen oder Monate an gewählte oder gar ausgeloste Volksvertreter zu übergeben? Wunderliche Gedanken.

Stattdessen werden Bestrebungen populär gemacht, flache hierarchische Strukturen in modernen Betrieben einzuführen. Man nennt Vorteile wie kurze Wege, schnelle Kommunikation, familiäre Atmosphäre, Mitbestimmung, bessere Zusammenarbeit und gemeinsame Zielsetzung – ja sogar das Fehlen von Konkurrenzkämpfen. So heißt es [238]:

Wenn die ganze Belegschaft dieselben Visionen und Werte teilt, wird sie umso motivierter sein.

Wirklich? Sind „dieselben Visionen" ein Garant für das Fehlen von Konkurrenzkämpfen? Hier werden Schlangengruben geöffnet für ununterbrochenes Miteinanderringen. Das wollen wir nicht.

In trockene Tücher – Welche Möglichkeiten wir haben

Gedanken zur Konnektivität, zu Social Media und prominenten Familien und dem Wunder des weihnachtlichen Waffenstillstands von 1914

Vorweg: Ein Journalist und Freund, dem wir unser Manuskript zu lesen gegeben hatten, sagte uns ziemlich unverblümt: „Schreibt das nicht!" und warnte uns ausdrücklich davor, aktuelle politische Geschehnisse in unseren Texten aufzunehmen. „Man muss warten, bis sie [die Texte] etwas abgehangen sind", sagte er. „Die Bewertung von aktuellen Ereignissen ist volatil. Die Leute legen jedes Wort auf die Goldwaage, und es schadet euch." Natürlich hat unser Freund recht, aber wir schreiben hier nicht unsere Meinung, sondern wir sammeln Meinungen. Wir wollen und müssen gerade anhand heutiger, aktueller Geschehnisse zeigen, wie sich das in der Wirklichkeit auswirkt, was wir als Selbstorganisation in Monte-Carlo-Simulationen dargestellt haben.

Unsere Alltagswelt ist komplex, und wir sind in sie eingebunden. Wir gehören selbst zu den Spielern, die untereinander Spielfiguren austauschen. Und damit sehen wir unsere Alltagswelt nicht von außen, sondern durch die Brillengläser von Tradition, Kultur und gemeinschaftlich praktizierten Tabus. „Nach drüben ist die Aussicht uns verrannt; Thor! wer dorthin die Augen blinzend richtet …", schreibt Goethe im zweiten Teil des *Faust*. Darum geht es. Entweder verschließen wir die Augen oder eben nicht. Wer von uns Älteren hat nicht das Lied von den zehn kleinen Kerlen mit dem N-Wort gesungen, das uns inzwischen „verrannt" und aus heutigem Verständnis berechtigterweise tabu ist. „Grundlage des Tabu ist ein verbotenes Tun, zu dem eine starke Neigung im Unbewussten besteht", schreibt Siegmund Freud in *Totem und Tabu* vor über ein100 Jahren [239]. Es geht nicht um richtig oder falsch, sondern darum, dass Erinnerungen, die uns nicht mehr bewusst sind, dieselben sternförmigen Herrschaftsstrukturen verursachen, die wir in der Simulation kennen gelernt haben. Tabus sind wie die Spielfiguren in unserem Spiel – sie akkumulieren zufällig, und an ihnen richtet sich die weitere Strukturierung unserer Kommunikation und unseres Sozialverständnisses aus. Und wir müssen es noch einmal deutlich sagen: Tabus sind uns auf geradezu verblüffende Weise nicht bewusst.

© Der/die Autor(en), exklusiv lizenziert an Springer-Verlag GmbH, DE, ein Teil von Springer Nature 2024
M. Hermanussen, C. Scheffler, *Größenwahn*, https://doi.org/10.1007/978-3-662-69580-7_51

Ein kleines, vielleicht abwegiges, aber eindrucksvolles Beispiel: Man spricht über die „ältesten durchgehend demokratischen Staaten" und findet Einträge bei Wikipedia und Statista [240], die uns glauben machen, die USA (seit 1776) und die Schweiz (seit 1848) praktizierten die längsten demokratischen Traditionen.

Wirklich? Machen Sie eine kleine Gedankenpause.

Merken Sie, dass Sie gerade in diesem Moment des Lesens in die Falle gegangen sind? Es geht in diesem Beispiel nämlich gar nicht um Demokratie. „Demos" ist das Volk, und zwar das ganze Volk, auch die Frauen und Mädchen. Bei Wikipedia und Statista geht es um Androkratien, Männerherrschaften. Frauenwahlrecht in den USA wurde 1920 und in der Schweiz erst im März 1971 eingeführt. Und was ist mit den Jugendlichen und Kindern? Sollten ihre Bedürfnisse und Rechte auf Mitbestimmung nicht auch politisch vertreten sein?

Das also zur Frage von „Was nehmen wir eigentlich wahr?".

Wir schreiben hier nicht nach den Vorschriften politischer „Correctness", wir versuchen anarchisch zu schreiben: an-archisch, herrschaftsfrei. Denn wir haben gelernt, dass Herrschaften nicht notwendigerweise auf Kompetenz gründen, sondern auf einer Kombination aus Zufall, Erinnerungsvermögen, Signalgebung und Prahlerei.

Das also vorweg, bevor wir wieder zu unserem eigentlichen Thema des Kapitels kommen: den Möglichkeiten, die wir haben.

Nicht zu rangeln, ist ein guter Vorsatz, aber der Impuls zu rangeln kommt aus den Tiefen unserer Herkunft, denn wir vermeiden damit soziale Isolation. Wir können zwar die Umstände beeinflussen, die zum Rangeln Anlass geben, wir können die modernen flachen hierarchischen Strukturen mit Misstrauen beäugen, aber die generelle Neigung zum Rangeln müssen wir als Teil unserer Biologie hinnehmen. Stattdessen können wir uns bemühen, Gruppengrößen anzupassen. Je kleiner die Gruppe, in der wir uns einrichten, desto ausgeglichener ist das soziale Miteinander. *Aber wir können nicht erwarten, dass sich unsere soziale Kompetenz an steigende Gruppengrößen anpasst.* Das gilt insbesondere für die Gruppen der Allerkleinsten. Für Krabbel- und Kindergarten- und auch Kindergeburtstagsgruppen. Sie überfordern die Kompetenzen der kleinen Persönchen.

Wir leben seit einigen Jahren mit Social Media. Social Media sind Bottom-up Strukturen, niemand zwingt uns, in die Welt virtueller Beziehungen einzutreten, aber Influencer und das Bedürfnis, die eigene Isolation durch immer vielfältigere Kontaktangebote zu kompensieren, schaffen die Bedingungen für ein Wirklichwerden unserer garstigen Monte-Carlo-Simulationen: Social Media – allein weil sie unseren virtuellen Simulationen so ähnlich sind – erzeugen genau die Dominanzhierarchien [180], die wir in den Simulationen gesehen haben, und diese Hierarchien sind alles andere als sozial wünschenswert. Social Media erlauben eine Kontaktaufnahme ohne körperliche Nähe. Aber es sind keine wirklichen Kontakte. Social Media versprechen Geselligkeit und ermöglichen wunderbare spontane Kommunikation unter Freunden und in Familien. Aber sie sind andererseits auch ein oft ungeeignetes, weil virtuelles Medium für eine dauerhafte Integration in eine reale soziale Gruppe. So wird immer wieder von den vielen jungen Erwachsenen berichtet, die über Social Media kommunizieren und sich dabei trotzdem sozial stärker isoliert fühlen als ihre Altersgenossen, die eher auf Social Media verzichten [219]. Social-Media-Freunde sind trotz aller „likes" nicht zwangsläufig Herzensfreunde. Wir müssen für uns also klären, ob und in welchem Umfang wir uns von Social Media verführen und vielleicht auch betrügen lassen und in welchem Umfang wir diese Medien in unserem Alltag dulden wollen.

Social Media vermitteln Information, und diese Vermittlung ist brillant, weil schnell, präzise und augenblicklich verfügbar und genauso augenblicklich weiterzuverbreiten. Damit ist diese Form des Signalisierens ein grandioser Fortschritt für jeden, der Information vermitteln oder empfangen möchte. Aber Signalisieren besteht nicht nur aus dem Übertragen von Signalen, sondern umfasst immer den Signalgeber und den Signalempfänger. Information war ursprünglich untrennbar mit dem Überbringer der Information verbunden, dem Boten, dem Briefpapier, Information ließ sich gewissermaßen „anfassen" und umhertragen. Information bestand aus dem Inhalt und einem dinglichen, einem materiellen Teil: Um jemandem eine Nachricht zukommen zu lassen, musste man vor der Epoche von Post und Telefon zu dem Jemand hinfahren. Das ist heute anders. Social Media trennen Information und physischen Kontakt endgültig. Heute muss man eine Information nicht mehr er*fahren*. Auch das schulische Er*fassen* und Be*greifen* von Lerninhalten hat sich virtuell verselbstständigt: iPads haben die Grundschulen erobert. Auf*zeichnungen* werden papierfrei in der Cloud gespeichert.

Zurück zu den fassbaren Dingen. Die kleinen Top-down-Strukturen der realen Welt sind attraktiv. Sie stabilisieren gemeinsame Beziehungen, Überzeugungen, Werte, Bräuche, Verhaltensweisen und soziale Normen. Sie prägen unsere Wahrnehmung, sie sind identitätsstiftend und sichern den Generationenwechsel von kulturellen Anschauungen. Familienstrukturen sind beispielhaft für real existierende Top-down-Systeme. Wir ordnen uns unter, schon als Kinder. Und in einer Geschwisterschar können wir der kleine Bruder oder die große Schwester sein und unsere Rolle mehr oder weniger gut ausfüllen. Erstgeborene sind auch als Erwachsene im Allgemeinen größer als ihre nachgeborenen Geschwister, denn sie sind zwangsläufig die ältesten und damit die kompetentesten und stärksten in der natürlichen Geschwisterhierarchie.

Aber wir müssen irgendwann aus den Kinderrollen heraus und wirklich erwachsen werden und, bei aller Hinwendung zu den praktischen Vorteilen kleiner Top-down-Strukturen, aufwachen. Wir wollen uns nicht lebenslänglich von vorgezeichneten Rollen gängeln lassen, auch wenn sie bequem und häufig sind. Leider ist das Leben nicht so einfach. Sie müssen sich nicht lange umschauen, wenn Sie traditionelle Rollen und Abhängigkeiten auch in der großen Welt finden möchten. Auch wenn wir sie oft nicht erkennen, sie sind da: Wir sehen bei sorgfältiger Betrachtung überall die kaum wahrnehmbaren, aber perfiden feudalen Elemente, auf die wir immer wieder hereinfallen. Denken Sie einfach an die Präferenzen für bestimmte Politikerfamilien, die immer wieder gewählt werden und über Generationen ein Land prägen können. Einige Beispiele aus den USA:

Die Adams-Familie:
    John Adams: 2. Präsident der USA
    John Quincy Adams: 6. Präsident der USA
Die Bush-Familie:
    George H. W. Bush: 41. Präsident der USA
    George W. Bush: 43. Präsident der USA
Die Roosevelt-Familie:
    Theodore Roosevelt: 26. Präsident der USA
    Franklin D. Roosevelt: 32. Präsident der USA
Die Kennedy-Familie:
    John F. Kennedy: 35. Präsident der USA
    Robert F. Kennedy und Ted Kennedy, beide US-Senatoren
Die Brown-Familie:
    Edmund G. „Pat" Brown: Gouverneur von Kalifornien
    Jerry Brown: Gouverneur von Kalifornien
Die Rockefeller-Familie:
    Nelson Rockefeller: Gouverneur von New York
    Winthrop Rockefeller: Gouverneur von Arkansas

Ähnliches finden wir in allen Demokratien. Wir finden in den Machtstrukturen selbst der modernen sozialen Systeme immer wieder Elemente von Erblichkeit, die wir nicht haben wollen. Aus denselben Gründen, deretwegen wir keine Erbmonarchien haben wollten, wollen wir heute auch keine „Erbdemokratien".

Auf der anderen Seite gibt es viel Hoffnung.

Immerzu entstehen neue Bottom-up-Strukturen, spontan, selbst unter widrigen Umständen. Man muss sie erkennen und Gelegenheiten beim Schopf packen. Eines der wohl berühmtesten Beispiele spontaner Bottom-up-Entwicklung unter schlechtmöglichsten Bedingungen ist der bemerkenswerte weihnachtliche Waffenstillstand von 1914 im ersten Jahr des Ersten Weltkriegs. Er ist vielfach diskutiert worden, wir wollen ihn an dieser Stelle deshalb auch nur kurz erwähnen [241]. Wir lassen einen Beteiligten sprechen. Einen Engländer. Captain R. J. Armes schrieb an seine Frau:

> Ich saß in meinem Unterstand und las eine Zeitung, während die Post verteilt wurde. Es wurde berichtet, dass die Deutschen ihre Schützengräben an der ganzen Front beleuchtet hatten. Wir hatten uns in der Zwischenzeit gegenseitig Weihnachtswünsche und andere Dinge zugerufen. Ich ging hinaus, und sie riefen „nicht schießen", und dann wurde die Szene irgendwie friedlich. Alle unsere Männer kamen aus den Schützengräben und setzten sich auf die Brüstung, die Deutschen taten dasselbe, und sie unterhielten sich auf Englisch und gebrochenem Englisch miteinander. Ich stieg aus dem Graben und sprach deutsch und bat sie, ein deutsches Volkslied zu singen, was sie auch taten, dann sangen unsere Männer ziemlich gut, und jede Seite klatschte und jubelte der anderen zu. Ich bat einen Deutschen, der ein Solo sang, eines von Schumanns Liedern zu singen, und er sang *Die beiden Grenadiere* mit Bravour. Unsere Männer waren ein gutes Publikum und haben seinen Gesang sehr genossen.

Das Lied von den beiden Grenadieren ist ebenfalls bemerkenswert. Wieder Heinrich Heine [242]. Gedanken zum Zerfall einer militärischen Top-down-Struktur; „den Kaiser, den Kaiser zu schützen", neben dem Wunsch nach überschaubarem Bottom-up „doch hab ich Weib und Kind zu Haus":

Nach Frankreich zogen zwei Grenadier',
Die waren in Rußland gefangen.
Und als sie kamen in's deutsche Quartier,
Sie ließen die Köpfe hangen.

Da hörten sie beide die traurige Mähr:
Daß Frankreich verloren gegangen,
Besiegt und zerschlagen das tapfere Heer, –
Und der Kaiser, der Kaiser gefangen.

Da weinten zusammen die Grenadier
Wohl ob der kläglichen Kunde.
Der Eine sprach: Wie weh wird mir,
Wie brennt meine alte Wunde.

Der Andre sprach: das Lied ist aus,
Auch ich möcht mit dir sterben,
Doch hab' ich Weib und Kind zu Haus,
Die ohne mich verderben.

Was scheert mich Weib, was scheert mich Kind,
Ich trage weit bess'res Verlangen;
Laß sie betteln gehn, wenn sie hungrig sind, –
Mein Kaiser, mein Kaiser gefangen!

Gewähr' mir, Bruder, eine Bitt':
Wenn ich jetzt sterben werde,
So nimm meine Leiche nach Frankreich mit,
Begrab' mich in Frankreichs Erde.

Das Ehrenkreuz am rothen Band
Sollst du auf's Herz mir legen;
Die Flinte gib mir in die Hand,
Und gürt' mir um den Degen.

So will ich liegen und horchen still
Wie eine Schildwach, im Grabe,
Bis einst ich höre Kanonengebrüll
Und wiehernder Rosse Getrabe.

Dann reitet mein Kaiser wohl über mein Grab,
Viel Schwerter klirren und blitzen;
Dann steig' ich gewaffnet hervor aus dem Grab', –
Den Kaiser, den Kaiser zu schützen.

Das sind die beiden Extreme an Möglichkeiten, die wir haben: Weib und Kind, Symbole von in-group oder die Unterwerfung unter den Kaiser.

Wir müssen Mut haben – darin sind wir uns mit Herrn Kant einig – zu hinterfragen. Monte Carlo hat uns die Eigendynamik von Bottom-up-Strukturen gezeigt und dass daraus grundsätzlich Strukturen entstehen, die wiederum ein Top-down ermöglichen. Es ist ein Ringelpiez von „unten nach oben" zu „oben nach unten" und immer so weiter. Zufallsprozesse und Winner-Loser-Effekte. Wir müssen auch den Zufall hinterfragen dürfen. Wir wollen nicht zufällig in wirtschaftliche Not oder in Kriege hineingeraten. Wir wollen nicht, dass Panzer vor unseren Krankenhäusern auffahren.

Das müssen wir immer wieder aktiv verhindern. Und das können wir verhindern, wenn wir beginnen, die Spielregeln zu verstehen, mit denen uns die Biologie versehen hat.

Darum ist Demokratie auch so anstrengend. Darum nehmen wir das Gerangel in Kauf, auch wenn wir unsere Körperhöhenregulation damit an die Grenzen ihrer Möglichkeit bringen – mittlerweile haben wir alle das Königsmaß. Es ist vielleicht interessant, gegen Ende unserer Ausführungen noch einmal an die Alten, die ganz Alten zu erinnern. Philosophen, Schriftsteller und Dichter haben seit Jahrhunderten das Problem, das wir in diesem Buch versucht haben vorzustellen, beschrieben. Denken Sie an Jean-Jacques Rousseau (1712–1778), den berühmten Philosophen, Schriftsteller, Pädagogen und Naturforscher. Er schrieb 1755 [243]:

> Der Erste, der ein Stück Land eingezäunt hatte und auf den Gedanken kam zu sagen „Dies ist mein" und der Leute fand, die einfältig genug waren, ihm zu glauben, war der wahre Begründer der zivilen Gesellschaft. Wie viele Verbrechen, Kriege, Morde, wie viele Leiden und Schrecken hätte nicht derjenige dem Menschengeschlecht erspart, der die Pfähle herausgerissen oder den Graben zugeschüttet und seinen Mitmenschen zugerufen hätte: „Hütet euch davor, auf diesen Betrüger zu hören. Ihr seid verloren, wenn ihr vergesst, dass die Früchte allen gehören und dass die Erde niemandem gehört."

Noch älter sind die biblischen Texte mit dem feinen Gefühl für den Gruppenzusammenhalt, für die mögliche Zahl von Gruppenmitgliedern, die miteinander kuscheln möchten, und die anderen, die aggressiv vertrieben werden. „Einen Fremdling sollst du nicht bedrängen; denn ihr wisst um der Fremdlinge Herz, weil ihr auch Fremdlinge in Ägyptenland gewesen seid", heißt es im Zweiten Buch Mose – die Alten kannten das schon und wussten instinktiv um das Dunbar'sche Zahlenproblem: Die, die nicht zur Gruppe gehören, werden normalerweise bedrängt. Oder noch deutlicher in der Bergpredigt: „Ich aber sage euch: **Liebet eure Feinde.**" Und angesichts des statistischen Trends zur Monopolisierung von Eigentum – wir erwähnten die modernen Milliardäre – findet sich im Dritten Buch Mose ein Reset-Button, das Jubeljahr:

> Erklärt dieses 50. Jahr für heilig und ruft Freiheit für alle Bewohner des Landes aus! Es gelte euch als Jubeljahr. Jeder von euch soll zu seinem Grundbesitz zurückkehren, jeder soll zu seiner Sippe heimkehren (3. Buch Mose, 25, Vers 10).

Löscht die Transaktionen der vorangegangenen 50 Jahre! Es ist der deutlichste Hinweis auf die Problematik des Erinnerns. Schon vor Tausenden von Jahren wussten die Menschen: Erinnern führt zu Top-down-Strukturen. Top-down ist wichtig, aber es konserviert Entscheidung wie Fehlentscheidung gleichermaßen. Wenn wir tatsächlich frei und aufgeklärt sein wollen, müssen wir immer wieder neu entscheiden dürfen, welche der vielen Top-down-Strukturen gelten soll – und wenn, für wie lange.

Schluss

Es ist doch nur ein Spiel

Es ist nicht das strenge Kompromisseschließen zwischen diesem und jenem, was dauerhaft guttut. Kompromisse sind Übereinkünfte für den Moment. Kompromisse sind Einschränkung für beide Seiten und erzeugen auf Dauer zumeist keine Stabilität. Auf Dauer ist nur das Spiel, der Wechsel, stabil. „Heute hier und morgen dort", singt Hannes Wader [244]. Hü und Hott. Nicht der Mittelwert, sondern die Abfolge von Schwarz auf Weiß und wieder Weiß auf Schwarz, ja und nein, Yin und Yang. Was lange überleben will, braucht nicht die stete Steigerung, das „mehr, mehr, mehr", sondern den Wechsel. Die Leichtigkeit und die Heiterkeit.

Wir haben gespielt, denn spielen ist wichtig. Der Schriftsteller und Kolumnist der *Süddeutschen Zeitung* Axel Hacke [245] schreibt:

> Zum Charakteristikum des Spiels gehört, eine Sache gleichzeitig ernst und überhaupt nicht ernst zu nehmen. Wer sich in ein Spiel vertieft, für den gibt es in diesem Moment nichts anderes. Und doch weiß er, dass es sich um ein Spiel handelt.

Und er zitiert Harald Weinrich, der gesagt haben soll:

> Heiterkeit ist ein sublimes Spiel, dazu gehören Mit- und Gegenspieler, zum Beispiel Melancholie, Trauer, Ernst. Eben darin besteht das Spiel, bei dem man übrigens gewinnen oder verlieren kann.

Das haben wir getan: gespielt mit Mit- und Gegenspielern. Wir haben im Spiel Bottom-up-Strukturen erzeugt und Top-down-Strukturen gewonnen. Top-down-Strukturen werden als effiziente Strukturen angesehen, sie dienen in bedrohlichen Situationen der Entscheidungsfindung, aber – und mit dem Aber werden uns dann die vielen Gründe genannt, die für Bottom-up-Strukturen sprechen. Und wenn wir nun sagen: Bottom-up-Strukturen sind genauso wichtig: Sie ermöglichen Spontanität, den Wechsel zwischen verschiedenen Argumenten, die Freiheiten und viele weitere Gründe, die für diese Strukturen sprechen, dann kommt wieder das andere Aber – und es folgen Gründe, die für top-down sprechen. Es gibt auch hier

© Der/die Autor(en), exklusiv lizenziert an Springer-Verlag GmbH, DE, ein Teil von Springer Nature 2024
M. Hermanussen, C. Scheffler, *Größenwahn*,
https://doi.org/10.1007/978-3-662-69580-7_52

keine Kompromisse. Es gibt nur den Wechsel, zwischen bottom-up und top-down, den Ringelpiez zwischen „unten nach oben" und „oben nach unten". Wir wollen einen unbeschwerten Wechsel. Wir wollen weder dauerhaft festgelegt noch gedrängt werden, wir wollen Zeit haben zum Spielen. *Im Spiel entwickeln sich die Strukturen, für die es sich lohnt zu leben.* Das müssen wir unbedingt erhalten. Aber dafür müssen wir die Strukturen dieses Spiels kennen lernen. Wir wollen empfindlich werden für das Wahnhafte, das sich unentwegt in dieses Spiel einschleicht, wenn wir es sich selbst überlassen. Wir müssen die biologischen Strategien erkennen, und wir müssen sie akzeptieren, ob wir wollen oder nicht.

Stellen Sie sich vor, es gilt in der Politik nicht mehr die Regeln des „weiter so" oder des ständigen „mehr, mehr, mehr", sondern eine Kultur des Wechselns über die Zeit. Wie hätte sich die Welt entwickelt, wenn die großen Diktatoren des 20. Jahrhunderts nach maximal acht Jahren (wie US-Präsidenten) ihre Macht in die Hände einer Opposition hätten legen müssen? Wie hätte sich die Welt entwickelt, wenn der deutsche Kanzler von 1933 spätestens im Jahr 1941 durch einen sozialdemokratischen oder kommunistischen Kandidaten ersetzt worden wäre? Wir wissen es nicht. Aber wir wissen, dass die Komponente Zeit eine große Rolle spielt. Es geht um Zeitreihen. Zeit ist entscheidend für die Entwicklung eines jeden Spiels und darum auch für die Entstehung von Netzwerkasymmetrien. Je mehr Zeit vergeht, je mehr Runden gespielt werden, desto asymmetrischer und rigider werden die Monte-Carlo-Netze. Auch die Entstehung von Diktaturen hat etwas mit Zeit zu tun: Wie viel Zeit hat ein Diktator, um Diktator zu werden?

Wie würde eine Wirtschaft aussehen, deren Bruttosozialprodukt im Wechsel von wenigen Jahren steigt und schrumpft und steigt und schrumpft …? Und in der nicht die Vermehrung, sondern ein wellenartiger Wechsel von Mehr und Minder das Ziel aller wirtschaftspolitischen Maßnahmen wäre?

Wie wäre es, wenn?

Wir wissen es nicht. Wir können nur Hannes Wader [244] hören:

So vergeht Jahr um Jahr
Und es ist mir längst klar
Dass nichts bleibt, dass nichts bleibt, wie es war

Es scheint die Zeit gekommen zu sein, darüber nachzudenken. Körpergröße signalisiert Gruppenzugehörigkeit und soziale Position in der eigenen Gruppe. Körpergröße ist ein biologischer Indikator und spiegelt Selbsteinschätzung und persönliche Erwartungen. Körpergröße reflektiert die Selbstwahrnehmung im sozialen Miteinander und ist in kleinen Gruppen ein Stabilisator der Gruppenstruktur. Großsein kann aber auch ein Hinweis auf soziale Entgleisung in einer für den Einzelnen nicht mehr überschaubaren Großgesellschaft sein, Hinweis auf ein permanentes Bedürfnis nach Attraktivität und Wertschätzung durch optimale „Performance". Die riesenhafte Körperhöhe moderner junger Menschen spiegelt Einsamkeit wider, die Abwesenheit von Geborgen- und Eingebundensein in eine tragfähige stabile Gruppe – in die man durchaus hineingeboren werden kann. Wir betrachten das überschießende Wachstum heutiger Menschen nicht notwendigerweise als einen

Ausdruck von optimaler Lebensweise, unter der sich unsere genetisch angelegten Möglichkeiten voll entfalten, sondern eher als ein Symptom des nie endenden Ringens um soziale Stellung in den extrem dichten und trotzdem anonymen modernen sozialen Netzen.

Wir wollen die uralte evolutionäre Strategie besser kennen lernen, um dem dauerhaften Bedürfnis nach Anerkennung und Performance entgegenwirken zu können. Wir möchten dieses Bedürfnis als einen Atavismus begreifen, als ein evolutionäres Relikt aus Zeiten, in denen die soziale Position noch über biologische Signale mitgeteilt werden konnte. Wir müssen zwar mit unseren evolutionären Signalen fortfahren, weil wir in Jahrmillionen alten biologischen Traditionen gefangen sind. Aber wir wollen die Bedeutung für uns und die Regeln dieser Signale für unser Miteinander begreifen. Wir möchten nicht als Spielfiguren in Monte-Carlo-ähnlichen Netzen verstrickt sein und irgendwelchen Zufallskönigen und politischen Irrlichtern Untertan sein müssen. Wir möchten erkennen, wann die Netze, in denen wir leben, stabil sind bzw. was wir zu ihrer Stabilisierung beitragen können und unter welchen Bedingungen soziale Abhängigkeiten ins Wahnhafte entgleisen und wir aus dem Spiel aussteigen müssen.

Wir möchten die Freiheit haben, den Charakter des sozialen Miteinanders als biologische Notwendigkeiten ernst zu nehmen (das sind wir, das ist unser Leben, und wir müssen unsere Biologie akzeptieren). Wir möchten aber auch die Freiheit haben, den Charakter des Spiels zu erkennen und die Vielzahl der möglichen sozialen Spiele nicht ernst nehmen zu müssen – eben weil es Spiele sind. Wir wollen diese Spiele spielerisch spielen und dabei heiter bleiben.

Großsein und Größerwerden ist nur ein Bestandteil unserer komplexen und faszinierend vielfältigen sozialen Kommunikationsformen. Großsein an sich hat keine Bedeutung und darf darum auch nicht wirklich ernst genommen werden.

Zum besseren Verständnis und aus urheberrechtlichen Gründen sind alle aus den wissenschaftlichen Arbeiten entnommenen Textstellen modifiziert und gekürzt. Um den Textfluss nicht zu stören, haben wir weitgehend auf gendergerechte Sprache verzichtet.

Heinrich Heine

Im düstern Auge keine Träne
Sie sitzen am Webstuhl und fletschen die Zähne:
Deutschland, wir weben dein Leichentuch,
Wir weben hinein den dreifachen Fluch –
Wir weben, wir weben!

Ein Fluch dem Gotte, zu dem wir gebeten
In Winterskälte und Hungersnöten;
Wir haben vergebens gehofft und geharrt –
Er hat uns geäfft, gefoppt und genarrt –
Wir weben, wir weben!

Ein Fluch dem König, dem König der Reichen,
Den unser Elend nicht konnte erweichen
Der den letzten Groschen von uns erpreßt
Und uns wie Hunde erschießen läßt –
Wir weben, wir weben!

Ein Fluch dem falschen Vaterlande,
Wo nur gedeihen Schmach und Schande,
Wo jede Blume früh geknickt,
Wo Fäulnis und Moder den Wurm erquickt –
Wir weben, wir weben!

Das Schiffchen fliegt, der Webstuhl kracht,
Wir weben emsig Tag und Nacht –
Altdeutschland, wir weben dein Leichentuch,
Wir weben hinein den dreifachen Fluch,
Wir weben, wir weben!

Glossar

ADH (antidiuretisches Hormon) Das Antidiuretische Hormon, auch Adiuretin oder Vasopressin genannt, ist ein Neuropeptid. Es wird von Nervenzellen des Hypothalamus gebildet und im Hypophysenhinterlappen freigesetzt. ADH dient dem Organismus bei der Steuerung des Wasserhaushalts.

Allel Unterschiedliche Genvariante an einem bestimmten Genort auf einem Chromosom.

Altruismus Uneigennützigkeit, Selbstlosigkeit, durch Rücksicht auf andere gekennzeichnete Denk- und Handlungsweise. Hier: Energie in die Aufzucht nicht von eigenen Nachkommen, sondern von Nachkommen enger Verwandter stecken.

Aminerg Nervenendigungen bzw. Synapsen, die bei Erregung Catecholamine wie Adrenalin, Noradrenalin und Dopamin oder auch Serotonin freisetzen.

Androgene Männliche Sexualhormone.

Antidiuretisches Hormon ADH.

Community effect on body height Effekt der sozialen Interaktion auf das Wachstum und die Körperhöhe von Mitgliedern derselben Gruppe.

Desoxyribonukleinsäure Meist abgekürzt als DNA (deoxyribonucleic acid), auch DNS genannt, trägt die Erbinformation bei allen Lebewesen und den DNA-Viren.

DNA Desoxyribonukleinsäure.

Dopamin Neurotransmitter, ein Botenstoff, der die Erregung von einer Nervenzelle auf eine andere Nervenzelle überträgt.

Ektoderm Das äußere der drei embryonalen Keimblätter.

Endokrinologe Spezialist für Hormone.

Epigenetik Strukturelle Veränderung im Bereich von Chromosomen, die nicht auf Veränderung der DNA-Sequenz beruhen. DNA-Methylierung ist eine der wichtigsten epigenetischen Modifikationen.

Epiphyse Das anfangs knorpelig angelegte gelenknahe Ende eines langen Röhrenknochens, in dem sich später Knochenkerne entwickeln.

Ethnografie Die sozialwissenschaftliche Forschung zu ethnischen, kulturellen und sozialen Themen der verschiedenen Völker.

Eukaryonten Lebewesen, deren Zellen über einen Zellkern verfügen.

© Der/die Herausgeber bzw. der/die Autor(en), exklusiv lizenziert an Springer-Verlag GmbH, DE, ein Teil von Springer Nature 2024
M. Hermanussen, C. Scheffler, *Größenwahn*, https://doi.org/10.1007/978-3-662-69580-7

Evolutionär stabile Strategie Fachbegriff, der Anfang der 1970er-Jahre von John Maynard Smith und George R. Price eingeführt wurde. Er beinhaltet Strategien, die eine Population robust gegen Eindringlinge macht.

FSH Follikelstimulierendes Hormon.

Gametogenese Bildung von Spermien bei Männchen und Eizellen bei Weibchen jeweils aus den Urkeimzellen.

Gendrift Zufällige Veränderung der Häufigkeit einer bestimmten Genvariante (eines Allels) innerhalb des Genpools einer Population.

Genduplikation Verdoppelung eines bestimmten Gens oder DNA-Abschnitts.

Genfluss Veränderung des Genpools in einer Population durch die Weitergabe von Genen infolge von Migration.

Genotyp Gesamtheit der Gene eines Organismus; das sind alle in einem Individuum vorhandenen Erbanlagen. Im Gegensatz dazu kennzeichnet der Phänotyp das Erscheinungsbild.

Genpool Gesamtheit der genetischen Information einer bestimmten Population.

Gewinner-Verlierer-Effekte (Winner-Loser-Effekte) Die Chancen zu gewinnen, steigen, wenn man bereits gewonnen hat; die Chancen zu verlieren, steigen, wenn man bereits zu den Verlierern gehört.

GHRH (Growth Hormone Releasing Hormone) Setzt Wachstumshormon (growth hormone) frei und wird deshalb GHRH (Wachstumshormon freisetzendes Hormon) genannt.

GnRH (Gonadotropin Releasing Hormone) Führt zur Freisetzung von dem luteinisierenden Hormon (LH) und dem follikelstimulierenden Hormon (FSH).

Gonadotrop Die Gonaden, d. h. die weiblichen Eierstöcke und die männlichen Hoden, stimulierend.

Gonadotropin Releasing Hormone GnRH.

Growth Hormone Releasing Hormone GHRH.

Halbwertszeit Zeitspanne, in der die Menge oder die Wirkung einer Substanz in einem System auf die Hälfte abnimmt.

Heliogen Von der Sonnenbestrahlung abhängig.

Hippocampus Teil des limbischen Systems und an der Gedächtnisbildung beteiligt.

Hominoidea **(Menschenähnliche)** Überfamilie der *Catarrhina* (Schmalnasen) und umfasst die Familien *Pongidae* (Menschenaffen) und *Hominidae* (Menschen).

Hypophyse (Hirnanhangdrüse) Etwa erbsen- bis kirschgroße Ausstülpung an der Unterseite des Gehirns. Spielt eine wichtige Rolle bei der Kontrolle des Hormonhaushalts. Über den so genannten Hypophysenstiel empfängt sie Releasing-Hormone aus dem Hypothalamus.

Hypophysenhinterlappen (Neurohypophyse) Teil der Hypophyse. Die von Neuronen im Hypothalamus gebildeten Neuropeptide Oxytocin und Adiuretin oder Vasopressin (ADH) werden in den Hinterlappen der Hypophyse transportiert und von hier in die Blutbahn abgegeben.

Hypophysenstiel Verbindung zwischen den zwittrigen Neuronen des Hypothalamus und den hormonproduzierenden Zellen der Hypophyse.

Hypophysenvorderlappen (Adenohypophyse) Teil der Hypophyse. Gesteuert von Releasing-Hormonen des Hypothalamus produziert die Adenohypophyse das Wachstumshormon und weitere Hormone, die die Funktion von Keimdrüsen, Schilddrüse und Nebennierenrinde kontrollieren.

Hypothalamus Teil des Zwischenhirns, verantwortlich für eine Vielzahl von biologischen Funktionen und auch für das Wachstum eine entscheidende Kontrollebene.

Idiopathisch Ohne erkennbare Ursache, unabhängig von anderen Krankheiten entstanden.

Idiopathischer Kleinwuchs Betroffene Kinder haben keinen Mangel an Wachstumshormon und auch keine andere erkennbare Ursache für ihren Kleinwuchs. Der Grenzwert für die US-amerikanische Definition von idiopathischem Kleinwuchs ist die 1,2 % Perzentile, das sind 12 von 1000 Kindern.

IGF-1 (Insulin-like Growth Factor one) Einer der wichtigsten Wachstumsfaktoren, wird in der Leber gebildet.

Insula Teil des vegetativen Nervensystems mit zahlreichen Verknüpfungen zur Gehörwahrnehmung und zu sensiblen, sensorischen und motorischen Funktionen.

Keimzellen Zellen, die sich im späteren Leben zu den Ei- und den Samenzellen weiterentwickeln und aus denen dann die nächstfolgende Generation entsteht (Gametogenese).

Kaukasier (veraltet für) Hellhäutige Europäer und deren Nachfahren. Der Begriff wird in der amerikanischen Fachliteratur noch gelegentlich verwendet.

Knochenalter (Skelettalter) Kennzeichnet den Stand der radiologischen Knochenreifung der linken Hand anhand von Vergleichen mit Standardröntgenbildern gleichaltriger Kinder und Jugendlicher.

Kognitiv Verstandesgemäß, intellektuell, die geistigen Fähigkeiten betreffend.

Kognitive Perspektivübernahme Fähigkeit, Absichten, Erwartungen und Überzeugungen eines anderen erschließen zu können und darüber nachzudenken.

Kommentkampf Ritualisierter Kampf, bei dem die Verletzungsgefahr der Kontrahenten relativ gering ist.

Konditionierung Einer natürlichen, meist angeborenen, so genannten unbedingten Reaktion kann durch Lernen eine neue, bedingte Reaktion hinzugefügt werden.

Konnektivität Vernetztsein im Leben, die vielfältige soziale Verknüpfung von Arbeit, Wirtschaften und Kommunizieren.

Körperbautypen In Anlehnung an die altgriechische Typologie (sanguinisch, cholerisch, melancholisch und phlegmatisch) werden traditionell drei Körperbautypen, auch Somatotypen genannt, unterschieden: pyknosom, athletisch und leptosom bzw. asthenisch).

Langzeitpotenzierung Verstärkung der synaptischen Erregungsübertragung eines Neurons infolge vorangegangener vermehrter Erregungsübertragung. Langzeitpotenzierung ist eine wichtige Grundlage für die synaptische Plastizität.

LH Luteinisierendes Hormon.

Median (auch Zentralwert) Messwert, der genau in der Mitte liegt, wenn man Messwerte der Größe nach sortiert. Die Hälfte aller Werte liegt darüber, die andere Hälfte darunter.

Metaanalyse Statistisches Verfahren, in dem die Ergebnisse verschiedener wissenschaftlicher Studien zu derselben Fragestellung zusammengefasst und bewertet werden.

Metabolismus Stoffwechsel.

Mutationen Genetisch übertragbare Veränderungen in der Sequenz des Genoms, die von der Mutterzelle auf die Tochterzelle und von den Eltern auf das Kind übertragen werden.

Natürliche Selektion (natural selection) Natürliche Auslese im Gegensatz zur Züchtung.

Nematoden Fadenwürmer.

Neuroendokrine Zellen stammen aus dem Nervensystem und schütten Hormone aus. Sie sind die „Dolmetscher" zwischen Information aus dem Nervensystem und dem Stoffwechsel des Organismus.

Neurotransmitter Chemischer Botenstoff, der eine Erregung im Nervensystem weiterleitet.

Östrogene Weibliche Sexualhormone.

Oxidativer Stress Zustand, bei dem Zellen oder biologische Funktionen Schaden durch Oxidation nehmen.

Paraventrikulär Neben dem Ventrikel gelegen.

Peergroup Einflussreiche soziale Gruppe, der sich jemand zugehörig fühlt. Peergroups sind insbesondere unter Jugendlichen von Bedeutung. Sie gründen oft auf ähnlichen Neigungen und Interessen und gestatten ein Gefühl von Zugehörigkeit unter Altersgleichen.

Peptiderg Nerven, die bestimmte Neuropeptide freisetzen oder auf Neuropeptide reagieren.

Pfadlänge Die Länge eines Netzwerkpfads entspricht der Anzahl der in einem Pfad enthaltenen Knoten.

Phänotyp Erscheinungsbild.

Phänotypische Plastizität Fähigkeit, bei gleicher Genetik unterschiedliche Erscheinungsbilder zu entwickeln. Wachstum ist konkurrierend, kompetitiv, strategisch.

Pheromone Chemische Botenstoffe zur Informationsübertragung zwischen Individuen derselben Art. Sie werden von einem Individuum nach außen abgegeben und lösen bei einem anderen Individuum der gleichen Art spezifische Reaktionen aus.

Pleistozän Das letzte Eiszeitalter, das vor ungefähr 2 Millionen Jahren begann und vor etwa 12.000 Jahren endete.

Progression Zunahme.

Rasse Dieser Begriff wird in Bezug auf Menschen nicht mehr verwendet. Die genetischen Unterschiede zwischen Bevölkerungen der verschiedenen Kontinente sind minimal, und die Übergänge sind fließend.

Rekombinant Künstlich mit Hilfe von gentechnisch veränderten Mikroorganismen hergestellt.

Rekombination Teile der DNA werden neu sortiert und zusammengefügt.

Releasing-Hormone Hormone, die im Hypothalamus gebildet werden und Kaskaden von weiteren Hormonen freisetzen. Deshalb der Name: „They release hormones".

Ressourcenhaltepotenzial (resource holding potential) Fähigkeit eines Tieres, einen Kampf zu gewinnen.

Saeculum Lateinisch für „Zeitalter", „Menschenalter", „Jahrhundert".

Sauerstoffradikale Sehr reaktive Sauerstoffmoleküle, die in größeren Konzentrationen oxidativen Stress verursachen.

Schlüsselindividuen Individuen, die einen unverhältnismäßig großen, unersetzlichen Einfluss auf die Gruppendynamik haben.

SDGs (Sustainable Development Goals) Nachhaltigkeitsziele der UN: Hunger beenden, Ernährungssicherheit und eine bessere Ernährung erreichen und eine nachhaltige Landwirtschaft fördern.

Sekundäre Geschlechtsmerkmale Kennzeichnen das geschlechtstypische Erscheinungsbild von weiblichen und männlichen Individuen und sind abhängig von Sexualhormonen.

Selektion Auslese.

Sexualdimorphismus Geschlechtstypisch unterschiedliches Erscheinungsbild von männlichen und weiblichen Individuen.

Simulation Computersimulationen versuchen, die Wirklichkeit am Computer nachzuahmen.

Sitzhöhe Die Entfernung von der Sitzfläche bis zum höchsten Punkt des Kopfes.

Skelettalter (Knochenalter) Kennzeichnet den Stand der radiologischen Knochenreifung der linken Hand anhand von Vergleichen mit Standardröntgenbildern gleichaltriger Kinder und Jugendlicher.

Skrofulose Der Begriff wird heute nicht mehr verwendet und umfasste mehrere Krankheitsbilder, im Allgemeinen chronische Entzündungen der Lymphdrüsen und der Haut von Kindern, oft verursacht durch chronische Mittelohrentzündungen. Der Begriff wurde aber nicht immer klar von der Tuberkulose abgegrenzt.

Small-World-Netzwerke Jeder Mensch ist mit jedem anderen Menschen über eine merkwürdig kurze Kette von meist nicht mehr als sechs Bekanntschaftsbeziehungen verbunden. Small-World-Netzwerke sind typisch für die modernen Social-Media-Netzwerke.

Strategisches Wachstum Vorsätzliches, beabsichtigtes Wachstum (Definition aus der Ökonomie). Es ist das Ergebnis einer strategischen Initiative und nicht zufällig aufgrund unkontrollierbarer Marktkräfte. Auch Biologen verwenden diesen Begriff. Es geht um beabsichtigtes Wachstum – sofern man von „bewusst" und „beabsichtigt" auch bei Tieren sprechen kann.

Supraoptisch Oberhalb der Sehbahn gelegen.

Synapsen Nervenzellenden, von denen die Informationsübertragung von einer auf eine andere Nervenzelle stattfindet.

Triade Bund aus drei Netzwerkknoten.

Ventral Zur Bauchseite gerichtet.

Ventrikel Hirnkammer, flüssigkeitsgefüllter Hohlraum im Hirn.

Vielaugeneffekt Verwirreffekt von vielen Augen z. B. in einer Gnu-Herde oder in einem Fisch- oder Vogelschwarm, durch den sich ein Raubtier nicht mehr auf eine bestimmte Beute konzentrieren kann.

Wachstumsfaktoren Eiweiße, die die Zellteilung und/oder die Differenzierung von Vorläuferzellen zu spezialisierten Zellen beeinflussen.

WHO (World Health Organisation) Weltgesundheitsorganisation.

Winner-Loser-Effekte Gewinner-Verlierer-Effekte.

Literatur

1. Feldman, Saul D., Thielbar, Gerald W. (ed). The presentation of shortness in everyday life. Height and heightism in American society: Toward a sociology of stature. In: Life styles: Diversity in American society (Little Brown Books, 1975).
2. Lasco G. Beyond 'heightism' and 'height premium': An anthropology and sociology of human stature. Sociology Compass. 2023; https://doi.org/10.1111/soc4.13178
3. Grimberg A, Stewart E, Wajnrajch MP. Gender of pediatric recombinant human growth hormone recipients in the United States and globally. J Clin Endocrinol Metab. 2008; 93: 2050–2056.
4. Cinnirella F, Winter J. Size Matters! Body Height and Labor Market Discrimination: A Cross-European Analysis (No. 2733): CESifo Working Paper Series. 2009: 1–29.
5. Case A, Paxson C. Stature and status: Height, ability, and labor market outcomes. J Polit Econ. 2008; 116: 499–532.
6. Huang W, Olson JS, Olson GM. Camera angle affects dominance in video-mediated communication. Association for Computing Machinery. Proceedings of the Conference on Human Factors in Computing Systems. 2002: 716–717.
7. Stulp G, Buunk AP, Verhulst S, Pollet TV. Human height is positively related to interpersonal dominance in dyadic interactions. PLoS One. 2015; 10: e0117860.
8. Thomsen L, Frankenhuis WE, Ingold-Smith M, Carey S. Big and mighty: preverbal infants mentally represent social dominance. Science. 2011; 331: 477–480.
9. Sun Y, Wang F, Li S. Higher height, higher ability: judgment confidence as a function of spatial height perception. PLoS One. 2011; 6: e22125.
10. Mach A.v. Geschichte des Königlich Preußischen Zweiten Infanterie- genannt Königs-Regiments seit dessen Stiftung im Jahre 1677 bis zum 3. December 1840 (Ernst Siegfried Mittler, Berlin, Posen, Bromberg, 1843).
11. Kläring P. Das Preußische Maß in Preußen von 1816 bis 1869. Internet: http://preussische-masse.de/alte_masse/alte_masse_preussisch.html.
12. WHO. WHO child growth standards: length/height-for-age, weight-for-age, weight-for-length, weight-for-height and body mass index-for-age: methods and development. Internet: https://www.who.int/publications/i/item/924154693X.
13. WHO. Stunting in a nutshell. Internet: https://www.who.int/news/item/19-11-2015-stunting-in-a-nutshell.
14. Ocran E. Hypothalamus. Internet: https://www.kenhub.com/de/library/anatomie/hypothalamus.
15. Kühn K, D'Lima DD, Hashimoto S, Lotz M. Cell death in cartilage. Osteoarthritis Cartilage. 2004; 12: 1–16.
16. Laron Z, Pertzelan A, Mannheimer S. Genetic pituitary dwarfism with high serum concentration of growth hormone – a new inborn error of metabolism? Isr J Med Sci. 1966; 2: 152–155.
17. Holzenberger M. Igf-I signaling and effects on longevity. Nestle Nutr Workshop Ser Pediatr Program. 2011; 68: 237–45; discussion 246–9.

18. Laron Z. The GH-IGF1 axis and longevity. The paradigm of IGF1 deficiency. Hormones – International Journal of Endocrinology and Metabolism. 2008; 7: 24–27.

19. Hurst F. Der größte Mann der Welt. Internet: https://www.spiegel.de/geschichte/robert-wadlow-der-groesste-mann-der-welt-a-951035.html.

20. Lal SO, Wolf SE, Herndon DN. Growth hormone, burns and tissue healing. Growth Horm IGF Res. 2000; 10 Suppl B: S39–43.

21. Schmidmaier G, Wildemann B, Heeger J, Gäbelein T, Flyvbjerg A, Bail HJ et al. Improvement of fracture healing by systemic administration of growth hormone and local application of insulin-like growth factor-1 and transforming growth factor-beta1. Bone. 2002; 31: 165–172.

22. Bartke A. Growth Hormone and Aging: Updated Review. World J Mens Health. 2019; 37: 19–30.

23. Harvard Health Publishing. Growth hormone, athletic performance, and aging – human growth hormone benefits, facts and fiction. Internet: https://www.health.harvard.edu/diseases-and-conditions/growth-hormone-athletic-performance-and-aging.

24. Raben MS. Treatment of a pituitary dwarf with human growth hormone. J Clin Endocrinol Metab. 1958; 18: 901–903.

25. Russo AF. Overview of Neuropeptides: Awakening the Senses? Headache. 2017; 57 Suppl 2: 37–46.

26. Wullimann MF. Neural origins of basal diencephalon in teleost fishes: Radial versus tangential migration. J Morphol. 2020; 281: 1133–1141.

27. Chiu CN, Prober DA. Regulation of zebrafish sleep and arousal states: current and prospective approaches. Front Neural Circuits. 2013; 7.

28. Busch W. Plisch und Plum. Internet: https://www.projekt-gutenberg.org/wbusch/plisch/plisch.html.

29. Silventoinen K, Sammalisto S, Perola M, Boomsma DI, Cornes BK, Davis C et al. Heritability of Adult Body Height: A Comparative Study of Twin Cohorts in Eight Countries. Twin res. 2003; 6: 399–408.

30. Visscher PM, Medland SE, Ferreira MAR, Morley KI, Zhu G, Cornes BK et al. Assumption-free estimation of heritability from genome-wide identity-by-descent sharing between full siblings. PLoS Genet. 2006; 2: e41.

31. Galton F. Regression towards mediocrity in hereditary stature. Journal of the Anthropological Institute. 1886; 15: 246–263.

32. Darwin C. On the origin of species by means of natural selection, or, The preservation of favoured races in the struggle for life (J. Murray, London, UK, 1859).

33. Lai C-Q. How much of human height is genetic and how much is due to nutrition? Scientific American. 2006.

34. Scheffler C, Hermanussen M. Stunting is the natural condition of human height. Am J Hum Biol. 2022; 34: e23693.

35. Paajanen TA, Oksala NKJ, Kuukasjärvi P, Karhunen PJ. Short stature is associated with coronary heart disease: a systematic review of the literature and a meta-analysis. Eur Heart J. 2010; 31: 1802–1809.

36. Batty GD, Barzi F, Woodward M, Jamrozik K, Woo J, Kim HC et al. Adult height and cancer mortality in Asia: the Asia Pacific Cohort Studies Collaboration. Ann Oncol. 2010; 21: 646–654.

37. Green J, Cairns BJ, Casabonne D, Wright FL, Reeves G, Beral V. Height and cancer incidence in the Million Women Study: prospective cohort, and meta-analysis of prospective studies of height and total cancer risk. Lancet Oncol. 2011; 12: 785–794.

38. Kozuki N, Katz J, Lee ACC, Vogel JP, Silveira MF, Sania A et al. Short Maternal Stature Increases Risk of Small-for-Gestational-Age and Preterm Births in Low- and Middle-Income Countries: Individual Participant Data Meta-Analysis and Population Attributable Fraction. J Nutr. 2015; 145: 2542–2550.

39. Prendergast AJ, Humphrey JH. The stunting syndrome in developing countries. Paediatr Int Child Health. 2014; 34: 250–265.

40. NCD Risk Factor Collaboration. A century of trends in adult human height. Elife. 2016; 5.

41. https://pubmed.ncbi.nlm.nih.gov/?term=body+height+economy (NCBI, 2024).
42. Komlos J (ed). Stature, living standards, and economic development (University of Chicago Press, Chicago, 1994).
43. Barsewisch G von, Barsewisch B von. Vom Kochen & Leben in märkischen Gutshäusern: Zu Gast bei Familie Gans zu Putlitz (L&H Verlag, Berlin, 2016).
44. Fogel RW. Economic growth, population theory, and physiology: the bearing of long term processes on the making of economic policy. Internet: https://www.nobelprize.org/uploads/2018/06/fogel-lecture.pdf.
45. Fogel RW. The escape from hunger and premature death, 1700–2100: Europe, America, and the Third World (Cambridge University Press, Cambridge, 2004).
46. Marx K, Engels F. Manifest der Kommunistischen Partei: Grundsätze des Kommunismus/ Friedrich Engels. 9th edn. (Stuttgart, 2022).
47. Zipfel S, Mack I, Baur LA, Hebebrand J, Touyz S, Herzog W et al. Impact of exercise on energy metabolism in anorexia nervosa. J Eat Disord. 2013; 1: 37.
48. Keys A, Brozek J, Henschel A, Mickelsen O, Longstreet, Taylor, H. The biology of human starvation (The University of Minnesota Press, Minneapolis, USA, 1950).
49. Messer E. The small but healthy hypothesis: Historical, political, and ecological influences on nutritional standards. Hum Ecol. 1986; 14: 57–75.
50. Hoppe C, Mølgaard C, Michaelsen KF. Cow's milk and linear growth in industrialized and developing countries. Annu Rev Nutr. 2006; 26: 131–173.
51. Grasgruber P, Sebera M, Hrazdíra E, Cacek J, Kalina T. Major correlates of male height: A study of 105 countries. Econ Hum Biol. 2016; 21: 172–195.
52. Grasgruber P, Prce S, Stračárová N, Hrazdíra E, Cacek J, Popović S et al. The coast of giants: an anthropometric survey of high schoolers on the Adriatic coast of Croatia. PeerJ. 2019; 7: e6598.
53. Baten J, Blum M. Why Are You Tall While Others Are Short? Agricultural Production and Other Proximate Determinants of Global Heights. European Review of Economic History, vol. 18, no. 2, 2014, pp. 144–65. JSTOR, http://www.jstor.org/stable/43298639.
54. Venables PH, Raine A. The impact of malnutrition on intelligence at 3 and 11 years of age: The mediating role of temperament. Dev Psychol. 2016; 52: 205–220.
55. Onis M de, Branca F. Childhood stunting: a global perspective. Matern Child Nutr. 2016; 12 Suppl 1: 12–26.
56. Bölle J. starsizes. Internet: http://www.starsizes.de/person/immanuel+kant.
57. Hermanussen M, Scheffler C. Evidence of chronic undernutrition in late 19th century German infants of all social classes. HBPH. 2022; 2.
58. Camerer W. Gewichtszunahme von 21 Kindern im ersten Lebensjahre. Jahrbuch der Kinderheilkunde. Neue Folge. 1882; 18: 254–264.
59. Waterlow JC. Classification and definition of protein-calorie malnutrition. Br Med J. 1972; 3: 566–569.
60. Waterlow JC. Note on the assessment and classification of protein-energy malnutrition in children. Lancet. 1973; 2: 87–89.
61. Lartey A. What would it take to prevent stunted growth in children in sub-Saharan Africa? Proc Nutr Soc. 2015; 74: 449–453.
62. Shekar, M., de Mel, R., Akuoku J, Beecher, J. More money for nutrition, more nutrition for the money: Financing nutrition. Internet: https://globalnutritionreport.org/reports/2021-global-nutrition-report/financing-nutrition/.
63. Hermanussen M, Scheffler C. Stop stunting-A misguided campaign by well-meaning nutritionists. Am J Hum Biol. 2024: e24068.
64. Goudet SM, Bogin BA, Madise NJ, Griffiths PL. Nutritional interventions for preventing stunting in children (birth to 59 months) living in urban slums in low- and middle-income countries (LMIC). Cochrane Database Syst Rev. 2019; 6: CD011695.
65. Binder G, Woelfle J. Kleinwuchs, Update für S1-Leitlinie Nr. 174-004 Version 3, Stand 06.03.2023 (2023).
66. Wilke L, Boeker S, Mumm R, Groth D. Social status influences human growth. HBPH. 2022; 3.

67. Collett-Solberg PF, Ambler G, Backeljauw PF, Bidlingmaier M, Biller BMK, Boguszewski MCS et al. Diagnosis, Genetics, and Therapy of Short Stature in Children: A Growth Hormone Research Society International Perspective. Horm Res Paediatr. 2019; 92: 1–14.
68. Lee JM, Davis MM, Clark SJ, Hofer TP, Kemper AR. Estimated cost-effectiveness of growth hormone therapy for idiopathic short stature. Arch Pediatr Adolesc Med. 2006; 160: 263–269.
69. Scheffler C, Hermanussen M, Bogin B, Liana DS, Taolin F, Cempaka PMVP et al. Stunting is not a synonym of malnutrition. Eur J Clin Nutr. 2020; 74: 377–386.
70. Bogin B. Social-Economic-Political-Emotional (SEPE) factors regulate human growth. HBPH. 2021; 1.
71. Scheffler C, Hermanussen M. What does stunting tell us? HBPH. 2023; 3.
72. Hesse V, Jaeger U, Vogel H, Kromeyer-Hauschild K, Zellner K, Bernhardt I et al. Wachstumsdaten deutscher Kinder von Geburt bis zu 18 Jahren. Sozialpädiatrie. 1997: 20–22.
73. Hesse V, Bartezky R, Jaeger U, Kromeyer-Hauschild K, Zellner K, Vogel H et al. Körper-Masse-Index: Perzentilen deutscher Kinder im Alter von 0 bis 18 Jahren. 1999: 542–553.
74. Rosenstock E, Ebert J, Martin R, Hicketier A, Walter P, Groß M. Human stature in the Near East and Europe ca. 10,000–1000 BC: its spatiotemporal development in a Bayesian errors-in-variables model. Archaeol Anthropol Sci. 2019; 11: 5657–5690.
75. Van Dam A. Why are Americans getting shorter? The Washington Post. 2023.
76. Centraal Bureau voor de Statistiek. Nederlanders korter, maar nog steeds lang. Internet: https://www.cbs.nl/nl-nl/nieuws/2021/37/nederlanders-korter-maar-nog-steeds-lang.
77. Hermanussen M. Die Körpergröße deutscher Wehrpflichtiger vor und nach der deutschen Wiedervereinigung. Ein Beispiel für den Einfluß politischer Veränderungen auf das Wachstum junger Männer. Med Welt. 1995; 46: 395–396.
78. Weinreb AA. It Tastes Like the East …: The Problem of Taste the GDR. Journal of Cross-Cultural Image Studies. 2017; 8: 1–30.
79. Eveleth PB, Tanner JM. Worldwide Variation in Human Growth (Cambridge University Press, Cambridge, 1991).
80. Schlesinger E. Das Wachstum des Kindes. Ergebnisse der inneren Medizin und Kinderheilkunde. 1925; 28: 456–579.
81. Koch EW. Über die Veränderung menschlichen Wachstums im ersten Drittel des 20. Jahrhunderts (Barth, Leipzig, 1935).
82. Vlastovsky VG. The secular trend in the growth and development of children and young persons in the Soviet Union. Hum Biol. 1966; 38: 219–230.
83. Rietsch K, Eccard JA, Scheffler C. Decreased external skeletal robustness due to reduced physical activity? Am J Hum Biol. 2013; 25: 404–410.
84. Hermanussen M, Bogin B, Scheffler C. Stunting, starvation and refeeding: a review of forgotten 19th and early 20th century literature. Acta Paediatr. 2018; 107: 1166–1176.
85. Pfaundler M. Körpermaß-Studien an Kindern. Zeitschrift für Kinderheilkunde. 1916; 14: 1–148.
86. Kretschmar E. Körperbau und Charakter: Untersuchungen zum Konstitutionsproblem und zur Lehre von den Temperamenten (Springer, Berlin, 1921).
87. Wagner R. Die zahlenmäßige Beurteilung des Ernährungszustandes durch Indices. Zeitschrift für Kinderheilkunde. 1921; 28: 38–50.
88. Engel I, Samelson S. Der Energiequotient des natürlich und des künstlich genährten Säuglings. Zeitschrift für Kinderheilkunde. 1913; 8: 425–442.
89. 1,000 Days. The 1,000 days from pregnancy to age two offer a crucial window of opportunity to create brighter, healthier futures. Internet: https://thousanddays.org/why-1000-days/.
90. Reuss A von. Über die Bedeutung der Unterernährung in der ersten Lebenszeit. Zeitschrift für Kinderheilkunde. 1912; 4: 499–525.
91. Abderhalden E. Der Erfolg der Schweizer Fürsorge für Deutsche Kinder. Münchener Med Wochenschr. 1920; 67: 1444.
92. Goldstein F. Klinische Beobachtungen über Gewichts- und Längenwachstum unterernährter schulpflichtiger Kinder bei Wiederauffütterung. Zeitschrift für Kinderheilkunde. 1922; 32: 178–198.

93. Schlesinger E. Wachstum, Gewicht und Konstitution der Kinder und der heranwachsenden Jugend während des Krieges. Zeitschrift für Kinderheilkunde. 1919; 22: 80–123.

94. Scholz L. ohne Titel. Allgemeine Zeitschrift für Psychiatrie und psychisch-gerichtliche Medizin. 1897; 53.

95. Cohen MN, Armelagos GJ (eds). Health as a crucial factor in the changes from hunting to developed farming in the Eastern Mediterranean. In: Paleopathology at the origins of agriculture, pp 51–73 (Academic Press, New York, 1984).

96. Villermé LR. Mémoire sur la taille de l'homme en France. Annales d'hygiéne publique et de médecine légale. 1829; 1: 351–399.

97. Boyd E. Origins of the study of human growth (University of Oregon Health Sciences Center Foundation, Oregon, USA, 1980).

98. Prader A, Largo RH, Molinari L, Issler C. Physical growth of Swiss children from birth to 20 years of age. First Zurich longitudinal study of growth and development. Helv Paediatr Acta Suppl. 1989; 52: 1–125.

99. Worchel S (ed). Psychology of intergroup relations (Nelson-Hall, Chicago, 1986).

100. Worchel S, Austin WG (eds). Psychology of Intergroup Relations. (Nelson-Hall, Chicago, USA, 1986).

101. Christakis NA, Fowler JH. The collective dynamics of smoking in a large social network. N Engl J Med. 2008; 358: 2249–2258.

102. Rosenquist JN, Murabito J, Fowler JH, Christakis NA. The spread of alcohol consumption behavior in a large social network. Ann Intern Med. 2010; 152: 426–33, W141.

103. Scheffler C, Nguyen TH, Hermanussen M. Vietnamese migrants are as tall as they want to be. HBPH. 2021; 2.

104. Bogin B, Hermanussen M, Scheffler C. As tall as my peers – similarity in body height between migrants and hosts. Anthropol Anz. 2018; 74: 365–376.

105. Aßmann C, Hermanussen M. Modeling determinants of growth: evidence for a community-based target in height? Pediatr Res. 2013; 74: 88–95.

106. Hermanussen M, Alt C, Staub K, Aßmann C, Groth D. The impact of physical connectedness on body height in Swiss conscripts. Anthropol Anz. 2014; 71: 313–327.

107. Zhou Z, Maimaiti S, Li C, Zang L. Secular trends and spatial network effect on the height of Chinese adult adolescents from 1985 to 2019. Am J Hum Biol. 2023: e23964.

108. Huchard E, English S, Bell MBV, Thavarajah N, Clutton-Brock T. Competitive growth in a cooperative mammal. Nature. 2016; 533: 532–534.

109. Réale D, Garant D, Humphries MM, Bergeron P, Careau V, Montiglio P-O. Personality and the emergence of the pace-of-life syndrome concept at the population level. Philos Trans R Soc Lond B Biol Sci. 2010; 365: 4051–4063.

110. Buston P, Clutton-Brock T. Strategic growth in social vertebrates. Trends Ecol Evol. 2022; 37: 694–705.

111. West-Eberhard MJ. Developmental plasticity and evolution (Oxford University Press, Oxford, 2003).

112. Pigliucci M. Phenotypic plasticity: Beyond nature and nurture (Johns Hopkins University Press, Baltimore, Md., 2001).

113. Gorter FJ, Haas JH de. Gewicht en lengte van 30.000 schoolkinderen te Batavia. Maandschrift voor kindergeneeskunde. 1947; 15: 154–202.

114. Lebedeva L, Groth D, Hermanussen M, Scheffler C, Godina E. The network effects on conscripts' height in the central provinces of Russian empire in the middle of XIX century – at the beginning of XX century. Anthropol Anz. 2019; 76: 371–377.

115. Clutton-Brock T. Mammal Societies. 1st edn. (Wiley-Blackwell, Chichester, West Sussex, UK, 2016).

116. Kant I. Beantwortung der Frage: Was ist Aufklärung? Berlinische Monatsschrift. 1784: 481–494.

117. Hendry L. Britain's first geological map. Internet: https://www.nhm.ac.uk/discover/first-geological-map-of-britain.html.

118. Lamarck JBPAM de. Philosophie zoologique: Ou exposition; des considerations relative à l'histoire naturelle des animaux (Cambridge University Press, Cambridge, 2011).

119. Danowitz M, Vasilyev A, Kortlandt V, Solounias N. Fossil evidence and stages of elongation of the Giraffa camelopardalis neck. R. soc. open sci. 2015; 2: 150393.

120. Malthus TR. The Principal of Population (J. Johnson, St. Paul's Church-Yard, London, UK, 1798).

121. Bergmann C. Ueber die Verhältnisse der Wärmeökonomie der Thiere zu ihrer Größe (Vandenhoek & Ruprecht, Göttingen, 1848).

122. Arppe L, Karhu JA, Vartanyan S, Drucker DG, Etu-Sihvola H, Bocherens H. Thriving or surviving? The isotopic record of the Wrangel Island woolly mammoth population. Quaternary Science Reviews. 2019; 222: 105884.

123. Nogués-Bravo D, Rodríguez J, Hortal J, Batra P, Araújo MB. Climate change, humans, and the extinction of the woolly mammoth. PLoS Biol. 2008; 6: e79.

124. Süddeutsche. Macht der Konzerne. Die wahren Herrscher. Internet: https://www.sueddeutsche.de/politik/macht-der-konzerne-die-wahren-herrscher-1.4397488.

125. Hobbes T. Leviathan: Erster und zweiter Teil (Reclam, Ditzingen, 2018).

126. Morris C. Attack and Defense as Agents in Animal Evolution. Proceedings of the Academy of Natural Sciences of Philadelphia. 1885; 37: 385–392.

127. Bock CE. Das Buch vom gesunden und kranken Menschen (Ernst Keil, Leipzig, 1872).

128. Emlen DJ. The Evolution of Animal Weapons. Annu. Rev. Ecol. Evol. Syst. 2008; 39: 387–413.

129. Nietzsche F. Menschliches, Allzumenschliches. Ein Buch für freie Geister. 1st edn. (Schmeitzner, Chemnitz, 1879).

130. Palaoro AV, Peixoto PEC. The hidden links between animal weapons, fighting style, and their effect on contest success: a meta-analysis. Biol Rev Camb Philos Soc. 2022; 97: 1948–1966.

131. Müller GB. Why an extended evolutionary synthesis is necessary. Interface Focus. 2017; 7: 20170015.

132. Goldmann JM, Wong WSW, Pinelli M, Farrah T, Bodian D, Stittrich AB et al. Parent-of-origin-specific signatures of de novo mutations. Nat Genet. 2016; 48: 935–939.

133. Kong A, Frigge ML, Masson G, Besenbacher S, Sulem P, Magnusson G et al. Rate of de novo mutations and the importance of father's age to disease risk. Nature. 2012; 488: 471–475.

134. Genome Reference Consortium. Human assembly and gene annotation. Internet: https://useast.ensembl.org/Homo_sapiens/Info/Annotation.

135. Laland KN, Uller T, Feldman MW, Sterelny K, Müller GB, Moczek A et al. The extended evolutionary synthesis: its structure, assumptions and predictions. Proc Biol Sci. 2015; 282: 20151019.

136. Smith JM, Price GR. The Logic of Animal Conflict. Nature. 1973; 246: 15–18.

137. Stagkourakis S, Spigolon G, Williams P, Protzmann J, Fisone G, Broberger C. A neural network for intermale aggression to establish social hierarchy. Nat Neurosci. 2018; 21: 834–842.

138. Hermanussen M, Erofeev S, Scheffler C. The socio-endocrine regulation of human growth. Acta Paediatr. 2022; 111: 2077–2081.

139. Neckel S. Die Wirklichkeit des Leistungsprinzips: Ansprüche, Krisen, Kritik. Internet: https://www.boell.de/de/2012/07/13/die-wirklichkeit-des-leistungsprinzips-ansprueche-krisen-kritik.

140. Knoll AH, Hewitt, David. Phylogenetic, Functional, and Geological Perspectives on Complex Multicellularity. In: Calcott, Sterelny Hg 2011 pp 251–270.

141. Lindemans M, Janssen T, Beets I, Temmerman L, Meelkop E, Schoofs L. Gonadotropin-releasing hormone and adipokinetic hormone signaling systems share a common evolutionary origin. Front Endocrinol (Lausanne). 2011; 2: 16.

142. Sakai T, Shiraishi A, Kawada T, Matsubara S, Aoyama M, Satake H. Invertebrate Gonadotropin-Releasing Hormone-Related Peptides and Their Receptors: An Update. Front Endocrinol (Lausanne). 2017; 8: 217.

143. Tian S, Zandawala M, Beets I, Baytemur E, Slade SE, Scrivens JH et al. Urbilaterian origin of paralogous GnRH and corazonin neuropeptide signalling pathways. Sci Rep. 2016; 6: 28788.

144. Vélez EJ, Unniappan S. A Comparative Update on the Neuroendocrine Regulation of Growth Hormone in Vertebrates. Front Endocrinol (Lausanne). 2020; 11: 614981.

145. Tine M, Kuhl H, Teske PR, Tschöp MH, Jastroch M. Diversification and coevolution of the ghrelin/growth hormone secretagogue receptor system in vertebrates. Ecol Evol. 2016; 6: 2516–2535.

146. Montero M, Yon L, Kikuyama S, Dufour S, Vaudry H. Molecular evolution of the growth hormone-releasing hormone/pituitary adenylate cyclase-activating polypeptide gene family. Functional implication in the regulation of growth hormone secretion. J Mol Endocrinol. 2000; 25: 157–168.

147. Whitlock KE, Postlethwait J, Ewer J. Neuroendocrinology of reproduction: Is gonadotropin-releasing hormone (GnRH) dispensable? Front Neuroendocrinol. 2019; 53: 100738.

148. Uhl M, Voland E. Angeber haben mehr vom Leben. 1st edn. (Spektrum Akademischer Verlag, Heidelberg, Berlin, 2002).

149. Kesseler J. Honjok statt Single Shaming – die südkoreanische Kunst, glücklich mit sich allein zu leben. Internet: https://www.emotion.de/leben-arbeit/gesellschaft/honjok?utm_source=pocket-newtab-de-de.

150. Krause J, Ruxton G (eds). Living in Groups (Oxford University Press, Oxford, New York, 2002).

151. Hamilton WD. The genetical evolution of social behaviour. I. J Theor Biol. 1964; 7: 1–16.

152. Wilson DS. A theory of group selection. Proc Natl Acad Sci U S A. 1975; 72: 143–146.

153. Kennedy P, Higginson AD, Radford AN, Sumner S. Altruism in a volatile world. Nature. 2018; 555: 359–362.

154. Silk JB. The adaptive value of sociality in mammalian groups. Philos Trans R Soc Lond B Biol Sci. 2007; 362: 539–559.

155. Dalesman S, Lukowiak K. Social snails: the effect of social isolation on cognition is dependent on environmental context. J Exp Biol. 2011; 214: 4179–4185.

156. Koto A, Tamura M, Wong PS, Aburatani S, Privman E, Stoffel C et al. Social isolation shortens lifespan through oxidative stress in ants. Nat Commun. 2023; 14: 5493.

157. Saum-Aldehoff T. Im Gefängnis der Einsamkeit. Psychologie heute. 2020.

158. Malhotra R, Tareque MI, Saito Y, Ma S, Chiu C-T, Chan A. Loneliness and health expectancy among older adults: A longitudinal population-based study. J Am Geriatr Soc. 2021; 69: 3092–3102.

159. Kandler U, Meisinger C, Baumert J, Löwel H. Living alone is a risk factor for mortality in men but not women from the general population: a prospective cohort study. BMC Public Health. 2007; 7: 335.

160. Nusselder WJ, Slockers MT, Krol L, Slockers CT, Looman CWN, van Beeck EF. Mortality and life expectancy in homeless men and women in Rotterdam: 2001–2010. PLoS One. 2013; 8: e73979.

161. Romaszko J, Cymes I, Dragańska E, Kuchta R, Glińska-Lewczuk K. Mortality among the homeless: Causes and meteorological relationships. PLoS One. 2017; 12: e0189938.

162. Peiper A. Chronik der Kinderheilkunde (VEB Thieme, Leipzig, 1955).

163. Rogol AD. Emotional Deprivation in Children: Growth Faltering and Reversible Hypopituitarism. Front Endocrinol (Lausanne). 2020; 11: 596144.

164. Gilbert P, Basran J. The Evolution of Prosocial and Antisocial Competitive Behavior and the Emergence of Prosocial and Antisocial Leadership Styles. Front Psychol. 2019; 10: 610.

165. Heine H. Die armen Weber. Vorwärts! 1844.

166. Dugatkin LA. Winner and loser effects and the structure of dominance hierarchies. Behavioral Ecology. 1997; 8: 583–587.

167. Chase ID, Bartolomeo C, Dugatkin LA. Aggressive interactions and inter-contest interval: how long do winners keep winning? Animal Behaviour. 1994; 48: 393–400.

168. Oliveira RF, Silva A, Canário AVM. Why do winners keep winning? Androgen mediation of winner but not loser effects in cichlid fish. Proc Biol Sci. 2009; 276: 2249–2256.

169. Hsu Y, Earley RL, Wolf LL. Modulation of aggressive behaviour by fighting experience: mechanisms and contest outcomes. Biol Rev Camb Philos Soc. 2006; 81: 33–74.

170. Citri A, Malenka RC. Synaptic plasticity: multiple forms, functions, and mechanisms. Neuropsychopharmacology. 2008; 33: 18–41.

171. Takeuchi T, Duszkiewicz AJ, Morris RGM. The synaptic plasticity and memory hypothesis: encoding, storage and persistence. Philos Trans R Soc Lond B Biol Sci. 2014; 369: 20130288.

172. Osakada T, Yan R, Jiang Y, Wei D, Tabuchi R, Dai B et al. A dedicated hypothalamic oxytocin circuit controls aversive social learning. Nature. 2024; 626: 347–356.

173. Schneckenprofi. Internet: https://www.schneckenprofi.de/nematoden-steinernema-carpocapsae.html.

174. Cassells MD, Kapranas A, Griffin CT. Mating status, independent of size, influences lethal fighting in an entomopathogenic nematode. Animal Behaviour. 2023; 201: 101–107.

175. Selina. Warum fühlt es sich gut an zu gewinnen? Philosophie Magazin. 2023; 3.

176. Smith JM. The theory of games and the evolution of animal conflicts. J Theor Biol. 1974; 47: 209–221.

177. Hollander T. Are you really my friend?. Internet: https://massmoca.org/event/tanja-hollander/.

178. Watts DJ, Strogatz SH. Collective dynamics of 'small-world' networks. Nature. 1998; 393: 440–442.

179. Hermanussen M, Dammhahn M, Scheffler C, Groth D. Winner-loser effects improve social network efficiency between competitors with equal resource holding power. Sci Rep. 2023; 13: 14439.

180. Shizuka D, McDonald DB. The network motif architecture of dominance hierarchies. J R Soc Interface. 2015; 12.

181. Herrmann E, Call J, Hernàndez-Lloreda MV, Hare B, Tomasello M. Humans have evolved specialized skills of social cognition: the cultural intelligence hypothesis. Science. 2007; 317: 1360–1366.

182. Arnett JJ. Emerging adulthood: A theory of development from the late teens through the twenties. American Psychologist. 2000; 55: 469–480.

183. Lewis ME. Exploring adolescence as a key life history stage in bioarchaeology. American Journal of Biological Anthropology. 2022; 179: 519–534.

184. Bird DW, Bird RB, Codding BF, Zeanah DW. Variability in the organization and size of hunter-gatherer groups: Foragers do not live in small-scale societies. J Hum Evol. 2019; 131: 96–108.

185. Dunbar RIM. Structure and function in human and primate social networks: implications for diffusion, network stability and health. Proc Math Phys Eng Sci. 2020; 476: 20200446.

186. Dambeck H. Neue Freunde verdrängen alte Freunde. Spiegel. 2014; 2014-01-07.

187. Jurek B, Neumann ID. The Oxytocin Receptor: From Intracellular Signaling to Behavior. Physiol Rev. 2018; 98: 1805–1908.

188. Knobloch HS, Grinevich V. Evolution of oxytocin pathways in the brain of vertebrates. Front Behav Neurosci. 2014; 8: 31.

189. Gutknecht L. Oxytocin: Was macht das Kuschelhormon mit deinem Körper?. Internet: https://www.foodspring.de/magazine/oxytocin-das-kuschelhormon.

190. Uvnäs-Moberg K. Oxytocin may mediate the benefits of positive social interaction and emotions. Psychoneuroendocrinology. 1998; 23: 819–835.

191. Fuchs U, Leipnitz C, Lippert TH. The action of oxytocin on sperm motility. In vitro experiments with bull spermatozoa. Clin Exp Obstet Gynecol. 1989; 16: 95–97.

192. Triki Z, Daughters K, Dreu CKW de. Oxytocin has 'tend-and-defend' functionality in group conflict across social vertebrates. Philos Trans R Soc Lond B Biol Sci. 2022; 377: 20210137.

193. Dreu CKW de, Kret ME. Oxytocin Conditions Intergroup Relations Through Upregulated In-Group Empathy, Cooperation, Conformity, and Defense. Biol Psychiatry. 2016; 79: 165–173.

194. Piretti L, Pappaianni E, Garbin C, Rumiati RI, Job R, Grecucci A. The Neural Signatures of Shame, Embarrassment, and Guilt: A Voxel-Based Meta-Analysis on Functional Neuroimaging Studies. Brain Sci. 2023; 13.

195. Krach S, Cohrs JC, Echeverría Loebell NC de, Kircher T, Sommer J, Jansen A et al. Your flaws are my pain: linking empathy to vicarious embarrassment. PLoS One. 2011; 6: e18675.

196. Stearns S. The Evolution of Life Histories (Oxford University Press, Oxford, New York, 1992).

197. Chai K-C, Yang Y, Xie D-C, Ou Y-L, Chang K-C, Han X. The Structural Characteristics of Economic Network and Efficiency of Health Care in China. Front Public Health. 2021; 9: 724736.

198. Klingholz R. Zu viel für diese Welt. Wege aus der doppelten Überbevölkerung (Edition Körber, 2021).

199. Statista. Internet. Internet: https://de.statista.com/statistik/kategorien/kategorie/21/branche/internet/.

200. Statista. Anzahl der Daily Active Users (DAUs) von Facebook weltweit vom 1. Quartal 2009 bis zum 3. Quartal 2023. Internet: ttps://de.statista.com/statistik/daten/studie/222135/umfrage/taeglich-aktive-facebook-nutzer-weltweit/.

201. Lancy DF. The Anthropology of Childhood: Cherubs, Chattel, Changelings (Cambridge University Press, Cambridge, New York, 2015).

202. Frie E. Ein Hof und elf Geschwister: Der stille Abschied vom bäuerlichen Leben in Deutschland. 1st edn. (C.H. Beck, München, 2023).

203. Gallagher EM, Shennan SJ, Thomas MG. Transition to farming more likely for small, conservative groups with property rights, but increased productivity is not essential. Proc Natl Acad Sci U S A. 2015; 112: 14218–14223.

204. Bowles S, Choi J-K. Coevolution of farming and private property during the early Holocene. Proc Natl Acad Sci U S A. 2013; 110: 8830–8835.

205. Shutters ST. From Terrorism To Environmental Management: A Novel Assessment Of Network Robustness Using Triad Analysis; 2011.

206. Deutsches Nachrichtenbüro. Polnische Angriffe auf Reichsgebiet. Internet: https://dfg-viewer.de/show/?set%5Bmets%5D=https://content.staatsbibliothek-berlin.de/zefys/SNP27058621-19390901-2-0-0-0.xml.

207. Blasius R. Der Tag, an dem sich Berlin im Stich gelassen fühlte. Internet: https://www.faz.net/aktuell/politik/inland/13-august-1961-der-tag-an-dem-sich-berlin-im-stich-gelassen-fuehlte-11114840.html.

208. NTV. Israel bildet nach „unverzeihlichem Versagen" Kriegskabinett. Internet: https://www.n-tv.de/politik/Israel-bildet-nach-unverzeihlichem-Versagen-Kriegskabinett-article24461123.html.

209. Julius Cäsar. De Bello Gallico. Internet: https://www.lateinheft.de/caesar/caesar-de-bello-gallico-kapitel-1/.

210. Bregman R. Im Grunde gut: Eine neue Geschichte der Menschheit. 10th edn. (Rowohlt Taschenbuch Verlag, Hamburg, 2023).

211. Hartmann J. Stell dir vor es ist Krieg und keiner geht hin. Internet: https://www.spiegel.de/geschichte/graffiti-stell-dir-vor-es-ist-krieg-und-keiner-geht-hin-a-1062067.html.

212. Mussler H. Tiefe Verunsicherung an den Finanzmärkten. Internet: https://www.faz.net/aktuell/finanzen/aktien/finanzmaerkte-tiefe-verunsicherung-an-den-finanzmaerkten-1294663.html.

213. Gatzke M, Buchter H, Schröder T. WTF ist damals eigentlich passiert? – Mehr als zehn Jahre sind seit der Pleite der Investmentbank Lehman vergangen. Zeit für eine Rekapitulation. Internet: https://www.zeit.de/wirtschaft/2018-09/lehman-finanzkrise-henry-paulson-usa.

214. Die Techniker. Wie sind die aktuellen Beitragssätze in der Sozialversicherung?. Internet: https://www.tk.de/firmenkunden/versicherung/beitraege-faq/beitragssaetze/aktuelle-beitragssaetze-in-der-sozialversicherung-2031554?tkcm=aaus.

215. Goldbeck JF. Volständige Topographie des Königreichs Preussen (Sebstverlag, Leipzig, 1785).

216. Koch JFW. Die Preussischen Universitäten (Ernst Siegfried Mittler, Berlin, Posen, Bromberg, 1839).

217. Henning L. Städte in Schleswig-Holstein am Ende des 18. Jahrhunderts: Beiträge zur Sozial- und Wirtschaftsgeschichte mit den Schwerpunkten Flensburg, Husum, Rendsburg, Krempe und Kiel – Volkszählung, Steuer, Topografie, Beruf, Haushalt, Schichtung (Hamburg, 1990).

218. Braun M (ed). Großstadt in der Literatur (St. Augustin, 2004).

219. Primack BA, Shensa A, Sidani JE, Whaite EO, Lin LY, Rosen D et al. Social Media Use and Perceived Social Isolation Among Young Adults in the U.S. Am J Prev Med. 2017; 53: 1–8.

220. Austin D. How to get high on your own hormones – naturally. Internet: https://www.national-geographic.com/premium/article/happy-hormones-dopamine-serotnin-endorphins-natural.

221. Welt. Ein Druck geht durchs Land. Internet: https://www.welt.de/print/welt_kompakt/print_wirtschaft/article125742155/Ein-Druck-geht-durchs-Land.html.

222. Hermanussen M, Scheffler C. Stature signals status: The association of stature, status and perceived dominance – a thought experiment. Anthropol Anz. 2016; 73: 265–274.

223. Krüger T. Zwischen Konflikt und Konsens – Anforderungen an die politische Bildung in der komplexen Demokratie. Internet: https://www.bpb.de/die-bpb/presse/305596/rede-zwischen-konflikt-und-konsens-anforderungen-an-die-politische-bildung-in-der-komplexen-demokratie/.

224. Nida-Rümelin J. „Cancel Culture" – Ende der Aufklärung?: Ein Plädoyer für eigenständiges Denken (Piper, München, 2023).

225. Asch SE (ed). Effects of group pressure upon the modification and distortion of judgments. In: Guetzkow, H. (ed) Groups, leadership and men; research in human relations (pp. 177–190). (Carnegie Press, 1951).

226. Asch SE. Studies of independence and conformity: I. A minority of one against a unanimous majority. Psychological Monographs: General and Applied. 1956; 70: 1–70.

227. Hahn M. Ein Ministerium leistet Pionierarbeit. Internet: https://www.deutschlandfunk.de/grossbritannien-ein-ministerium-leistet-pionierarbeit-100.html.

228. Der deutsche Wortschatz von 1600 bis heute. den Marschallstab im Tornister haben. Internet: https://www.dwds.de/wb/den%20Marschallstab%20im%20Tornister%20haben.

229. Ahola K, Honkonen T, Isometsä E, Kalimo R, Nykyri E, Koskinen S et al. Burnout in the general population. Results from the Finnish Health 2000 Study. Soc Psychiatry Psychiatr Epidemiol. 2006; 41: 11–17.

230. Spengler J. Von der Freiheit der sexuellen Entfaltung. Internet: https://www.deutschlandfunk.de/ausstellung-von-der-freiheit-der-sexuellen-entfaltung-100.html.

231. Komlos J. Height and social status in eigtheenth-century Germany. Journal of Interdisciplinary History. 1990; 20: 607–621.

232. Statista. Entwicklung der Bevölkerung auf der Fläche des Deutschen Kaiserreiches in den Jahren von 1816 bis 1910. Internet: https://de.statista.com/statistik/daten/studie/1127156/umfrage/entwicklung-der-bevoelkerung-in-deutschland-1816-1910/.

233. Bittermann K. Die da oben. Internet: https://taz.de/Stigmata-kleiner-Maenner/!5080119/.

234. Kerkmann C. Mitarbeitergespräch in Turnschuhen. Internet: https://www.handelsblatt.com/unternehmen/management/fitness-fuer-manager-mitarbeitergespraech-in-turnschuhen/19300472.html.

235. Luhmann M, Buecker S, Rüsberg M. Loneliness across time and space. Nat Rev Psychol. 2023; 2: 9–23.

236. Grabka M. Ungleichheit der Haushaltsnettoeinkommen – Trends, Treiber, Politikmaßnahmen. Internet: https://www.wirtschaftsdienst.eu/inhalt/jahr/2021/heft/7/beitrag/ungleichheit-der-haushaltsnettoeinkommen-trends-treiber-politikmassnahmen.html.

237. Robeyns I. Limitarianism: The Case Against Extreme Wealth. 1st edn. (Penguin Random House LLC (Publisher Services), New York, 2024).

238. Schröder A. Flache Hierarchie: Definition & Vorteile und Nachteile. Internet: https://axel-schroeder.de/flache-hierarchie-definition-vorteile-und-nachteile/.

239. Freud S, Erdheim M. Totem und Tabu: Einige Übereinstimmungen im Seelenleben der Wilden und der Neurotiker. 9th edn. (Fischer Taschenbuch Verlag, Frankfurt am Main, 2012).

240. Statista. Älteste durchgehend demokratische Staaten weltweit im Jahr 2022. Internet: https://de.statista.com/statistik/daten/studie/1063765/umfrage/einfuehrung-der-demokratie-weltweit/.

241. Weintraub S. Silent night: The story of the World War I Christmas truce (Plume Books, New York, 2002).

242. Heine H (ed). Die Grenadiere, in: Buch der Lieder, Junge Leiden, Romanzen (Hoffmann und Campe, Hamburg, 1827).

243. Rousseau J-J. Discours sur l'origine et les fondements de l'inégalité parmi les hommes (Marc Michel Rey., Amstersdam, 1755).

244. Wader H. Heute hier, morgen dort. 1972. Internet: https://www.youtube.com/watch?v=2NNgv84dkvk.

245. Hacke A. Über die Heiterkeit in schwierigen Zeiten und die Frage, wie wichtig uns der Ernst des Lebens sein sollte (Dumont, Köln, 2023)